Eugene G. Rochow

Silicium und Silicone

Über steinzeitliche Werkzeuge,
antike Töpfereien,
moderne Keramik, Computer,
Werkstoffe für die Raumfahrt,
und wie es dazu kam

Übersetzt und bearbeitet von E. Krahé

Mit 51 Abbildungen und 24 Tabellen

Springer-Verlag Berlin Heidelberg GmbH

Professor Eugene George Rochow
Professor Emeritus, Harvard University
Box 655, Captiva, Florida 33924/USA

Übersetzer: Prof. Dr. Eduard Krahé
Marienweg 29, D-4439 Metelen

Amerikanische Originalausgabe: Silicon and Silicones
© Springer-Verlag Berlin Heidelberg 1987

ISBN 978-3-540-52927-9

CIP-Titelaufnahme der Deutschen Bibliothek
Rochow, Eugene G.: Silicium und Silicone: über steinzeitliche Werkzeuge, antike Töpfereien, moderne Keramik, Computer, Werkstoffe für die Raumfahrt, und wie es dazu kam / Eugene G. Rochow. Übers. und bearb. von E. Krahé. –

Engl. Ausg. u.d.T.: Rochow, Eugene G.: Silicon and silicones
ISBN 978-3-540-52927-9   ISBN 978-3-662-09896-7 (eBook)
DOI 10.1007/978-3-662-09896-7
NE: Krahé, Eduard [Bearb.]

Dieses Werk ist urheberrechtlich geschützt. Die dadurch begründeten Rechte, insbesondere die der Übersetzung, des Nachdrucks, des Vortrags, der Entnahme von Abbildungen und Tabellen, der Funksendung, der Mikroverfilmung oder der Vervielfältigung auf anderen Wegen und der Speicherung in Datenverarbeitungsanlagen, bleiben, auch bei nur auszugsweiser Verwertung, vorbehalten. Eine Vervielfältigung dieses Werkes oder von Teilen dieses Werkes ist auch im Einzelfall nur in den Grenzen der gesetzlichen Bestimmungen des Urheberrechtsgesetzes der Bundesrepublik Deutschland vom 9. September 1965 in der jeweils geltenden Fassung zulässig. Sie ist grundsätzlich vergütungspflichtig. Zuwiderhandlungen unterliegen den Strafbestimmungen des Urheberrechtsgesetzes.

© Springer-Verlag Berlin Heidelberg 1991
Ursprünglich erschienen bei Springer-Verlag Berlin Heidelberg New York 1991

Die Wiedergabe von Gebrauchsnamen, Handelsnamen, Warenbezeichnungen usw. in diesem Werk berechtigt auch ohne besondere Kennzeichnung nicht zu der Annahme, daß solche Namen im Sinne der Warenzeichen- und Markenschutz-Gesetzgebung als frei zu betrachten wären und daher von jedermann benutzt werden dürften.

Satz (Datenkonvertierung): Elsner & Behrens GmbH, Oftersheim

51/3130-543210. Gedruckt auf säurefreiem Papier

Vorwort
Ein kurzer Überblick

Stiefel aus Siliconkautschuk hinterließen jene berühmten menschlichen Abdrücke auf dem Mond. Andere Siliconpolymere haben einwandfrei funktionierende Raumanzüge und Raumfahrzeugdichtungen möglich gemacht. Das hat glauben lassen, Siliciumverbindungen seien sehr moderne Werkstoffe, die speziell für die Bedürfnisse der Raumfahrt entwickelt wurden. Tatsächlich jedoch ist die Siliciumchemie etwa so alt wie der Mensch selbst. Sie beginnt mit dem Dämmern unserer Rasse und beherrscht die Geologie, die Mineralogie und die uralte keramische Kunst. Dieses Buch will zeigen, daß die Entwicklung der Silicone nur eine Facette der faszinierenden Rolle des Elements *Silicium* ist, die dieses in unserem Alltagsleben spielt. Es fängt an bei dem Stoff, aus dem Erde und Mond gemacht sind, und endet beim heutigen Einsatz von ultrareinem Silicium in Transistoren und Computern, der Verwendung von gewöhnlichem, elementarem Silicium bei der Herstellung von Siliconkautschuk, Siliconöl, Siliconharzen und den siliciumhaltigen Polituren, Medikamenten und Aromen.

Das sind natürlich nicht unsere einzigen Berührungspunkte mit Silicium. Die natürlich vorkommenden Verbindungen von Silicium und Sauerstoff (die Silicate) sind die Ausgangsstoffe von Ziegeln, Kacheln, Zement, Glas und vielen modernen keramischen Erzeugnissen. Diese umfassende Nützlichkeit des Siliciums und seiner Verbindungen hat zwei Gründe: Erstens gibt es reichlich davon und zweitens ist es chemisch ungeheuer vielseitig. Seine chemischen und physikalischen Eigenschaften sind so ungewöhnlich und so mannigfaltig, daß es gerade zur Suche nach kreativen und originellen Anwendungen herausfordert. Dazu kommt, daß Silicium ein eher freundliches Element ist, nicht toxisch wie Arsen oder Blei oder Plutonium und für lebende Systeme (einschließlich des menschlichen Körpers) seit langem ein vertrauter Stoff, weshalb Siliconpolymere sogar in kosmetischen Präparaten, Medikamenten und Prothesen enthalten sind. Silicium und seine Verbindungen sind uns daher nicht fremd, und das brauchen auch Silicone nicht zu sein.

Das vorliegende Buch behandelt zunächst die Molekülstruktur von Siliconen und wendet sich dann der industriellen Herstellung wichtiger Polymere zu und einigen ausgewählten wichtigen Anwendungen. Es wird nicht versucht, die Unzahl der Anwendungen zu beschreiben oder auch nur aufzuzählen. Das würde der Absicht des Buches, dem Nichtfachmann eine einfache, verständliche und knapp gehaltene Einführung in das faszinierende Gebiet der Siliciumchemie und Technologie zu geben, widersprechen.

Herausgekommen ist dabei zwangsläufig ein persönlich gefärbter Bericht, der nicht auf Literaturrecherchen beruht, sondern auf fünfzig Jahren intensiven persönlichen Engagements auf dem Gebiet der Silicone, teils im Forschungslaboratorium, teils im Hörsaal und in der Industrie.

Der Leser, der nach altem Brauch auf gut Glück in diesem Buch herumblättert, sollte sich nicht durch befremdlich anmutende Formeln oder Diagramme einschüchtern lassen. Der Text steht auf eigenen Füßen und kann (wie der Autor hofft) ohne weitere Ergänzungen mit Vergnügen und Nutzen gelesen werden. Die Gleichungen und Zahlentabellen wurden nur eingefügt, um die Aussagen des Textes zu unterstreichen und ihnen hinreichendes wissenschaftliches Gewicht zu verleihen. Der an einer Vertiefung der chemischen Aspekte interessierte Leser findet ausreichend Hinweise auf Personen und Veröffentlichungen. Das Buch ist jedoch nicht für den Experten gedacht. Es wendet sich an die Allgemeinheit oder zumindest an den Teil davon, der neugierig genug ist, sich mit alten und neuen Dingen zu befassen.

Natürlich übernimmt der Autor allein die Verantwortung für den Inhalt; während jener fünfzig Jahre ist ihm aber unschätzbare Hilfe zuteil geworden von Freunden, ehemaligen Kollegen der Harvard-Universität, aus dem Forschungslaboratorium der General Electric Company und der Chemikerzunft im allgemeinen. Für Hilfe und Kritik bei der Vorbereitung und Veröffentlichung des Manuskripts ist er besonders Herrn Dr. Rainer Stumpe vom Springer-Verlag zu Dank verpflichtet, der in erster Linie die Idee dazu hatte, den Herren Dr. William F. Gilliam, Dr. James F. Hyde und Prof. Richard Müller für die

Bereitstellung von Fotografien und den folgenden liebenswürdigen Autoren und Verlagen für die Erlaubnis, bestimmte Abbildungen übernehmen zu dürfen, nämlich: D. C. Heath Co. für die Erlaubnis, meine Diagramme aus *Metalloids* für die Abbildungen 4, 5, 6 und 7 in Kapitel 2 verwenden zu dürfen; Chemical Reviews für die Erlaubnis, mein Diagramm aus *The Present State of Organosilicon Chemistry* in Abbildung 1 in Kapitel 4 zu übernehmen; dem Journal of Inorganic and Nuclear Chemistry für die Einwilligung, zur Erläuterung von Sachverhalten für die Abbildungen 5-14 in Kapitel 6 die NMR-Ableitungskurven aus meiner Veröffentlichung *On the Molecular Structure of Methyl Silicone* zu verwenden; W. B. Saunders Co. für die Erlaubnis, aus meinem Buch *Modern Descriptive Chemistry* zwei Tabellen und für Abb. 1.1 eine Abbildung zu verwenden; Prof. Herman Liebhafsky und dem Verlag John Wiley & Sons für die Erlaubnis, drei Diagramme aus *Silicones under the Monogram* für die Abbildungen 2, 3 und 4 in Kapitel 5 zu übernehmen. Besonders dankbar bin ich Prof. Ulrich Wannagat und Dr. Reinhold Tacke von der Universität Braunschweig, daß ich in Kapitel 8 einiges an Formeln und Fakten aus den von ihnen großzügig bereitgestellten Veröffentlichungen in *„Vorträge der Rheinisch-Westfälischen Akademie der Wissenschaften"*, *„Fortschritte der chemischen Forschung"*, *„Bild der Wissenschaft"*, *„Jahrbuch der Akademie der Wissenschaften in Göttingen"* und *„Chemie in unserer Zeit"* verwenden konnte, insbesondere die Abbildungen 1-9 in Kapitel 8. Dr. Arne Torkelson, Consulting Technologist der Siliconsparte der General Electric Company hat in entgegenkommender Weise die technischen Daten einiger typischer moderner Siliconprodukte zusammengestellt[1].

Die Mitarbeit und das Sachverständnis meiner Frau Helen bei der Anfertigung dieses neuesten von so vielen Manuskripten ist nicht hoch genug einzuschätzen. Ich bin ganz besonders glücklich, dieses hier noch einmal in Verehrung und Dankbarkeit sagen zu dürfen.

Captiva Island, Florida   E. G. Rochow

---

[1] Für die deutsche Ausgabe wurden Produkttabellen deutscher Firmen verwendet.

Frederic Stanley Kipping

Vorwort IX

William Farr Gilliam

James Franklin Hyde

Richard Müller

Alfred Stock

Inhaltsverzeichnis

1 Geschichtliches 1

Der Steinzeitmensch und seine Umwelt 1
Die Geburt der Chemie 4
Wieviel Silicium gibt es in der Welt? 6
Die Struktur der Silicate 13
Steingut und Keramik 17
Porzellan und Glas 22
Portlandzement und Beton 30

2 Silicium: Das Element 32

Ein Spätentwickler 32
Silicium: Schlüssel zur Mikroelektronik 37

3 Die andere Hälfte der Siliciumchemie 45

Die Anfänge 45
Frederic Stanley Kipping und die Silicone 51
Alfred Stock und die Organosilane 55
Zusammenfassung 59

4 Not macht erfinderisch:
Auf der Suche nach brauchbaren Siliconpolymeren 61

Das Problem der elektrischen Isolierung 61
Der Beitrag von Corning 64
Der Beitrag der General Electric 72
Der russische Beitrag 80
Der Beitrag von Union Carbide 81

5 Magnesium kommt aufs Altenteil 84

Weniger Abfall, weniger Energieverbrauch 84
Die Geburt der Direktsynthese 86
Siliconsynthese heute 94
Die direkte Synthese – näher besehen 99
Das Geheimnis des Katalysators 103

6 Typische Siliconpolymere und ihre Eigenschaften ... 106

Siliconharze 106
Siliconöle 108
Siliconelastomere 123
Warum verhalten sich Silicone so? 135

7 Mit Siliconen Probleme lösen 149

Schutz vor Wasser 149
Von Ziegelsteinen zu Booten 153
Rette die Oberfläche! 160
Schaum nur im Bierglas 165
Sherlock Holmes und der Fall
der verschwundenen Rasierklinge 170
In Sachen Transformatoren gegen Menschen 173

8 Bioorganosiliciumchemie und verwandte Gebiete ... 178

Wieviel Silicium ist im Organismus? 179
Siliciumsubstituierte Farbstoffe 180
Sila-Riechstoffe und Parfüms 182
Pharmakologie im Organosiliciumstil 185
Gift für wen oder was? 187
Trojanische Pferde und andere Merkwürdigkeiten .. 189
Nicht alles, was glänzt 191

Schlußbemerkung 195

Nachwort 197
Namenverzeichnis 199
Sachverzeichnis 201
Quellennachweise der Abbildungen 207

1 Geschichtliches

Der Steinzeitmensch und seine Umwelt

Von klein auf haben wir uns unsere steinzeitlichen Vorfahren als primitive, barbarische, muskulöse Menschen vorgestellt, kurz und stämmig, in Tierhäute gehüllt, die sich als Jäger und Sammler durchs Leben schlugen und die es irgendwie schafften, in einer feindlichen Welt zu überleben. Welch ein Gegensatz ist doch der moderne Astronaut, der sich mit seinem Raumanzug in den Weltraum wagt, sogar auf dem Mond spazieren kann und wohlbehalten zur Erde zurückkehrt! Er profitiert natürlich von der modernen Technologie; in der Tat hängt er sogar völlig von ihr ab.

Aber was ist eigentlich Technologie? Jede einzelne ihrer erstaunlichen Errungenschaften hat als Idee begonnen, die beim Nachdenken allmählich Gestalt annahm, dann praktisch ausprobiert, korrigiert und verbessert wurde und schließlich zu einem Gerät führte – einem Werkzeug, mit dem der Mensch die Umwelt und sein persönliches Geschick nach seinem Willen beeinflussen konnte. Zu jedem technologischen Fortschritt gehört der Umgang mit Werkstoffen im Rahmen einer wohlüberlegten in der Praxis geprüften Idee. Und *welche* Werkstoffe kommen da in Frage? Nun, natürlich alle, die uns an Bord des Raumschiffs Erde zur Verfügung stehen! Wir können noch nicht die Ressourcen des Monds ausbeuten. Aber selbst wenn wir schon soweit wären, brächte uns das nicht viel weiter, denn im wesentlichen hat das Mondgestein die gleiche Zusammensetzung wie unsere Erdrinde. Die Umwandlung dieser natürlichen Stoffe in dem von uns gewünschten Sinne (um damit das zu machen, was wir machen wollen) ist das Aufgabengebiet der *Chemie*, und dieses Buch handelt von einem speziellen Gebiet der Chemie.

War es bei den Menschen der Steinzeit, der Bronzezeit, der Renaissance oder bei unseren eigenen Großeltern anders? Nein! Jeder nahm was er vorfand und wandte seinen ganzen Einfallsreichtum auf, es abzuändern. Jeder war stolz darauf, etwas Neues zu machen und dies dann zu verbessern. So machen wir es noch heute.

Wir wollen nun zu den Steinzeitmenschen zurückkehren. Warum sprechen wir eigentlich von der „Steinzeit"? Doch darum, weil damals Werkzeuge und Waffen entweder aus Stein gemacht wurden oder weil sie mit Hilfe von Werkzeugen aus Stein angefertigt wurden. Mit Schabern aus Stein machte man aus Tierhäuten Kleidungsstücke; mit Steinäxten wurde die Beute getötet; mit Hämmern aus Stein konnte der Steinzeitmensch Pfähle in die Erde treiben und sich ein Obdach schaffen. Mit scharfen Steinmessern konnte er Pfeile und Speere herstellen, die dann ihrerseits mit scharfen Pfeil- und Speerspitzen aus Stein versehen wurden. Nicht nur die Völker der Vorzeit hingen auf diese Weise von Stein ab; die Indianer entwickelten ebenfalls großes Geschick in der Herstellung von Waffen mit scharfen Steinspitzen, und die Azteken und Mayas schufen bemerkenswerte Zivilisationen, ohne Metalle zu verwenden und ohne das Rad zu kennen. Heute noch zeugen ihre Städte von ihrem Geschick und ihrem Einfallsreichtum bei der Verarbeitung von Stein. Wir müssen allerdings auch eingestehen, daß die Mayas Steinmesser bei ihren rituellen Menschenopfern benutzten, bei denen sie ihren Opfern, deren Zahl in die Hunderte ging, gewandt die noch schlagenden Herzen aus dem Leib schnitten. Daraus wird ersichtlich, daß Werkzeuge auch zu Waffen werden können, während aus Waffen selten Werkzeuge werden.

Kinder, die in Nordamerika aufwachsen, kennen gut die scharfen Pfeilspitzen und (selteneren) Speerspitzen, die überall auf dem Kontinent auf frischgepflügten Äckern gefunden werden. Es sind tausende und abertausende stumme Zeugen einer jahrhundertelangen Jagd. Alle sind aus derselben Steinsorte angefertigt, dem Feuerstein oder Flint. Die scharfen Schneiden erhielt man dadurch, daß durch Druck winzige muschelförmige Splitter abgehoben wurden. Es bildeten sich so kleine gekrümmte rasiermesserscharfe Schneiden, wie bei einer Glasscherbe. Jeder kann diese Technik lernen und das nachmachen, wenn er die richtige Feuersteinsorte zur Verfügung hat. Die Encyclopedia Britannica gibt in einem guten Beitrag einen Überblick über die Feuersteinsorten, die sich am besten für die Herstellung von Werkzeugen eignen. Dort werden auch die verschiedenen Methoden zur Anfertigung von Schneidewerkzeugen und Waffen beschrieben. Man erfährt, daß die Anthropologen anhand dieser Objekte die Geschichte der Menschheit bis zum Paläolithikum, zur Altsteinzeit, zurückverfolgen können. Der beste Feuerstein war schon früh eine Ware, mit dem über weite Entfernungen Handel getrieben wurde. Ein bevorzugtes Vorkommen in Europa waren die großen dunklen, in viel weicherer Kreide eingebetteten Feuersteinknollen, die auf beiden Seiten des heutigen Ärmelkanals gefunden wurden. In Nordfrankreich und Südengland haben Häuser und Kirchen, die aus diesen Feuersteinen gebaut wurden, die Jahrhunderte überdauert, und auf den behauenen Blöcken sieht man den gleichen muscheligen Bruch wie auf den Pfeilspitzen. Und was ist Feuerstein? Feuerstein ist eine der vielen vielen mineralogischen Spielarten von Siliciumdioxid oder SiO_2. Feuerstein ist hart, dunkel, undurchsichtig und hat keine Ähnlichkeit mit den reinen, kristallisierten Arten wie Quarz, Bergkristall und Amethyst.

Noch etwas Wichtiges gilt es im Zusammenhang mit den Menschen der Steinzeit und ihren Vorfahren zu erwähnen. Die Menschen der Urgeschichte waren auf ihre Hände angewiesen. Die Hand ist ein sehr wichtiges vielseitiges „handliches" Glied des Körpers. Die ruhende menschliche Hand ist nicht flach sondern gewölbt; der Handteller ist becherförmig, und der Daumen steht seitlich ab. Es sieht so aus, als wäre die Hand dafür gemacht, einen abgerundeten glatten Kieselstein gerade einer bestimmten Größe aufzunehmen. Und so verhält es sich auch! Viele Anthropologen glauben, daß die menschliche Hand im Laufe ihrer Entwicklung genau durch solche glatten, faustgroßen Steine geformt wurde. Unsere Vorfahren fanden solche Kiesel in Flußbetten und benutzten sie zunächst als Wurfgeschosse und dann als Werkzeuge, um Knochen aufzuschlagen[1].

Hämmer und Äxte aus Stein wurden auf Lagerplätzen und in Höhlen der frühen Steinzeit gefunden, zusammen mit Knochenresten, die nach Aussage der Kohlenstoffdatierung etwa 600 000 Jahre alt sind. *Werkzeuge* formten also die Hand, und der Mensch benutzte fortan die Hand zur Handhabung von Werkzeugen.

Das Ergebnis war, daß die menschliche Hand sich von der anderer Primaten wegentwickelte, eine Tatsache, für die wir täglich dankbar sein sollten, wenn wir unsere Hände benutzen. Werkzeugfunde aus der frühen Steinzeit kann man in fast jedem Naturkundemuseum finden[2].

Woraus bestehen nun diese glatten Steine und die daraus hergestellten Werkzeuge? Sehr oft sind sie auch aus Feuerstein. Warum Feuerstein? Weil Feuerstein sehr hart und zäh ist. In Flußbetten wurde er zwar durch die ständige Bewegung rund

---

[1] Siehe John Napier „Evolution of the Human Hand", Scientific American, Band 207, S. 56 (1962).
[2] Eine ausgezeichnete Sammlung befindet sich z. B. in Köln im Römisch-Germanischen Museum am Roncalliplatz in der Nähe vom Dom, wo die Werkzeuge in der Folge ihrer Entstehung ausgestellt sind.

geschliffen und geglättet, überdauerte aber. Andere Gesteine und Minerale verwittern oder fallen auseinander, werden zerrieben oder erleiden im Laufe der Zeit Umwandlungen. Feuerstein bleibt dagegen unverändert. Daran liegt es, daß wir ihn noch überall antreffen, während andere Minerale längst zu Schlick, Lehm und Sand zerfallen sind.

Der lateinische Name für Feuersteine und Kieselsteine ist *silex, silicis*, und hiervon leiten sich die chemischen Bezeichnungen der in diesem Buch behandelten Stoffe ab: *Silicium*, das chemische Element; *Siliciumdioxid*, sein Oxid; *Silicid*, eine binäre Verbindung von Silicium mit einem Metall; *Silicat*, eine Verbindung von Silicium, Sauerstoff mit einem anderen Element oder einer Gruppe; und *Silicon*, eine künstliche polymere Verbindung, in der sich Silicium- und Sauerstoffatome abwechseln und Kohlenwasserstoff-Gruppen direkt an Silicium gebunden sind. Im deutschen Sprachraum haben sich auch Zusammensetzungen mit dem Wortstamm *Kiesel* eingebürgert. Siliciumdioxid wird im allgemeinen *Kieselsäure* genannt. Überdies leiten sich Silicium und Silicone, von denen hier die Rede sein wird, tatsächlich alle von diesem gleichen Silex oder der Kieselsäure her. Unsere Themen haben daher historisch gesehen unmittelbar mit den Beziehungen des Menschen der Frühzeit zu Siliciumdioxid zu tun, die es schon seit mindestens 600000 Jahren gibt. Siliconwerkstoffe sind zwar sehr modern, ihre Wurzeln gehen aber weit in die Geschichte zurück. Wir sollten daher nicht glauben, daß die High-Tech Produkte Siliconkautschuk und Siliconöl im Eiltempo für die Bedürfnisse der Raumfahrt entwickelt wurden. Sie sind vielmehr das folgerichtige Ergebnis einer generationenlangen Beschäftigung des Menschen mit den vielen Möglichkeiten dieses allgegenwärtigen, so überaus reichlich vorhandenen und überraschend vielseitigen und nützlichen Elements Silicium. Im nächsten Abschnitt sehen wir, daß die im Silicium und seinen Verbindungen enthaltenen Möglichkeiten nur sehr langsam aber doch Zug um Zug entdeckt wurden.

Die Geburt der Chemie

Wir haben gesehen, daß der Mensch schon lange bevor es eine chemische Wissenschaft oder überhaupt Wissenschaft gab, von Kieselsäure Gebrauch machte. Beobachten und Ausprobieren sind dem Menschen angeboren, und der Mensch der Frühzeit entwickelte bald Fertigkeiten, aus denen später die Wissenschaft hervorging.

Vulkanausbrüche oder Blitzschlag entfachten Buschfeuer und machten ihn mit dem Feuer bekannt (vielleicht erhielt er es auch von Prometheus, wer weiß ...). Er lernte, wie man das Feuer *beherrscht* und damit Nahrung zubereitet und sich schützt. Später fand er heraus, wie man jederzeit Feuer machen und es auch für andere Zwecke benutzen kann. Er grenzte seine Feuerstellen durch ringförmige Steinwälle ein und bemerkte alsbald, daß bestimmte Gesteinsarten wie Kalkstein und Dolomit in der Hitze zerfallen und in weiße Asche übergehen. Heute wissen wir, daß diese Carbonatgesteine Kohlendioxid abspalten, wenn sie über 750 °C erhitzt werden, wobei eine „Calx" oder „alkalische Erde" entsteht, nämlich Calciumoxid (gebrannter Kalk), oder bei Dolomit ein Gemisch von Calcium- und Magnesiumoxid. Kohlendioxid ist ein Gas, es entweicht daher unbemerkt; gebrannter Kalk und Magnesiumoxid sind pulvrige Stoffe, die sich im Feuer nicht weiter verändern aber sich mit anderen Mineralien unter Bildung neuer und nützlicher Stoffe verbinden können.

Genau an dieser Stelle müssen der Autor und der geneigte Leser sich über die weitere Vorgehensweise einigen. Dieses Buch handelt von neuen Stoffen, die durch zahllose chemische Umwandlungen entstehen. Sollen diese Veränderungen in langatmiger umständlicher Prosa beschrieben werden wie im vorangegangenen Abschnitt oder wesentlich kürzer unter Zuhilfenahme von Symbolen? Die Sumerer und Ägypter wußten, wie hilfreich Symbole für die Darstellung von Ideen sind. Die Alchemisten hatten ihre eigenen Symbole, um chemische Veränderungen zu beschreiben. Natürlich eignet sich Prosa für unsere Zwecke, sie muß nur ausführlich genug sein, um genau auszudrücken, was geschieht und wieviel von jeder Substanz in die Reaktion eintritt. Dadurch würde dieses Buch aber unnötigerweise um mehrere hundert Seiten dicker (und wesentlich teurer). Zudem begegnet man heute überall im täglichen Leben chemischen Symbolen: jeder weiß, was mit H_2O und H_2SO_4 gemeint ist. Wir wollen deshalb den kürzeren Weg einschlagen und schildern, was mit Kalkstein in einem sehr heißen Feuer passiert:

$$CaCO_3 \xrightarrow{750\,°C} CaO + CO_2$$

ein festes Gestein → ein weißes Pulver + ein Gas, das entweicht.

CaO wurde von den Alchemisten als „alkalische Erde" bezeichnet, weil es sich etwas in Wasser löst, unter Bildung einer schlechtschmeckenden adstringierenden Lösung, die Säuren neutralisiert.

Jetzt kommen wir weiter. Siliciumdioxid (Kieselsäure) hat schwach sauren Charakter, und bei hohen Temperaturen vereinigt es sich mit Calciumoxid zu einem neutralen *Silicat*:

$$CaO + SiO_2 \xrightarrow{1000\,°C} CaSiO_3$$

Das kann es sogar mit der doppelten Menge an CaO:

$$2CaO + SiO_2 \longrightarrow Ca_2SiO_4$$

Das geschieht aber nicht erst durch die Einwirkung des Menschen. Im glühenden Erdinnern (und in den erkaltenden Trümmern von Sternen) sind alle denkbaren Neutralisationen dieser Art abgelaufen. Dabei haben sich nicht nur Silicate des Calciums gebildet, sondern auch Silicate von Magnesium, Natrium, Kalium, Aluminium, Eisen, Titan und von jedem anderen erdenklichen Metall außer den reaktionsträgen Edelmetallen wie Gold und Platin. Daher bestehen die Erdrinde und das gesamte darunter befindliche flüssige Magma, aber auch der Mond, der Mars und die Venus, aus Silicaten der gängigen Metalle. Wir stehen auf einer Welt aus Silicaten, und wir verwenden das gleiche irdische Material für den Bau unserer Häuser und der öffentlichen Gebäude. Wir sind daher unser Leben lang buchstäblich von Kieselsäure und Silicaten umgeben und werden sogar in diesem Stoff beerdigt, wenn wir sterben.

Wieviel Silicium gibt es in der Welt?

Gibt es wirklich ausreichend Silicium und Kieselsäure, um alle Metalloxide, die es auf der Welt gibt, zu binden? Und bleibt außerdem noch genügend in freier Form als Feuerstein, Quarz und so weiter übrig? Es mag überraschen, aber so ist es! Wie kommt es, daß es soviel Silicium gibt? Diese Frage führt uns in das verwickelte Gebiet der Struktur von Atomkernen. Unter Verzicht auf mathematische oder theoretische Einzelheiten läßt sich eine befriedigende Erklärung schon allein aus einer Betrachtung der Anzahl von Protonen und Neutronen und ihrer Wechselwirkungsenergie gewinnen. Es fällt auf, daß Protonen und Neutronen[3] bevorzugt paarweise auftreten. Darum sind Atomkerne mit gerader Protonenzahl und

---

[3] Protonen und Neutronen (zusammengefaßt als Nukleonen bezeichnet) sind die wichtigsten Bausteine der Atome. Zusammen mit den Elektronen bestimmen sie die Masse und die chemischen Eigenschaften von Atomen.

gerader Neutronenzahl (g,g-Kerne) stabiler als Kerne, in denen eine oder beide Zahlen ungerade sind. Weil stabile Atome (d. h. Atome mit stabilen Atomkernen) über kosmische Zeiträume hinweg auch unter den widrigsten Bedingungen intakt bleiben können, kommen heute Atome mit g,g-Kernen weitaus häufiger vor als solche, in denen einer der Zahlenwerte gerade, der andere ungerade ist. Kerne, in denen beide Werte ungerade sind, sind derart instabil, daß sie fast immer radioaktiv sind; wir kennen hier nur fünf stabile, die alle zu leichten Elementen gehören. Wir wollen die Neutronenzahl durch N ausdrücken und die Protonenzahl (die „Ordnungszahl") durch Z. Dann ergibt sich folgende Verteilung der uns bekannten Atomkerne auf die verschiedenen Kombinationen:

Z gerade, N gerade	155 stabile Kerne
Z gerade, N ungerade	53 stabile Kerne
Z ungerade, N gerade	49 stabile Kerne
Z ungerade, N ungerade	5 stabile Kerne

Silicium mit der Ordnungszahl 14 (aus dem Röntgenemissionsspektrum und dem Platz von Si im Periodensystem bekannt) und der Atommasse 28 (massenspektrometrisch und chemisch bestimmt) gehört also ganz klar in die erste der obenstehenden Kategorien.

Die chemischen Elemente sind aus einer Vielzahl von aufeinanderfolgenden Kernreaktionen von Wasserstoff und Helium hervorgegangen, die in den Sternen abgelaufen sind und sich heute recht gut verstehen lassen. Die Häufigkeiten, die man aus ihnen mit kernphysikalischen Daten berechnet hat, stimmen gut mit den beobachteten Häufigkeiten der Elemente überein, von denen gleich die Rede sein wird. Auch daher wird verständlich, warum es soviel Silicium auf der Erde gibt.

Es gibt übrigens eine vollkommen zuverlässige Methode zur Bestimmung der relativen Stabilitäten von Atomkernen, nämlich die Bestimmung des sogenannten *Massendefekts*. Da wir Atommassen und Kernmassen sehr genau mit einem Massenspektrometer[4] bestimmen können und die Einzelmassen des Protons und Neutrons auf vielfältige Weise ermittelt wurden, können wir auf dem Papier Atomkerne „aufbauen", indem wir die Massen der in den Kernen enthaltenen Neutronen und Protonen addieren. Für Silicium sieht das so aus:

---

[4] Praktisch jedes Einführungsbuch in die Grundlagen der Chemie gibt eine Beschreibung dieses Geräts.

	Atommasseneinheiten
Masse von 14 Neutronen = 14 · 1,008665 =	14,12131
Masse von 14 Protonen[a] = 14 · 1,007825 =	14,10955
Gesamt	= 28,23086
Die gemessene Atommasse von ^{28}Si ist aber	27,97693
Der Massendefekt beträgt daher	0,25393

[a] Tatsächlich handelt es sich hier nicht um die Protonenmasse sondern um die Masse von ^{1}H, die gegenüber der Protonenmasse noch zusätzlich die Masse eines Elektrons enthält. Da aber bei der Differenzbildung die Masse eines ^{28}Si-Atoms (nicht des entsprechenden Kerns!) abgezogen wird, die neben der Kernmasse die Masse von 14 Elektronen einschließt, heben sich die Elektronenmassen heraus. Die (elektrostatischen) Bindungsenergien der Elektronen können vernächlässigt werden.

Der Massendefekt ist die Masse, die verlorengeht, wenn wir einen Kern von Si-28 aus Protonen und Neutronen aufbauen. Da Masse und Energie über die experimentell bestätigte berühmte Gleichung

$$E = mc^2$$

von Albert Einstein miteinander verknüpft sind, in der c die Lichtgeschwindigkeit bedeutet, entspricht einer atomaren Masseneinheit[5] ein äquivalenter Energiebetrag von $1,49 \cdot 10^{-10}$ Joule (J) oder in der in der Atomphysik üblichen Energieeinheit Elektronenvolt (eV)

1 u = 931,5 MeV (Megaelektronenvolt,
d. h. Millionen Elektronenvolt).

Das Energieäquivalent für die bei der Bildung eines Siliciumkerns verschwindende Masse ist also

0,25393 u · 931,50 MeV/u = 236,54 MeV.

Man kann sich vielleicht mehr darunter vorstellen, wenn man weiß, daß dieser Wert etwa 464 *Millionen* kJ (110,9 *Millionen* kcal) pro Gramm entspricht! Dieser Energiebetrag ist die *Bindungsenergie* des

---

[5] Die atomare Masseneinheit u ist die allgemein akzeptierte Einheit, in der relative Atommassen angegeben werden. Eine atomare Masseneinheit ist gleich $1,660 \cdot 10^{-24}$ Gramm.

Siliciumkerns, das heißt die Energie, die bei seiner Entstehung abgegeben wird. Gerade wie die Bildungswärme einer chemischen Verbindung die Wärmemenge darstellt, die bei der Bildung der Verbindung aus ihren Bestandteilen frei wird, ist die Bindungsenergie eines Kerns die Energiemenge, die bei der Bildung des Kerns an die Umgebung abgegeben wird (zum Beispiel in Form von Wärme oder Strahlung). Je mehr Energie abgegeben wird, umso stabiler ist der resultierende Kern. Denn nach dem alles beherrschenden Gesetz der Thermodynamik, nach dem man nichts umsonst bekommt, müßte mindestens diese Energiemenge wieder in den Kern hineingesteckt werden, um ihn in seine Bestandteile zu zerlegen. Wie stabil nun so ein Kern im Vergleich zu denen anderer bekannter Elemente ist, geht aus der Kernbindungsenergie pro Nukleon hervor, die in der Weise erhalten wird, daß die (wie oben berechnete) Kernbindungsenergie durch die Gesamtzahl der Protonen und Neutronen dividiert wird. Für einige leichte Elemente erhält man zum Beispiel folgende Werte

Helium	^{4}He	7,07 MeV pro Nukleon
Bor	^{11}B	6,86 MeV pro Nukleon
Kohlenstoff	^{12}C	7,66 MeV pro Nukleon
Sauerstoff	^{16}O	7,95 MeV pro Nukleon
Silicium	^{28}Si	8,45 MeV pro Nukleon

Durch diesen kurzen Blick in das aufregende Gebiet der Struktur und Stabilität von Atomkernen, das zur Hochenergiephysik gehört, verstehen wir wenigstens, warum Silicium und Sauerstoff so weit verbreitet sind. Kann man genaue Angaben über ihre Häufigkeiten machen? Chemische Analysen, die in den letzten hundert Jahren von einer umfangreichen Zahl von Gesteinen und Mineralien gemacht wurden, geben uns eine gute Vorstellung von der Zusammensetzung der Erdrinde[6].

Tabelle 1.1 enthält die irdischen Häufigkeiten aller Elemente von Wasserstoff bis Uran, mit Ausnahme der Elemente, deren Konzentrationen unter 0,0000003% liegen.

Das ist natürlich nur ein Teil des Problems. Wir können keine Proben vom Erdkern nehmen. Für die tieferen Partien des Erdmantels versuchen wir es gerade in Tiefbohrungen. Auf Grund der Dichte

---

[6] Die Untersuchung von Gesteinsproben vom Mond hat ergeben, daß sich diese, bis auf leicht erhöhte Titan- und Eisengehalte, in ihrer Zusammensetzung nicht wesentlich von irdischen Gesteinen unterscheiden.

Tabelle 1.1. Irdische Häufigkeiten der Elemente (in ppm oder g je Tonne)

Ordnungszahl	Symbol	ppm	Ordnungszahl	Symbol	ppm
1	H	8700	40	Zr	220
2	He	0,003	41	Nb	24
3	Li	65	42	Mo	8
4	Be	6	46	Pd	0,010
5	B	3	47	Ag	0,10
6	C	800	48	Cd	0,15
7	N	300	49	In	0,1
8	O	495000	50	Sn	0
9	F	270	51	Sb	1
11	Na	26000	53	I	0,3
12	Mg	19000	55	Cs	7
13	Al	75000	56	Ba	250
14	Si	257000	57	La	18,3
15	P	1200	58	Ce	46,1
16	S	600	59	Pr	5,53
17	Cl	1900	60	Nd	23,6
18	Ar	400	62	Sm	6.47
19	K	24000	63	Eu	1,06
20	Ca	34000	64	Gd	6.36
21	Sc	5	65	Tb	0,91
22	Ti	5800	66	Dy	4,47
23	V	150	67	Ho	1,15
24	Cr	200	68	Er	2,47
25	Mn	1000	69	Tm	0,20
26	Fe	47000	70	Yb	2,66
27	Co	23	71	Lu	0,75
28	Ni	80	72	Hf	4,5
29	Cu	70	73	Ta	2,1
30	Zn	132	74	W	34
31	Ga	15	78	Pt	0,005
32	Ge	7	79	Au	0,005
33	As	5	80	Hg	0,30
34	Se	0,09	81	Ti	1,8
35	Br	1,62	82	Pb	16
37	Rb	310	83	Bi	0,2
38	Sr	300	90	Th	11,5
39	Y	28,1	92	U	4

und anderer physikalischer Gegebenheiten müssen wir annehmen, daß der Erdkern im wesentlichen aus geschmolzenem Eisen und Nickel besteht. Berücksichtigt man diesen Umstand, dann weicht die Zusammensetzung der Erde als Ganzem erheblich von den Angaben in Tabelle 1.1 ab, denn die Rinde aus leichten Elementen (hauptsächlich Silicium, Sauerstoff und Aluminium) schwimmt auf einem Mantel und Kern, der aus Elementen mittlerer Massen besteht (Eisen, Nickel, Titan usw.), die wirklich schweren Elemente (Gold, Platin, Uran, Wolfram usw.) kommen in beiden nur zu einem winzigen Bruchteil, etwa einem Tausendstel Prozent, vor. Vielleicht klingt es merkwürdig, aber es ist tatsächlich so, daß wir mehr über die Zusammensetzung der Sonne und anderer Sterne wissen als über das Erdinnere, weil uns das von den Sternen ausgesandte Licht genaue spektrographische Informationen über die dort vorkommenden Elemente und ihre Anteile liefert. Berücksichtigen wir die Zusammensetzung aller sichtbaren Himmelskörper und des Sonnensystems, dann kommen wir zu den in Tabelle 1.2 enthaltenen kosmischen Häufigkeiten der Elemente. Wasserstoff und Helium kommen in so großen Mengen in dem uns bekannten Teil des Weltalls vor, daß man hier nicht wie in Tabelle 1.1 die Häufigkeiten der Elemente in ppm angeben kann. Man benutzt deswegen eine andere Skala. Aufgrund einer allgemeinen Übereinkunft benutzt man Silicium als Bezugselement, und die Häufigkeiten werden als Zahl der Atome des betreffenden Elements pro 10000 Atome Si angegeben.

Tabelle 1.2 zeigt uns bei genauem Hinsehen sofort, wie groß die Häufigkeiten von Silicium und Sauerstoff selbst im Weltall sind. Wir erkennen auch, daß neun von den zehn häufigsten Elementen gerade Ordnungszahlen haben und daß bei den 29 auf Wasserstoff folgenden Elementen die Häufigkeiten zwischen hohen und niedrigen Werten hin- und herpendeln, je nachdem, ob die Ordnungszahl gerade oder ungerade ist. Die wichtigsten Isotope der relativ häufigen ungeraden Elemente wie Aluminium, Natrium, Fluor, Chlor und Kalium weisen eine gerade Neutronenzahl auf. Das bevorzugt paarweise Auftreten von Neutronen ist also klar zu erkennen.

Nun wenden wir uns wieder dem Boden unter unseren Füßen zu. Ein letzter Blick auf Tabelle 1.1 zeigt uns, daß die zehn häufigsten Elemente 99,2% der Erdrinde ausmachen. Die übrigen 82 Elemente teilen sich den Rest von 0,8%. Die zehn auf der Erde häufigsten Elemente sind in der Reihenfolge abnehmender Häufigkeit:

Sauerstoff	49,5%
Silicium	25,7%
Aluminium	7,5%
Eisen	4,7%
Calcium	3,4%
Natrium	2,6%
Kalium	2,4%
Magnesium	1,9%
Wasserstoff	0,9%
Titan	0,6%

Tabelle 1.2. Kosmische Häufigkeiten der Elemente

Ordnungszahl Z	Symbol	Atome pro 10000 Si-Atome
1	H	$3,5 \cdot 10^8$
2	He	$3,5 \cdot 10^7$
6	C	$8 \cdot 10^4$
7	N	$16 \cdot 10^4$
8	O	$21 \cdot 10^4$
9	F	90
10	Ne	10000
11	Na	462
12	Mg	8870
13	Al	882
14	Si	10000
15	P	130
16	S	3500
17	Cl	190
18	Ar	130
19	K	69
20	Ca	670
21	Sc	0,18
22	Ti	26
23	V	2,5
24	Cr	95
25	Mn	77
26	Fe	18300
27	Co	99
28	Ni	1340
29	Cu	4,6
30	Zn	1,6

Die Erdrinde besteht also zu 75% aus Silicium und Sauerstoff, weitere 22,5% sind Metalle, deren Ionen in die aus Silicium und Sauerstoff aufgespannten Gerüststrukturen hineinpassen und die riesige Menge von silicatischen Gesteinen und Mineralien bilden. Es liegt also auf der Hand, daß uns der Rohstoff Silicium niemals ausgehen wird! Und auch wenn wir es nicht als freies Element antreffen (wegen seiner ausgeprägten Neigung, sich mit Sauerstoff chemisch zu verbinden), so umgibt es uns doch allerorten und steht allen Völkern in allen Ländern zur Verfügung.

Die Struktur der Silicate

Gewisse Kenntnisse der inneren Struktur der Kieselsäure und der Silicate sind nötig, um ihre Eigenschaften verstehen und nutzen zu können. Zunächst sei festgestellt, daß Silicium und Sauerstoff eine bemerkenswert hohe Affinität zueinander haben und sehr starke chemische Bindungen ausbilden. Wie stark diese Bindungen tatsächlich sind, erkennt man am besten, wenn man die Wärmemengen miteinander vergleicht, die bei der Bildung von einem Mol SiO_2 und anderen bekannten Oxiden auftreten (Tabelle 1.3).

Man muß auch wissen, daß Silicium, anders als Kohlenstoff, fast nie Doppelbindungen eingeht. Seit mehr als hundert Jahren haben Chemiker nämlich versucht, Verbindungen mit doppelt gebunde-

Tabelle 1.3. Einige Standardbildungswärmen[a]

CO_2 (gasförmig)	393,7 kJ/mol
H_2O (flüssig)	285,8 kJ/mol
CuO (fest)	155,2 kJ/mol
SO_2 (gasförmig)	297,0 kJ/mol
ZnO (fest)	348,1 kJ/mol
SiO_2 (fest)	859,4 kJ/mol

[a] In Übereinstimmung mit der üblichen in der Thermochemie geltenden Übereinkunft müßten diese Zahlenwerte alle ein Minuszeichen haben, weil das „System" Wärme an die Umgebung abgibt, die meisten Leser werden aber durch diese Minuszeichen unnötig verwirrt, für unsere Argumentation hier sind sie überflüssig. Die Zerfallwärme (die Menge an Wärmeenergie, die erforderlich ist, um die Verbindung in ihre Elemente zu zerlegen) ist natürlich genauso groß wie die Bildungswärme, hat aber entgegengesetztes Vorzeichen.

nem Silicium herzustellen, und das ist erst vor kurzem gelungen (durch Anwendung sehr spezieller und komplexer Methoden, die wir hier übergehen wollen). Jedes Siliciumatom ist daher über Einfachbindungen mit *vier* einzelnen Sauerstoffatomen verbunden, wobei jedes Sauerstoffatom seinerseits mit zwei einzelnen Siliciumatomen verknüpft ist, somit:

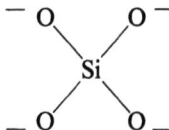

Räumlich gesehen ist es in Wirklichkeit so, daß das Si im Mittelpunkt eines Tetraeders sitzt, dessen vier Ecken mit Sauerstoff belegt sind. Das trifft auf fast alle Metallsilicate zu und ebenso auf viele Formen von SiO_2. Offenbar können die Silicium-Sauerstoff-Tetraeder sich miteinander verbinden, und das müssen sie in der Tat in SiO_2 und den festen Silicaten auch tun, denn die Sauerstoffatome sind zweiwertig und müssen mit *zwei* Siliciumatomen verbunden werden. Dadurch kommen wir zu Ketten und Ringen von miteinander verknüpften Si–O-Tetraedern und sogar zu zusammenhängenden Schichten, die aus solchen miteinander verknüpften Tetraedern aufgebaut sind. Die Variationsmöglichkeiten scheinen unerschöpflich zu sein; zum Beispiel sind für das reine SiO_2 selbst 22 verschiedene Formen bekannt. Die meisten davon sind kristallin, wie zum Beispiel Alpha- und Beta-Quarz, Tridymit und Cristobalit, einige sind aber nichtkristallin wie z. B. Kieselglas (oft fälschlicherweise als „Quarzglas" bezeichnet), bei dem es sich um eine unterkühlte Schmelze handelt. Abbildung 1.1 gibt die Struktur von Alpha-Quarz wieder, der am besten bekannten kristallinen Form.

Die Silicatminerale[7] lassen sich in unterschiedliche Klassen einteilen:

1. Silicate mit inselartigen negativ geladenen Silicat-Ionen wie z. B. in
   a) den Silicaten, in denen diskrete Orthosilicat-Ionen SiO_4^{4-} auftreten (keine Sauerstoffatome, die gleichzeitig zwei Silicat-Tetraedern angehören; alle vier Ladungen werden durch positiv geladene Metallionen, z. B. Na^+, K^+, Ca^{++}, Mg^{++} usw.

---

[7] Uns werden auch Silicate begegnen, die keine Minerale sind. Hierbei handelt es sich um leicht flüchtige Flüssigkeiten wie z. B. Ethylsilicat, $Si(OC_2H_5)_4$, Kp 168,5°C. Das sind Ester der Orthokieselsäure $Si(OH)_4$.

ausgeglichen). Der Edelstein *Zirkon*, ZrSiO$_4$, ist ein Beispiel dafür.
b) den Silicaten, in denen diskrete *Disilicat*-Ionen, Si$_2$O$_7^{6-}$, auftreten, in denen zwei Silicat-Tetraeder über eine Ecke miteinander verknüpft sind. Die Minerale der Pyroxen- und Amphibol-Gruppe sowie Asbest sind Beispiele dafür.
c) solchen, die ringförmige Polysilicat-Ionen enthalten, in denen drei oder mehr Tetraeder über Ecken verknüpft sind, wie z. B. in α-Wollastonit oder Benitoit:

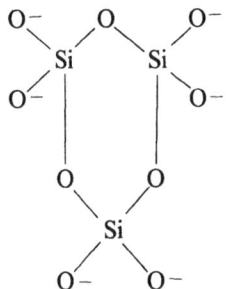

2. Silicate mit Tetraederketten unbegrenzter Länge, jedes Tetraeder ist über zwei Ecken verknüpft, die außen liegenden Sauerstoff-Atome tragen negative Ladungen:

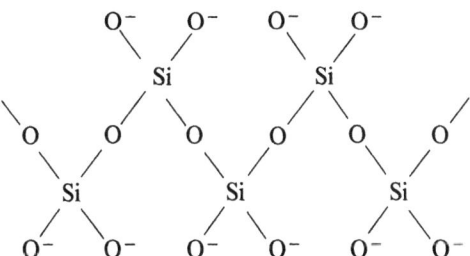

Diese Ionen und die unter 1c aufgeführten haben die mittlere Zusammensetzung (SiO$_3$)$_n^{2n-}$ und werden Metasilicate genannt.
3. Silicate, in denen die Tetraeder über *drei* Ecken verknüpft sind, wodurch sich abgeflachte Schichten aus sich abwechselnden Silicium- und Sauerstoff-Atomen ergeben. Diese Konformation ist typisch für Minerale mit Schichtstrukturen, wie z. B. Tone und Glimmer.

Wir können uns diese drei Silicatstrukturen auch aus der Quarzstruktur (Abbildung 1.1) entstanden denken, indem aus dieser die

16 Geschichtliches

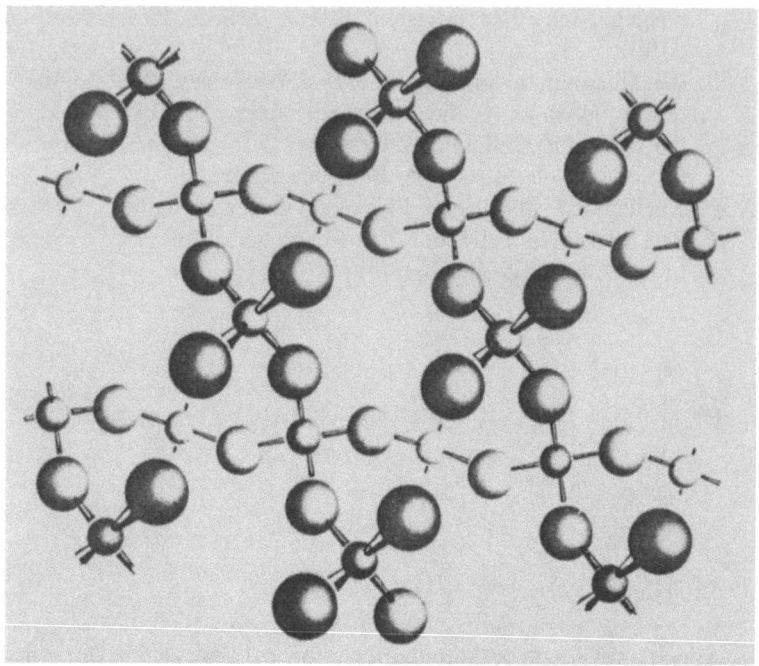

Abb. 1.1. Kristallstruktur von Quarz SiO_2. Die Siliciumatome werden durch die kleinen Kugeln wiedergegeben, die Sauerstoffatome durch die großen Kugeln. Jedes Siliciumatom ist tetraedrisch mit vier Sauerstoffautomaten verbunden

entsprechenden Ringe und Ketten und Tetraeder ausgeschnitten und mit der richtigen Zahl von negativen Ladungen an den freistehenden Sauerstoff-Atomen versehen werden. In vielen Silicaten wird Silicium teilweise durch Aluminium ersetzt, als Folge erhält die Struktureinheit für jedes eingebaute Aluminium-Ion (Al^{3+}) eine zusätzliche negative Ladung. Manchmal wird Silicium in der gleichen Weise auch durch Eisen (Fe^{3+}) oder gelegentlich durch Chrom (Cr^{3+}) ersetzt. Dadurch gibt es eine ungeheure Zahl von bekannten und charakterisierten Silicaten, Alumosilicaten und Ferrosilicaten, jedes mit seiner eigenen definierten Kristallstruktur und ganz bestimmten physikalischen Eigenschaften. Diese Silicate füllen mit ihren höchst interessanten historischen Namen und ihren vielen physikalischen Konstanten dickleibige mineralogische Handbücher. Tabelle 1.4 enthält eine sehr kleine Auswahl.

Tabelle 1.4. Physikalische Eigenschaften einiger Silicate

Name	Formel	Kristallsystem	Fp [°C]
Lithiumorthosilicat	Li_4SiO_4	rhombisch	1256
Lithiummetasilicat	Li_2SiO_3	rhombisch	1204
Natriumdisilicat	$Na_2Si_2O_5$	rhombisch	874
Natriumorthosilicat	Na_4SiO_4	hexagonal	1018
Natriummetasilicat	Na_2SiO_3	monoklin	1088
Natriumaluminiumsilicat	$NaAlSiO_4$	hexagonal	1526
Calciumorthosilicat	Ca_2SiO_4	monoklin	2130
Calciummetasilicat	$CaSiO_3$	monoklin	1540
Magnesiumorthosilicat	Mg_2SiO_4	rhombisch	1910
Magnesiummetasilicat	$MgSiO_3$	monoklin	1557
Kaliumdisilicat	$K_2Si_2O_5$	rhombisch	1015
Kaliummetasilicat	K_2SiO_3	rhombisch	976
Kaliumaluminiumsilicat	$KAlSiO_4$	hexagonal	1800
Zinkmetasilicat	$ZnSiO_3$	rhombisch	1437
Zinkorthosilicat	Zn_2SiO_4	hexagonal	1509
Bleimetasilicat	$PbSiO_3$	monoklin	766

Steingut und Keramik

Es ist schon eine ganze Weile her, daß wir unseren Steinzeitmenschen an seinem Lagerfeuer zurückgelassen haben. Während wir uns mit moderneren Modellen und Theorien befaßt haben, war er vielleicht einsam, aber er war sicher nicht müßig. Er und seine Nachkommen waren damit beschäftigt, die chemische Wissenschaft und überhaupt alle Wissenschaften zu begründen. Während sein Feuer innerhalb des Walls von kleinen Steinen brannte, fielen ständig glühende Kohlen daneben. Diese Verschwendung ärgerte ihn. Darum baute er einen neuen Wall mit größeren Steinen Da diese aber abgerundet waren, fielen Kohlen aus den Löchern zwischen ihnen heraus. Das konnte er dadurch verhindern, daß er mit besonders klebrigem Schlamm, den er sich am See holte (also Lehm) die Steine verputzte und so die Fugen und Löcher ausfüllte. Dann beobachtete er etwas: Heißes Feuer, das innerhalb des Walls wochen- oder monatelang brannte, erhitzte Teile des Lehms auf Rotglut und ließ ihn zu einem steinartigen Material erhärten. Er hatte Schlamm, der in Wasser in winzige Teilchen zerfiel, in eine harte Masse verwandelt, der Wasser nichts anhaben konnte! Seine erfinderischen Nachkommen formten flache Schalen aus dem Lehm, ließen diese in der Sonne trocknen, stellten sie behutsam in die Flammen, brannten sie stundenlang bei heller Rotglut und ließen sie langsam in der Asche abkühlen. Als Ergebnis erhielten sie die ersten Töpferwaren! Ein gleichermaßen wichtiges Ergebnis: Die Geburt einer neuen Technologie, der Keramik.

Die heutige Chemie hat ihre eigentlichen Wurzeln in *zwei* alten Künsten: der Keramik und der Metallurgie. Für beide ist Feuer das wesentliche Element. Zweifellos war die Keramik zuerst da, weil für die Gewinnung von Metallen aus ihren Erzen Gefäße nötig waren, und nur solche aus Keramik ließen sich damals herstellen. Die Menschen sammelten Erfahrungen, aus welchen Stoffen sich Töpferwaren herstellen ließen und wie das Brennen erfolgen mußte, um die besten Ergebnisse zu erhalten. Sie wählten dafür Stoffe, verarbeiteten diese, und betrieben so chemische Forschung und Technologie im heutigen Sinne.

Wir wollen uns ansehen, was passiert, wenn aus schlammigem Lehm eine Töpferware wird. In reiner Form sind die natürlich vorkommenden Silicate kristalline Verbindungen mit definierten Dichten, Schmelzpunkten und Brechungsindizes. In der Natur sind natürlich angesichts der vielen Bestandteile der Eruptivgesteine und ihrer verwitterten, hydratisierten und umgewandelten Produkte tausende miteinander vermischt. Bei den Tonmineralen (die klangvolle Namen wie Kaolinit, Halloysit und Montmorillonit tragen) handelt es sich gerade um solche hydratisierten Aluminiumsilicate, mit Schichtstrukturen aus Silicium-Sauerstoff-Schichten, zwischen denen Kalium- und Calcium-Ionen liegen. Talkum und Glimmer sind ebenfalls solche hydratisierten Minerale mit Schichtstruktur, aber mit Magnesium-Ionen zwischen den Schichten. Im einzelnen unterscheiden sich die Strukturen beträchtlich. Uns interessiert aber nur, wie sich die Tonminerale gegenüber Wasser verhalten. Alle absorbieren große Mengen Wasser, aber in verschiedener Weise. Montmorillonit absorbiert das Wasser *zwischen* seinen Silicatschichten, die Zwischenräume werden erheblich größer, und das Volumen steigt an. Wenn durch Erhitzen oder langes Trocknen Wasser wieder abgegeben wird, schrumpft die Struktur, und die Masse wird rissig. Ein anderes Tonmineral, Bentonit, quillt in Wasser noch stärker und zerfällt in viele dünne Lamellen, die große Mengen Wasser adsorbieren und davon ganz eingehüllt werden, die Masse quillt auf und wird gelartig. Der Töpfer hat am liebsten Tone, in denen orientierte

Plättchen von aufgequollenem Montmorillonit in einem glitschigen Bentonitgel verteilt sind; die Masse ist plastisch aber erstarrt nach der Formgebung ohne zusammenzufallen. Damit in den Rohlingen beim Trocknen keine Risse durch Schwinden auftreten, werden die Tonminerale mit feinkörnigem Quarzsand versetzt, wodurch sich eine poröse Textur ergibt. Nach langem sorgfältigem Trocknen können die Stücke gebrannt werden, und von hier an bestimmen Chemie und Physik das weitere Geschehen.

Ein Blick auf die Tabelle 1.4 zeigt uns, daß die Schmelzpunkte der Alkalimetallsilicate, also die von Lithium Li, Natrium Na und Kalium K, in dieser Reihenfolge abnehmen. Die Schmelzpunkte der Erdalkalimetallsilicate (die von Magnesium Mg und Calcium Ca) sind höher, und durch Ersatz von Silicium durch Aluminium steigt der Schmelzpunkt noch weiter an. Die Schmelzpunkte liegen alle bedeutend höher als 600–800°C, dem Temperaturbereich der Rotglut. Wir sollten jedoch daran denken, daß der Schmelzpunkt einer reinen Substanz stets sinkt, wenn Verunreinigungen hinzukommen, unabhängig davon, ob die zugesetzte Substanz einen höheren oder niedrigeren Schmelzpunkt hat. Dies nennt man den eutektischen Effekt. Für die Praxis bedeutet das, daß irgendein komplexes Silicatgemisch bei einer charakteristischen Temperatur zu erweichen beginnt, gewöhnlich im Bereich zwischen heller Rotglut (ca. 1300°C) und Gelbglut (ca. 1500°C). Aus dem Silicat mit dem niedrigsten Schmelzpunkt, normalerweise einem Natrium- oder Kaliumsilicat, entsteht eine klebrige Flüssigkeit (in Wirklichkeit ein geschmolzenes Glas), die Teilchen von höher schmelzender Kieselsäure (Fp 1610°C), Aluminiumoxid (Al_2O_3, Fp 2015°C) und Aluminiumsilicat (zum Beispiel $3Al_2O_3 \cdot 2SiO_2$, Fp 1920°C) umhüllt. Bei höheren Temperaturen würden mehr Silicatkomponenten schmelzen, und das geformte Stück fiele zusammen; zu niedrige Temperaturen resultieren dagegen in einer unzureichenden Bindung. Da darüberhinaus die physikalischen und chemischen Änderungen zwischen festen Teilchen ablaufen, und nicht in einem homogenen Medium wie in einer Lösung, wird das Geschehen durch Diffusionsvorgänge bestimmt und ist zeitabhängig. Entscheidend ist daher nicht nur die Brenn*temperatur*, sondern auch die Brenn*dauer*. Auch die Aufheiz*geschwindigkeit* ist wichtig, denn bei zu raschem Erhitzen bilden sich durch die thermische Ausdehnung Risse im Brenngut. Das Tongemisch braucht außerdem Zeit für die charakteristische Schwindung, die dadurch zustandekommt, daß angeschmolzene Bindesubstanz die Zwischenräume zwischen den festen Partikeln ausfüllt. Schließlich muß auch hier wieder die thermische Ausdehnung berücksichtigt werden, denn bei zu raschem Abkühlen entstehen durch Kontraktion in den fertig gebrannten Teilen Risse.

Selbst mit modernen Anlagen und den neuesten Brennöfen erfordert das erfolgreiche Brennen keramischer Objekte viel Erfahrung und Geschick. Man fragt sich, wie die alten Kulturvölker dieses vor tausenden von Jahren geschafft haben, ohne genaue Kenntnisse der chemischen Zusammensetzung der Ausgangsstoffe und ohne irgendwelche genauen Messungen. Sie konnten es jedenfalls, und viele ihrer Töpfereien haben die Zeit überdauert. Einige davon besitzen erstaunliche Ausmaße. Bei der Ausgrabung des minoischen Palasts in Knossos auf Kreta entdeckte man Vorratsräume mit riesigen Krügen, etwa 2000 Jahre vor Beginn unserer Zeitrechnung entstanden, einige davon zwei Meter hoch, mit getöpferten Deckeln so groß wie Kanaldeckeln. Man benutzte sie zur Vorratshaltung von Getreide und Öl, und eine ganze Anzahl davon blieben erhalten. Sie sind so groß, daß zu ihrer Anfertigung ein Arbeiter hineingeklettert und von innen gearbeitet haben muß (siehe Abbildung 1.2). Wie die Künstler und Handwerker mit so großen und schweren Objekten fertig geworden sind und wie sie es schafften, sie zu trocknen und vor allen Dingen zu brennen, bleibt ein Geheimnis. Wir wissen natürlich nicht, wieviel Ausschuß produziert wurde, aber die schiere Zahl von gelungenen Krügen, die es heute noch gibt, ist beeindruckend. Natürlich wurden die meisten für den täglichen Bedarf bestimmten Gefäße bei ihrem Gebrauch irgendwann zerbrochen, aber selbst die Scherben und Bruchstücke können lange Geschichten erzählen, denn aus ihrer chemischen Zusammensetzung, ihrer Gestaltung und den Farben und Verzierungen lassen sich tiefe Einsichten über die Menschen und ihre Kultur gewinnen. Holz zerfällt oder verbrennt, die meisten Metalle korrodieren, und Wind und Wetter vernichten die meisten Spuren, aber Töpferscherben überdauern und geben Auskunft über die Menschen der Frühzeit und ihre Gewohnheiten.

Für Anthropologen und Archäologen sind diese Artefakte ein offenes Buch und eine fast lückenlose Chronik über etwa 5000 Jahre Menschheitsgeschichte.

Diese frühen Töpfereiprodukte nennt man heute Irdenware oder Steingut. Der Scherben ist dunkelrot oder braun (wegen des Eisen-, Chrom- und Titangehalts in den Rohstoffen), undurchsichtig und porös. Durch Aufbringen einer Glasur auf die Oberfläche wurden die Erzeugnisse wasserundurchlässig gemacht, normalerweise ganz einfach dadurch, daß während des Brennvorgangs einige Hände voll Salz in die tosende Glut des Brennofens geworfen wurden; durch

Abb. 1.2. Riesige Krüge als Zeugen minoischer Töpferkunst im Palast von Knossos

Reaktion mit den Silicaten bildete das Natrium an der Oberfläche ein niedrig schmelzendes Natriumcalciumsilicat. Die für Bauten verwendeten roten Ziegel bestanden aus ziemlich der gleichen Art von rohem Steingut, hatten aber eine gröbere Struktur und höhere Porosität, die dadurch erreicht wurde, daß man dem Tongemisch Sägemehl zusetzte (das Sägemehl brennt während des Brennvorgangs ab und hinterläßt kleine Löcher). Durch feineres Sieben der Rohstoffe und Kneten zur Entfernung von Luftblasen wurde ein feinkörnigeres Steingut erhalten, wie man es von Kacheln und Terrakotta kennt. Auch Kacheln erhielten mitunter eine Salzglasur, wollte man aber ein aufwendigeres Dekor haben, mußte das Stück ein zweites Mal gebrannt werden, nachdem man Farbpigmente (Oxide und Silicate der Übergangsmetalle) und die Glasur auf das bereits gebrannte Stück aufgetragen hatte. Für Kacheln eignete sich häufig besser eine wasserbeständigere Bleiglasur (man beachte den sehr niedrigen Schmelzpunkt von Bleisilicat in Tabelle 1.4) als eine Salzglasur. Antike Keramiker schufen Großartiges mit den wunderbar verzierten griechischen Töpfereien, die man in unseren Museen bewundern kann und mit den frühen chinesischen Porzellangefäßen.

Porzellan und Glas

Die Keramik hat über die Jahrhunderte gewaltige Fortschritte gemacht, die Technologie auch. Es gibt Messer und Scheren mit Keramikklingen, die nie mehr stumpf werden, Teile unserer Auto- und Flugzeugmotoren sind aus Keramik. Das ganze Anwendungsgebiet hat heute einen riesigen Umfang; wir können hier nur einige Produkte aufzählen und zeigen, wie sich diese von dem oben beschriebenen ursprünglichen Steingut unterscheiden.

Ziegel und *Kacheln* werden heute maschinell hergestellt und in kontinuierlich arbeitenden Brennöfen gebrannt. Die Produkte werden auf Wagen pausenlos durch die Trocknungs-, Brenn- und Auskühlzonen gefahren. Ziegel sind nicht länger nur rot, sondern können auch gelb oder braun oder bunt sein. Kacheln werden mit leuchtenden Farben versehen oder mit Mustern „bedruckt".

Weichporzellan und *Hartporzellan* sind besonders verfeinerte Keramikprodukte, für die spezielle Rohstoffe und Arbeitstechniken benötigt werden, die vor vielen Jahrhunderten in China entdeckt und entwickelt wurden. Porzellan ist ausgeprägt glasartig, die äußerst feinen Teilchen von weißem Aluminiumsilicat werden durch eine

Matrix von Natriumcalciumsilicatglas zusammengehalten. Anders als bei Steingut, wo durch wenige Prozent von glasartigem „Leim" große Mengen an gebranntem Ton gebunden werden, besteht Porzellan überwiegend aus glasartigem Bindemittel. Wenn es überhaupt einen Unterschied zwischen Hartporzellan und Weichporzellan gibt, dann den, daß feines Weichporzellan (chinesisches Porzellan oder „china" im englischen Sprachraum) noch glasartiger ist, so daß dünne Schichten wie zum Beispiel die Wandungen einer Teetasse durchscheinend sind. Weichporzellan und Hartporzellan werden gewöhnlich mit einer Glasur versehen und reich mit Farben verziert. Die hier angewandten Techniken sollen gleich beschrieben werden.

Für die Herstellung von feinem Chinaporzellan und Porzellan beginnt man mit sorgfältig ausgesuchten gereinigten Rohstoffen. Um den gewünschten Weißton zu erreichen, muß Eisen vollständig ausgeschlossen werden, ebenso Kupfer, Nickel, Mangan und Chrom, die nur in den Glasuren und der Verzierung etwas zu suchen haben, wo ihre Farbigkeit ausdrücklich erwünscht ist. Der wichtigste Ausgangsstoff ist ein seltener rein weißer Ton, der sich gut in Kugelmühlen mahlen läßt. Der rohe Ton wird durch mechanische Bearbeitung in Wasser suspendiert, die sahnige Suspension wird zur Abtrennung von Gesteinsfragmenten in eine Kugelmühle abdekantiert. Diese ist ein großer Zylinder aus Porzellan, der zu einem Drittel mit großen rundlichen Steinen aus reinem Quarzit gefüllt ist, einer harten, glatten polykristallinen Form von Kieselsäure. Sobald der Zylinder fast mit Tonsuspension gefüllt ist, wird er mit einem Porzellandeckel und einer dazwischenliegenden Dichtung verschlossen und dann auf Rollen stunden- oder tagelang in horizontaler Lage umlaufen gelassen, damit die Tonpartikel bis zur gewünschten Feinheit zermahlen werden. Der Mahlvorgang erfolgt so, daß die Quarzitkugeln durch die Rotation ein Stück Weges mit nach oben genommen werden und dann durch die Flüssigkeit nach unten fallen, wobei sie sich aneinander und an der Porzellanwandung reiben. Das Verfahren arbeitet völlig ohne Maschinenteile und Behälter aus Eisen oder Stahl. Die anderen Rohstoffe für Chinaporzellan sind eisenfreier weißer Sand und farbloser oder weißer Feldspat. (Feldspäte sind Natrium- und Kaliumalumosilicate, die aus dem Urgestein in so großen Mengen auskristallisiert sind, daß man diese Vorkommen ausbeuten kann). Beide Stoffe werden in Kugelmühlen gemahlen, entweder getrennt oder mit dem Ton zusammen. Die Anteile an Natrium, Calcium, Kalium und Aluminium in dem Silicatgemisch sind von größter Bedeutung und werden durch chemische Analyse überprüft. (In England bürgerte sich die Anwendung von Knochenasche als weiterem eisenfreien Calciumlieferanten ein, daher der Name „bone china". Wenn die resultierende Mischung auf der Töpferscheibe verarbeitet werden soll, wird sie entwässert und gelagert, bis sie die gewünschte Geschmeidigkeit erreicht hat. Zur Herstellung von Tassen und Geschirr wird die sahnige Suspension, der „Schlicker", in eine trockene Gipsform gegossen, der Überschuß wird sofort wieder abgegossen. Der Gips nimmt das Wasser aus dem Schlicker auf, die Masse verfestigt sich, und es entsteht der feste Formkörper mit der gewünschten Wandstärke. Wenn die Form trocknet, schwindet der geformte Gegenstand und löst sich von der Form, und das äußerst zerbrechliche Objekt kann ausgeformt werden. Die trockenen Gegenstände werden in große Schamottekapseln (engl. „saggar") überführt, diese werden für den Brennprozeß in den Ofen hineingestellt. Die Temperatur wird langsam bis auf 1250 °C gesteigert und 24 bis 30 Stunden gehalten, dann wird der Ofeninhalt drei Tage langsam abgekühlt. Das so erhaltene Rohporzellan ist mattweiß und porös aber hart genug, um glasiert und dekoriert werden zu können. Bei den Pigmenten für das Dekor handelt es sich um Oxide oder Silicate von Cobalt („kobaltblau"), Kupfer (türkis), Chrom (grün), Mangan (rosa) und Eisen (gelb). Mit diesen kann das Rohporzellan vor der Aufbringung der Glasur bemalt werden. In diesem Fall werden die Farben durch die darüberliegende Glasur geschützt, oder sie können aufgebracht werden, nachdem der Gegenstand mit Glasur versehen und gebrannt wurde, in diesem Falle ist ein dritter Brand nötig, um sie mit der Glasur zu verschmelzen. Das Glasurgemisch ist ein Schlicker aus gemahlenem Feldspat und Kaolin und wird aufgesprüht oder durch Tauchen aufgebracht. Die getrockneten Gegenstände werden dann erneut in Kapseln überführt und 30 Stunden lang bei etwa 1175 °C gebrannt. Dann werden sie nochmal drei Tage lang abgekühlt. Es kann viel daneben gehen, und nicht alle Objekte gelingen, aber es lassen sich wunderschöne Resultate erzielen, und die Porzellanherstellung blickt auf eine stolze Tradition zurück.

Mit dem Ausdruck *Glas* bezeichnet man alle transparenten, spröden, nichtkristallinen Stoffe. Unter Glas versteht man also nicht eine bestimmte chemische Zusammensetzung sondern vielmehr einen Zustand der Materie. Es gibt organische Gläser, z. B. Polystyrol und Polymethylmethacrylat (Plexiglas) und anorganische Gläser, z. B. geschmolzene Kieselsäure („Quarzglas") und geschmolzenes Boroxid. Das traditionelle Fenster- und Flaschenglas, das schon seit den Zeiten der alten Ägypter hergestellt und verwendet wird (zumindest trifft das für Flaschen zu), ist ein durchsichtiges, erschmolzenes Gemisch von Natrium-, Kalium- und Calciumsilicaten, und mit diesem Glas wollen wir uns hier beschäftigen. Anstatt sich mit in ihren Eigenschaften veränderlichen natürlichen Mineralien als Rohstoffen abzumühen, geht der Glashersteller von heute von reinen chemischen Verbindungen aus, die er genau abmessen kann. Das Silicium stammt von Quarzsand, der so eisenfrei wie möglich sein soll; das Natrium wird von Natriumcarbonat geliefert, das Kalium wird als Carbonat oder Chlorid oder Sulfat zugegeben, und das Calcium wird als Carbonat zugesetzt (gemahlener Kalkstein oder Calcit). Es können noch geringere Mengen von anderen Bestandteilen hinzukommen: Bor (als Borsäure oder Borax), um den Erweichungspunkt des Glases abzusenken, Magnesium (als Magnesiumoxid MgO), um den Verarbeitungsbereich zu erweitern, Blei (als Oxid oder Carbonat), um den Brechungsindex und somit das Farbenspiel von geschliffenem Glas zu erhöhen, Aluminium (als Feldspat), um die chemische Widerstandfähigkeit zu verbessern, und eventuell etwas Zink (als Oxid oder Carbonat).

Einige typische Zusammensetzungen werden in Tabelle 1.5 angegeben. Da Carbonate, Sulfate usw. in der Glut des Ofens in Oxide übergehen, werden die Zusammensetzungen als Anteile der verschiedenen Oxide in dem fertigen Glas angegeben.

Das Gemisch der Komponenten muß auf etwa 1500°C erhitzt werden, um die Masse aufzuschmelzen und sie dünnflüssig genug zu machen, damit entweichende Gasblasen (CO_2, H_2O, SO_2 oder was

Tabelle 1.5. Zusammensetzung verschiedener Glassorten

Bestandteil	Formel	Fensterglas [%]	Flachglas [%]	Kristallglas [%]	Hohlglas [%]	Laborglas [%]
Kieselsäure	SiO_2	71,0	73,0	54,0	72,0	84,0
Aluminiumoxid	Al_2O_3	0,5	0,1	–	1,5	1,3
Soda	Na_2O	12,0	13,9	4,0	15,0	3,8
Pottasche	K_2O	3,0	–	4,0	0,5	0,4
Kalk	CaO	9,5	11,0	3,0	7,5	–
Magnesiumoxid	MgO	4,0	2,0	1,0	3,5	–
Bleioxid	PbO	–	–	34,0	–	–
Borsäure	B_2O_3	–	–	–	–	10,5
		100,0	100,0	100,0	100,0	100,0

auch immer) sie gründlich durchrühren können. Dies ist einfacher gesagt als getan! Das Gemisch von geschmolzenen Silicaten ist ein gutes Lösemittel für fast alles, was es gibt; die üblichen Konstruktionsmetalle mit hohem Schmelzpunkt werden durch sie oxidiert, und die Oxide lösen sich in der Schmelze. Behälter aus Ton werden aufgelöst und verunreinigen die Schmelze. Offensichtlich würde es Behältern aus reiner Kieselsäure oder Kalk oder Magnesiumoxid gleich ergehen. Nur wenige Werkstoffe sind geeignet. Im Labormaßstab können kleine Mengen in Platingefäßen geschmolzen werden, denn Platin schmilzt bei 1772°C und wird durch geschmolzene Silicate nicht angegriffen, aber bei einem Preis von zwanzig Mark pro Gramm Platin läßt sich dieses Material wohl kaum in der Industrie in großem Maßstab einsetzen. Die beste Lösung für das Problem der industriellen Produktion von Fenster- und Flaschenglas stellen riesige „Wannen" dar, 40 m lang und 9 m breit, die mit Blöcken aus geschmolzenem Aluminiumoxid, Al_2O_3, ausgekleidet sind. Die Wannen können 1000 t Glas aufnehmen und werden mit Gas in einem enormen Flammofen mit Regenerativfeuerung beheizt. Der Ofen arbeitet kontinuierlich, die Rohstoffe werden am einen Ende eingelegt, und geschmolzenes Glas wird am anderen Ende entnommen und als Flachglas verarbeitet oder Hohlglas-Blasautomaten zugeführt. Wanne und Ofen bleiben solange in Betrieb, bis das Futter der Wanne verschlissen ist, was 10 bis 20 Monate dauern kann. Danach läßt man die Wanne abkühlen, nimmt sie auseinander und baut sie wieder mit neuem Futter zusammen.

Silicatglas ist historisch gesehen der erste plastische Werkstoff. Die Formgebung erfolgt durch Pressen in Formen, durch Einblasen in Formen zur Herstellung von Hohlglas, durch manuelle Bearbeitung mit der Glasmacherpfeife, mit und ohne Form, („Glasblasen"), durch Gießen oder durch Ziehen von Glasfasern oder Glastafeln. Seit der Zeit, als die alten Ägypter zum ersten Mal Glas in Keramikbehältern herstellten, gibt es eine eigenständige Handwerkskunst, die sich mit der Färbung, dem Blasen, der Formgebung und der Verzierung von Silicatglas befaßt und Objekte von atemberaubender Schönheit und hohem Reiz hervorgebracht hat.

Seit der industriellen Revolution hat sich die Technologie der Massenproduktion von Glas stetig entwickelt, so daß zum Beispiel heute ein einziger Blasautomat 30 000 Glühlampenkolben *pro Stunde* herstellen kann. Glas kann nicht nur zu vielfältigen Formen verarbeitet werden, man kann es auch gezielt abwandeln und so viele Spezialprodukte mit besonderen chemischen, physikalischen und optischen Eigenschaften herstellen. Der Brechungsindex wird durch

Zumischen von Komponenten mit größerer Atommasse wie z. B. Blei, Kalium und Barium erhöht, und die optische Dispersion (die Änderung des Brechungsindex in Abhängigkeit von der Wellenlänge) kann in beträchtlichem Maße verändert werden. So lassen sich mehrlinsige Fotoobjektive herstellen, die nicht mehr die Fehler einer einzelnen sphärischen Linse zeigen und die, wie man sagt, korrigiert sind. Silicatgläser lassen sich anfärben, indem man Oxide der Übergangsmetalle in der Masse auflöst: Cobalt für blau, Mangan für violett und rosa, Eisen(II) für grün und Eisen(III) für gelb. Für die Massenproduktion, sagen wir für Weinflaschen und Fensterscheiben, ist es nicht möglich, genug eisenfreien Sand zu bekommen, darum hat das Glas immer einen grünlichen Farbton (was man erkennt, wenn man sich die Kante einer Fensterglasscheibe ansieht). Dieser grünliche Schimmer kann behoben werden, wenn man der Schmelze Mangandioxid zusetzt, dessen Rosafarbe die grüne Farbe kompensiert. Wird so hergestelltes Glas über hunderte von Jahren intensivem Sonnenlicht ausgesetzt, bekommt es bei hinreichenden Dicken einen purpurroten oder amethystfarbenen Ton, der bei den historischen Gebäuden von Neuengland hoch geschätzt wird.

Glasfasern sollen etwas ausführlicher behandelt werden. Da Glas eine sehr hohe Druckfestigkeit hat, kann man die Festigkeit einer dicken Scheibe durch thermische Härtung deutlich erhöhen. Man kühlt dabei die Oberfläche durch einen Luftstrom oder durch Eintauchen in eine geeignete Flüssigkeit ab. Dabei wird das Innere der Scheibe unter eine große Druckspannung gesetzt. Auf diese Weise gehärtetes Glas behält seine Festigkeit, solange die Oberfläche keinen Kratzer bekommt. Weil Glas „isotrope" Eigenschaften hat, ist es empfindlich gegenüber tiefen Kratzern. Die mechanische Belastung konzentriert sich auf die Spitze eines entstehenden Sprungs und treibt den Sprung durch die Glasmasse voran. Beim Ziehen von Einzelfasern (Filamenten) aus Glas mit sehr hoher Geschwindigkeit werden die austretenden Fasern durch Anblasen mit Luft abgekühlt. Dadurch wird die Festigkeit der Faser, solange sie keinen Kratzer bekommt, bedeutend erhöht. Die reinen organischen Polymere, die zu Formkörpern verarbeitet werden, sind ebenfalls Gläser und können darum auch durch einen Sprung entzweigehen und versagen; darum werden sie durch Einarbeiten von Pulvern oder Fasern verstärkt: Man erhält so *Verbundwerkstoffe* von viel größerer Festigkeit. In diesem heterogenen Material kann sich ein an der Oberfläche auftretender Sprung nicht durch die ganze Masse fortpflanzen, weil er schon nach einer kurzen Wegstrecke auf eine eingelagerte Faser oder ein Pulverkorn trifft, an der die mechanische Belastung zerstreut wird. Eine besonders gelungene Kombination sind mit Glasfasern verstärkte wärmehärtbare Polymere, denn das organische Harz schützt die Oberfläche der eingebetteten Glasfasern vor Kratzern, und die Fasern verleihen dem Harz ihre enorm hohe Zugfestigkeit. Man bezeichnet sie allgemein als „Fiberglas". Angelruten und Boote und Autokarosserien und vieles mehr aus diesem Verbundwerkstoff sind aber in Wirklichkeit Kombinationen von Glasfasern und organischen Harzen, beide Komponenten sind von wesentlicher Bedeutung für die bemerkenswerten mechanischen Eigenschaften des Verbundwerkstoffs. Mehr davon später.

Wenn man die lichtabsorbierenden Übergangsmetalle entfernt und auch trübende Elemente wie Zinn und Zirkon, kann man ultrareines Glas herstellen, das außergewöhnlich lichtdurchlässig ist. Und da sich eine Glasfaser wie ein Schlauch benimmt, in dem Licht geleitet wird – denn Licht, das an einem Ende eingestrahlt wird, wird im Innern an den Wandungen totalreflektiert – kann Licht um Biegungen herum genau dahin geleitet werden, wo es benötigt wird. Darum ist die Faseroptik für die Chirurgie so wichtig. Durch Modulation des kohärenten Lichts von Lasern und Weiterleitung des modulierten Lichts durch Fasern können in der Nachrichtentechnik digitale Impulse über Kabel aus Glasfasern höchster Transparenz übertragen werden. Kompakte Bündel feiner Glasfasern können daher die dickeren und viel schwereren Kupferkabel von Telefonleitungen ersetzen. Dies sind nur einige Beispiele; die Anwendungsmöglichkeiten für Silicatglas scheinen unbegrenzt zu sein.

Emails sind spezielle Silicatgläser, die auf einem metallischen Untergrund haften sollen. Das berühmteste Beispiel ist die Maske aus schwerem Gold, die König Tutanchamun in seinem Grab trug und die aus dem Jahre 1350 vor der Zeitrechnung stammt. Zu ihrer Verzierung wurden spezielle Gläser (blau, grün, rosa und schwarz gefärbte, siehe oben) gemahlen und als Pasten auf Rillen im Golduntergrund aufgetragen. Das ganze wurde bei einer Temperatur gebrannt, die ausreichte, das Glas zum Schmelzen zu bringen und es mit der Metalloberfläche zu verbinden (Abbildung 1.3). Um ein solches Objekt herstellen zu können, müssen die alten Ägypter genaue Kenntnisse darüber gehabt haben, wieviel Übergangsmetalloxid jeweils der Glasmasse zugesetzt werden mußte und wie die Zusammensetzung des Glases zu wählen war, damit es bei der erforderlichen Temperatur schmolz und am Gold haftete. Das heißt, daß ihre Kenntnisse von der Chemie der Keramik recht weit entwickelt waren. Die Kunst, Gegenstände mit Email zu verzieren,

Porzellan und Glas 29

Abb. 1.3. Totenmaske des Königs Tutanchamun, ca. 1350 v. Chr.

hat die Jahrhunderte überdauert. Unsere Museen sind voll von Beispielen. Die komplizierten emaillierten goldenen Ostereier, die für den russischen Hof gemacht wurden, die Meisterstücke von Cellini und die Kirchenschätze aller europäischen Länder kommen uns da in den Sinn. Im Alltag gibt es viele prosaischere Beispiele: Emaillierte Kochherde und Kühlschränke seien hier genannt. Innen sind die Backöfen mit emailliertem Stahlblech ausgekleidet, weil es keinen hitzebeständigen organischen Oberflächenschutz gibt und ungeschützter Stahl schnell oxidieren würde. Ähnlich sind auch die Herdplatten fast stets aus emailliertem Stahl, aber weiß oder in hellen Farben; die glasartige Oberfläche ist hitzebeständig und kratzfest. Die Außenflächen von Kühlschränken bestehen normalerweise ebenfalls aus emailliertem Stahl, damit sie Scheuermittel aushalten.

Das Emaillieren großer Flächen ist viel schwieriger als das Verzieren von Gold oder Silber. Das Email muß sich mit der

Oberfläche verbinden, dazu muß es die obere Oxidschicht des Metalls teilweise anlösen, außerdem muß es in etwa den gleichen Ausdehnungskoeffizienten wie das Metall haben, sonst würde es beim Abkühlen rissig werden. Um diesen Ansprüchen zu genügen, versetzt der Chemiker sein Glasgemisch mit Eisen-, Nickel- und Chromoxiden, dadurch wird es zwangsläufig undurchsichtig und schwarz. Das Gemisch wird in Aluminiumoxidtiegeln geschmolzen, abgekühlt, gebrochen und pulverisiert. Das Pulver (eine sogenannte „Fritte") wird dann in Wasser aufgeschlämmt und auf die oxidierte Metalloberfläche aufgesprüht. Das ganze Werkstück wird dann an einer Transportkette hängend kontinuierlich durch einen Ofen gefahren, und hier wird es gebrannt. Soll die emaillierte Oberfläche weiß sein oder in einem hellen Farbton gehalten werden, muß das Werkstück ein zweites Mal besprüht und gebrannt werden. Soll weißes Email auf schwarzem Untergrund aufgebracht werden, muß die Fritte ein weißes Trübungsmittel enthalten, z. B. Titan- und Zirkonoxid. Während des Brennvorgangs hüllt das flüssige Glas infolge der Oberflächenspannung die festen Partikel ein und bildet nach dem Abkühlen eine feste Schutzschicht aus Silicatglas.

Portlandzement und Beton

Die alten Römer kannten hydraulischen Zement, ein wässeriger Brei, der durch Hydratation seiner Bestandteile dauerhaft erhärtet. Aus ihm bauten sie um das Jahr 110 vor Christus das Pantheon, und die aus Gußmörtel gemachte kreisförmige Kuppel von 40 m Durchmesser steht heute noch. Ursprünglich war sie mit Bronzeplatten bedeckt, diese wurden später aber entfernt und nach Konstantinopel gebracht. Der gegossene Beton war daher fast 2000 Jahre ungeschützt der Witterung ausgesetzt, was seine Dauerhaftigkeit unter Beweis stellt. Der römische Zement wurde durch Vermischen von Vulkanasche mit frisch gebranntem Kalk gewonnen; nach Zugabe von Sand und Kies, sowie Wasser bis zu einer breiartigen Konsistenz, erhärtete er innerhalb von Tagen zu dem, was wir heute „Beton" nennen.

Die Kunst der Zementherstellung geriet im Mittelalter vollständig in Vergessenheit, aber schon früh im 18. Jahrhundert wurde sie in England wiederentdeckt, und seitdem gedeiht sie. Nach der Wasseraufnahme und dem „Abbinden" ähnelte englischer Zement in Farbe und Festigkeit dem Portlandstein, daher der Name.

Heute macht man Zement durch gemeinsames Vermahlen von Kalkstein, Ton, Mergel und häufig auch Hochofenschlacke und Brennen dieses „Rohmehls" in einem langen Drehrohrofen aus Stahl. Der riesige Stahlzylinder ist fast horizontal angeordnet, hat aber eine kleine Neigung, so daß das Material nach einer hinreichenden Verweilzeit im Ofen am unteren Ende anlangt. Als Brennstoff nimmt man gewöhnlich Staubkohle, denn die Asche daraus vergrößert ganz schlicht die Rohstoffmenge. Die Flammen schlagen vom unteren Austrittsende aus dem ankommenden Material entgegen, ähnlich wie bei einem Gegenstromverfahren, und erzeugen in der Mitte des Ofens Temperaturen von 1550 bis 1600°C. Diese reichen zwar nicht aus, das Material zu schmelzen, sind aber hoch genug, um die erforderlichen chemischen Reaktionen ablaufen zu lassen; der Kalkstein spaltet zunächst CO_2 ab und geht in CaO über, dieses reagiert mit den Aluminiumsilicaten (und Eisenoxid oder -silicat) unter Bildung einer gesinterten Masse von wasserfreien Calcium-, Aluminium- und Eisensilicaten, die man „Klinker" nennt. Durch Vermahlen des Klinkers zu einem feinen Pulver erhält man den Zement. Man vermischt das trockene Pulver mit reinem trockenen Sand und gebrochenem Stein oder Kies im Verhältnis von 1:2:4, setzt Wasser bis zur Bildung eines dicken Breis zu und erhält so den uns vertrauten Beton. Innerhalb von einigen Stunden erstarrt dieser Brei, der Beton ist aber noch feucht und hat noch nicht die Endfestigkeit erreicht. Seine Festigkeit gewinnt er im Verlaufe von zwei oder drei Wochen, diese Zeit brauchen die Silicate, um sich mit dem Wasser umzusetzen und eine dichte Masse miteinander verfilzter Kristalle zu bilden. Durch die Reaktion mit Wasser entsteht Wärme, bei sehr großen Objekten muß man daher dafür sorgen, daß diese Wärme abgeführt wird und der Beton während der Aushärtungsphase optimale Temperaturen zwischen 10 und 25°C hat. Durch Einziehen vorgespannter Stahlstangen erhält man ein Verbundmaterial sehr hoher Festigkeit, sogenannten Spannbeton, der sich nicht nur für den Bau massiver Strukturen eignet sondern auch die Verwirklichung eleganter Bogen- und Brückenkonstruktionen zuläßt, wie zum Beispiel die filigrane Europabrücke (820 m lang und 190 m hoch) in der Nähe von Innsbruck. Spannbeton ist daher heute das bevorzugte Baumaterial, unsere Abhängigkeit von der Silicatchemie ist also größer als je zuvor. Auf uns wartet aber wesentlich mehr als gerade nur die natürlichen und industriell gewonnenen Silicate, Silicium ist wesentlich vielseitiger! Das wird uns bei der weiteren Lektüre dieses Buches klar werden.

2 Silicium: Das Element

Ein Spätentwickler

Trotz der erfolgreichen Verwendung von Silicaten in der Keramik vor bereits etwa 5000 Jahren und der jahrhundertelangen Entwicklung der praktischen keramischen Chemie, war elementares Silicium bis 1823 unbekannt. In diesem Jahr erhielt Berzelius durch Reduktion von Kaliumfluorosilicat mit Kalium ein braunes Pulver:

$$K_2SiF_6 + 4K \longrightarrow 6KF \text{ (wasserlöslich)} + Si$$

Es dauerte aber noch einmal 34 Jahre, bis es Sainte-Claire Deville gelang, das Pulver zu schmelzen und stahlgraue Kügelchen zu erhalten, die wie heute verwendetes Silicium aussahen. Die Kenner des Periodensystems der Elemente werden wissen, daß Silicium in Gruppe IV auftritt, genau in der Mitte der sogenannten Hauptgruppenelemente, die man so in „Perioden" (den horizontalen Reihen) anordnet, daß links die reaktionsfreudigsten Metalle und rechts die reaktionsfreudigsten Nichtmetalle stehen (siehe Abbildung 2.1).

Silicium ist also ein leichtes Element, das in Gruppe IV (die Gruppen sind die senkrechten Reihen) genau unter Kohlenstoff steht, über seinen schwereren Vettern Germanium, Zinn und Blei. Da der Metallcharakter mit der Atommasse zunimmt, überrascht es nicht, daß am Anfang der Gruppe das Nichtmetall Kohlenstoff steht und am Ende der Gruppe zwei uns vertraute Metalle (Zinn und Blei) auftreten. Dazwischen ist eine Grauzone, die hier befindlichen Elemente sind weder Metalle noch Nichtmetalle, man nennt sie *Metalloide*. Es sind Elemente, die wie Metalle aussehen, sich aber physikalisch und chemisch anders benehmen. Darüber bald mehr. Silicium und auch Germanium sind solche Metalloide und haben wegen der dadurch bedingten Eigenschaften ausgedehnte Anwendung gefunden. Silicium ist zu 25,7% am Aufbau der Erdrinde beteiligt, Germanium nur zu 0,0007%, so wundert es nicht, daß wir von Germanium nicht allzuviel hören. Um die Stellung der beiden Elemente im Verhältnis zu den insgesamt etwa 100 bekannten Elementen, die das Universum aufbauen, richtig zu würdigen, sehen wir uns das vollständige Periodensystem an, (siehe Abbildung 2.2).

Abb. 2.1 (rechts). Die Hauptgruppenelemente

Abb. 2.2 (unten). Das Periodensystem

	I	II	III	IV	V	VI	VII
1	1 H						
2	3 Li	4 Be	5 B	6 C	7 N	8 O	9 F
3	11 Na	12 Mg	13 Al	**14 Si**	15 P	16 S	17 Cl
4	19 K	20 Ca	31 Ga	32 Ge	33 As	34 Se	35 Br
5	37 Rb	38 Sr	49 In	50 Sn	51 Sb	52 Te	53 I
6	55 Cs	56 Ba	81 Tl	82 Pb	83 Bi	84 Po	85 At

	I	II					Periodensystem					III	IV	V	VI	VII	O
1	1 H																2 He (2)
2	3 Li	4 Be										5 B	6 C	7 N	8 O	9 F	10 Ne (2,8)
3	11 Na	12 Mg										13 Al	14 Si	15 P	16 S	17 Cl	18 Ar (2,8,8)
4	19 K	20 Ca	21 Sc	22 Ti	23 V	24 Cr	25 Mn	26 Fe	27 Co	28 Ni	29 Cu	30 Zn	31 Ga	32 Ge	33 As	34 Se	35 Br	36 Kr (2,8,18,8)
5	37 Rb	38 Sr	39 Y	40 Zr	41 Cb	42 Mo	43 Tc	44 Ru	45 Rh	46 Pd	47 Ag	48 Cd	49 In	50 Sn	51 Sb	52 Te	53 I	54 Xe (2,8,18, 18,8)
6	55 Cs	56 Ba	57 La *	72 Hf	73 Ta	74 W	75 Re	76 Os	77 Ir	78 Pt	79 Au	80 Hg	81 Tl	82 Pb	83 Bi	84 Po	85 At	86 Rn 32,18,8)
7	87 Fr	88 Ra	89 Ac †															

Lanthanoide * (Seltenerdmetalle)

58 Ce	59 Pr	60 Nd	61 Pm	62 Sm	63 Eu	64 Gd	65 Tb	66 Dy	67 Ho	68 Er	69 Tm	70 Yb	71 Lu

† Actinoide

90 Th	91 Pa	92 U	93 Np	94 Pu	95 Am	96 Cm	97 Bk	98 Cf	99 E	100 Fm	101 Mv	102 No	103 Lw

Die Hauptgruppenelemente werden durch drei Reihen von Übergangselementen und zwei Reihen von Elementen, den *Lanthanoiden* (früher „Seltene Erden") und den *Actinoiden,* unterbrochen. Im allgemeinen bilden die Hauptgruppenelemente farblose Verbindungen, die Verbindungen der Übergangselemente sind dagegen meistens intensiv gefärbt. Von daher ist es leicht zu verstehen, warum farblose Silicatgläser durch kleine Mengen von Eisen oder Kupfer oder Cobalt gefärbt werden.

Silicium sieht also wie ein Metall aus, aber benimmt sich nicht so. Mit Worten läßt es sich nur schwer beschreiben; viel besser, man nimmt es in die Hand, fühlt es an und prüft es genau. Es ist leicht und hat eine Dichte von nur 2,33 g/cm^3 (Eisen hat 7,87 g/cm^3, Blei 11,4 g/cm^3), hat Metallglanz und eine blaugraue Farbe – ziemlich ähnlich wie Chrom aber stärker blau. Es ist sehr hart (es ritzt Glas) und sehr spröde (es zerbricht, wenn man mit dem Hammer darauf schlägt). An der Luft verändert es sich nicht, trotz der hohen Bildungswärme seines Oxids (860 kJ/mol)[1].

Elementares Silicium wird heute im 100 000 t-Maßstab durch Reduktion von Siliciumdioxid mit Kohlenstoff in einem elektrischen Lichtbogenofen bei 3000 °C produziert:

$$SiO_2 + 2C \longrightarrow Si + 2CO$$

Reinster weißer Quarzit wird gemahlen, mit Kohlenstoff vermischt und in einen riesigen gedrungenen Zylinder von 10 m Durchmesser eingefüllt. Die stählernen Wandungen werden mit Wasser gekühlt. Der reinste Kohlenstoff, der sich für die Reduktion finden läßt, ist sogenannter Ölkoks, der harte schwarze Rückstand, der zurückbleibt, wenn die am höchsten siedenden Kohlenwasserstoffe aus dem Rohöl herausdestilliert worden sind. Drei dicke Graphitelektroden tauchen in die Mischung ein, zwischen ihnen fließt ein Drehstrom von tausenden von Ampere aber niedriger Spannung. Der Lichtbogen wird so gezündet, daß im Reaktionsgut die Elektroden mit kleinen Graphitstäben kurzgeschlossen werden, der Bogen brennt dann zwischen den drei Elektroden und dem geschmolzenen Silicium, das sich am Boden des Ofens ansammelt. Das darüberliegende feste Material dämmt Wärmeverluste ein, und das entstehende CO brennt über der Oberfläche ab. Ein eindrucksvolles Schauspiel! Der Ofen arbeitet kontinuierlich, das flüssige Silicium wird von Zeit zu Zeit abgelassen. Man braucht riesige Mengen an elektrischer Energie, darum befinden sich die Öfen in der Nähe billiger Stromlieferanten, zum Beispiel bei den Niagarafällen in USA und an der Westküste von Norwegen, wo ausreichend Wasserkraft für die Stromerzeugung vorhanden ist.

Das so erhaltene elementare Silicium ist zu 98 % rein und enthält als Verunreinigungen etwas Eisen, Aluminium und Calcium aus dem Quarzitgestein und Spuren von Vanadin und Mangan aus dem Koks.

---

[1] 35 Jahre lang lag auf meinem Schreibtisch ein Klumpen Silicium. In all der Zeit änderte er nicht sein Aussehen. Kürzlich zerschlug ich ihn aufgrund einer Wette, und die frischen Oberflächen unterschieden sich in nichts von der alten Oberfläche.

Wenn das flüssige Silicium abkühlt und auskristallisiert, reichern sich diese Verunreinigungen an den Korngrenzen an, und man kann sie mit Säuren herauslösen, für die meisten Anwendungszwecke eignet sich aber das 98%ige Silicium schon.

Große Mengen an Silicium werden hauptsächlich für die folgenden Zwecke benötigt:

1. Für Eisenlegierungen, aus denen korrosionsbeständige Rohre und vor allem Siliciumstahl für die Elektroindustrie hergestellt werden. (Hier kann man auch anstelle des 98%igen Si Ferrosilicium verwenden, aber das Ferrosilicium wird praktisch genauso wie Silicium hergestellt und dient den gleichen Zwecken). Die von Kraftwerken erzeugte elektrische Energie wird über weite Strecken mit dreiphasigen Überlandleitungen zum Verbraucher transportiert. An beiden Enden der Überlandleitung befinden sich Transformatoren. Zunächst wird generatorseitig die Spannung auf etwa 300 000 Volt erhöht. Auf der Seite des Verbrauchers wird diese Spannung wieder auf 220 V abgesenkt. Diese Transformatoren haben Kerne, die aus Paketen dünner untereinander isolierter Bleche aus Siliciumstahl bestehen. Auch jeder Wechselstrommotor, angefangen bei den riesigen Motoren von mehreren Tausend kW der Industrie bis zu den kleinen Motoren, die man im Haushalt antrifft[2], hat einen solchen „geblätterten" Kern aus dem gleichen Siliciumstahl. Man braucht solche unterteilten Magnetkerne in Transformatoren und Motoren, weil der rasch hin und herschwingende Wechselstrom in allen in der Nähe befindlichen Metallteilen eine elektrische Spannung induziert. Diese Spannung erzeugt sogenannte Wirbelströme, die nutzlos in dem Eisen fließen und als Wärme verloren gehen. Ein Zusatz von 10 bis 12% Silicium zum Stahl erhöht beträchtlich dessen elektrischen Widerstand, weil Silicium ein schlechter Elektrizitätsleiter ist. Der höhere Widerstand bedeutet aber schwächere Wirbelströme und geringere Verluste. Dazu kommt als weiterer Vorteil, daß durch den Zusatz von Silicium der Stahl spröde genug wird, um die für die Kerne benötigten Formteile aus einem dünnen Blech sehr kostengünstig und ohne weitere Bearbeitung ausstanzen zu können. Alle Wechselstromgeräte machen daher von Siliciumstahl Gebrauch.

---

[2] Die letzte Zählung in meinem Haus ergab 34 Wechselstrommotoren, die dort in irgendeiner Weise tätig sind, und hierbei handelt es sich keineswegs um einen ungewöhnlichen Sonderfall.

36 Silicium: Das Element

2. Für Aluminiumlegierungen, die im Flugzeugbau und für die Herstellung von Leitern usw. verwendet werden. Reines Aluminium ist ein weiches und nicht sehr festes Metall, es erfährt aber einen enormen Festigkeitszuwachs durch Ausscheidungshärtung, ähnlich, wie aus weichem Eisen harter fester Stahl wird, wenn feste Teilchen von Eisencarbid in ihm ausgefällt werden. Silicium ist in geschmolzenem Aluminium geringfügig löslich, etwas besser in Gegenwart von Kupfer und Magnesium, die Silicide bilden können. Eine typische wärmehärtbare Aluminiumlegierung enthält etwa 0,8% Si, 4,4% Cu, 0,4% Mg und 0,8% Mn. Nachdem das Formteil gegossen oder geschmiedet worden ist, wird die Legierung über einen ausreichenden Zeitraum hinweg wärmebehandelt, damit die winzigen Silicidpartikel sich ausscheiden können und die Aluminiummatrix verfestigen. Tatsächlich entsteht so eine Art Verbundwerkstoff.
3. Für Magnesiumlegierungen, die als Konstruktionswerkstoff für eine Fülle von Dingen von Leitern bis zu Autofelgen dienen. Das Silicium wird hier im geschmolzenen Magnesium aufgelöst, aus dem es bei Abkühlung in Form von Teilchen aus Mg_2Si ausfällt und das Metall verstärkt.
4. Für die Herstellung von Siliconpolymeren. Jährlich werden tausende von Tonnen von 98%igem handelsüblichem Silicium durch Umsetzung des heißen pulverisierten Siliciums mit Methylchlorid, wie in Kapitel 4 beschrieben, in flüchtige Methylchlorsilane überführt. Diese flüchtigen Verbindungen werden durch erschöpfende Destillation aufgetrennt und dann in Polymere mit ungewöhnlichen Eigenschaften, Siliconkautschuk, Siliconöle und Siliconharze, umgewandelt. Mit diesen Werkstoffen befaßt sich das restliche Buch. Dieses Verfahren hat sich zu einem eigenständigen neuen Industriezweig entwickelt, der die übrige Industrie mit sehr speziellen Produkten beliefert, Produkte, deren Eigenschaften so gänzlich anders sind, daß sie sich durch nichts ersetzen lassen.
5. Schließlich für die Herstellung von ultrareinem Silicium als grundlegendem Halbleiterwerkstoff für Transistoren, Gleichrichter, Mikroprozessoren und integrierte Schaltkreise für Computer und Regel- und Steuergeräte. Diese Errungenschaften, die ihre Existenz den Eigenschaften des elementaren Siliciums verdanken, haben die Welt, in der wir leben, in hohem Maße verändert. Sie ermöglichen den heutigen Rundfunk und das Fernsehen, eine weltweite Nachrichtenübermittlung, die Steuerung und die Flugbahnkontrolle von Raumschiffen und die phantastischen Büro-

maschinen und Personalcomputer, die uns soviel Routinearbeit abnehmen. Dieser Seite des Siliciums widmet sich der folgende gesonderte Abschnitt.

Silicium: Schlüssel zur Mikroelektronik

Natürlich funktionierte die Welt auch sehr ordentlich vor der Erfindung von Telefon, Radio, Fernsehen, Computern und vor dem Aufkommen der Weltraumforschung, aber die Menschen mußten sich körperlich stärker anstrengen, sie wußten weniger voneinander, und die Möglichkeiten des einzelnen waren schlechter. Das heutige Leben mit seiner modernen Technik verdankt seine Existenz der Erfindung des Transistors und der Miniaturisierung in der Elektronik. Heute leistet ein Computer von der Größe einer Schreibmaschine mehr als vormals eine Anlage von der Größe eines Zimmers, vollgepackt mit tausenden von Vakuumröhren. Ein unbemanntes Raumfahrzeug, das Millionen Meilen von der Erde entfernt durch den Weltraum eilt, kann heute von der Erde aus nach Belieben überwacht und gesteuert werden. Die Grundlage für all dieses finden wir im elektrischen Verhalten von elementarem Silicium.

Das Transistorzeitalter begann vor etwa einem halben Jahrhundert mit der Erforschung von Halbleitern bei den Bell Laboratorien. Man beschäftigte sich zunächst mit dem Germanium, dem seltenen dritten Element in Gruppe IV, interessierte sich aber bald für das leichtere, einfacher gewinnbare und beständigere Silicium. Wenn wir die Funktionsweise des Transistors verstehen wollen, müssen wir uns erst die Unterschiede zwischen normalen elektrischen Leitern, Halbleitern und Isolatoren klarmachen. Metalle sind typische Leiter: Alle haben sie reichlich Elektronen, die nicht in den abgeschlossenen Schalen der Atome gebunden sind und sich im Feld eines elektrischen Potentials im Kristallgitter des Metalls frei bewegen können. Diese beweglichen Elektronen gehören nicht bestimmten Atomen an sondern allen Atomen gemeinsam. Darum können sie in einem elektrischen Feld driften und einen elektrischen Strom leiten. Natürlich treffen die sich bewegenden Elektronen auf Widerstand, denn sie stoßen sich dauernd an den Atomen; dieser Widerstand *wächst* mit steigender Temperatur an, weil die Zusammenstöße mit den Atomen heftiger werden und der Elektronenfluß stärker gestört wird. Bei Halbleitern ist es ganz anders. In einem Metalloid wie Germanium oder Silicium gibt es keine überschüssigen Elektronen, die zwischen den Atomen zirkulieren; alle sind mehr oder weniger stark an Atome gebunden. Bei hinreichendem Temperaturanstieg können einige wenige Elektronen soviel Freiheit erlangen, daß sie unter dem Einfluß eines elektrischen Feld durch den Festkörper driften, wir beobachten also eine gewisse elektrische Leitfähigkeit, die aber viel geringer ist als in jedem Metall. Je höher nun die Temperatur steigt, umso mehr Elektronen werden freigesetzt, darum *sinkt* der Widerstand mit steigender Temperatur – ein grundlegender Unterschied, der sich aus den unterschiedlichen Leitungsmechanismen ergibt.

Die Unterschiede zwischen Metallen, Halbleitern und Isolatoren werden durch die vereinfachten Energieniveaudiagramme der Abbildung 2.3 graphisch dargestellt.

Unter Energieniveaus verstehen wir die Bereiche im Atom, in denen sich Elektronen aufhalten können, wobei vom Kern ausgehend nach außen gezählt wird. Im Diamantkristall (Kohlenstoffdiagramm (a)) gibt es drei recht niedrige Energieniveaus oder „Bänder"[3], dann kommt eine breite Lücke zwischen diesen und dem nächsten erlaubten Energieniveau. Die Lücke ist so breit, daß die Elektronen nicht in das leere Band springen können, wo sie sich frei bewegen können und ein elektrischer Strom fließen könnte. Darum ist Diamant bei Zimmertemperatur ein Isolator und wird erst bei Rotglut leitfähig. Im nächsten Diagramm (b) sehen wir die für Silicium geltende Situation, das ebenfalls in der Diamantstruktur kristallisiert. Es gibt vier gefüllte Bänder und ein leeres Band, das nicht so weit weg ist wie bei Diamant; bei 100 °C können einige Elektronen die Lücke überspringen und Leitfähigkeit bewirken. Bei Germanium (c) ist die Lücke noch kleiner, darum beginnt hier die Leitung schon bei niedrigerer Temperatur und steigt wiederum steil mit steigender Temperatur an. Bei metallischem Zinn (d) überlappt das leere Energieniveauband die Abfolge gefüllter Bänder, die Elektronen können sich daher stets frei bewegen, ohne eine Lücke überspringen zu müssen, und der Kristall leitet in der gleichen Weise wie jedes andere Metall[4].

Abbildung 2.3 kann man entnehmen, daß alle Halbleiter bei hinreichender Abkühlung Isolatoren sind und ihr elektrisches Verhalten immer metallähnlicher wird, je höher die Temperatur steigt.

---

[3] Die Chemiker erkennen in diesen die 1s-, 2s- und 2p-Energieniveaus wieder, die durch die dichte Packung der Atome im Kristall verbreitert sind.

[4] Es gibt eine zweite allotrope Form des Zinns mit Diamantstruktur, sogenanntes graues Zinn, das eine kleine Lücke hat und daher ein Metalloid ist.

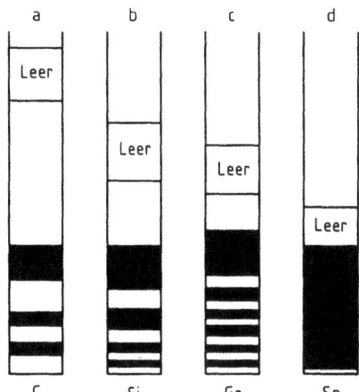

Abb. 2.3. Energieniveaus in den festen Elementen der Gruppe IV Kohlenstoff, Silicium, Germanium und Zinn

Unsere Überlegungen gelten für *reine* Elemente und deren eigentliche Leitfähigkeit. Was passiert, wenn Verunreinigungen vorliegen? Hier müssen wir zwei Möglichkeiten unterscheiden: Verunreinigungen, die mehr Elektronen haben als Silicium (deren Elektronen loser gebunden sind) und solche, die über weniger oder fester gebundene Elektronen verfügen. Phosphor und Antimon sind Beispiele für die erste Art von Verunreinigungen, denn sie befinden sich in Gruppe V des Periodensystems (Abbildungen 2.1 und 2.2) und haben fünf statt vier Valenzelektronen. Immer, wenn ein Siliciumatom im Gitter durch ein Phosphor- oder Antimon-Atom ersetzt wird, kommt ein überzähliges Elektron hinzu. Liegen genügend Phosphor- oder Antimon-Atome vor, dann besetzen ihre Elektronen ein neues eigenes Energieband, siehe Abbildung 2.4a. Dieses befindet sich viel näher am leeren Band, darum ist es für die Elektronen verhältnismäßig einfach, durch thermische Anregung „angehoben" zu werden und so das Leitungsband zu erreichen und für Leitfähigkeit zu sorgen. Kurz, die Leitfähigkeit von Silicium, das mit Phosphor P oder Antimon Sb „dotiert" wurde, müßte bei Zimmertemperatur viel größer sein als die von reinem Silicium. Abbildung 2.5 zeigt die Auswirkungen einer solchen Dotierung auf die Leitfähigkeit; mit nur 0,001 % P bei 20 °C ist der Widerstand um den Faktor 40 kleiner geworden, d. h. die Leitfähigkeit ist 40mal größer geworden.

Wir betrachten jetzt eine Verunreinigung vom zweiten Typ, ein Element aus Gruppe III mit einem Elektron *weniger* pro Atom, z. B. Bor B oder Indium In (Abbildung 2.4b). Zunächst würden wir den entgegengesetzten Effekt wie bei Phosphor erwarten (d. h. wir

40   Silicium: Das Element

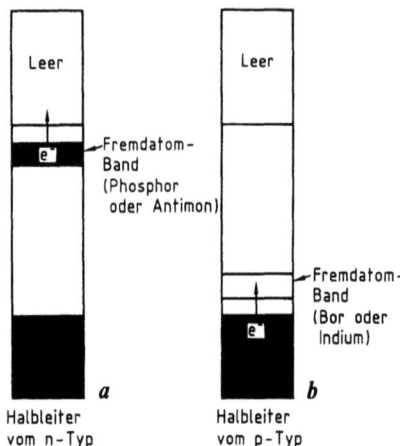

Abb. 2.4a, b. Energieniveaus in einem Halbleiter, der Verunreinigungen enthält

erwarten einen höheren Widerstand als in reinem Silicium), das ist aber nicht so; Abbildung 2.5 zeigt, daß der Widerstand wieder auf etwa ein Vierzigstel von dem des reinen Siliciums absinkt[5].

Warum? Nun, jedes Boratom führt in das Siliciumgitter ein *Elektronenloch* ein, das von einem Elektron eines benachbarten Atoms gefüllt werden kann, wodurch dann *dort* ein Loch entsteht usw. Diese Elektronenlöcher können nun durch den Kristall wandern und so elektrische Ladung vom einen Ende zum anderen befördern. Im Energieniveaudiagramm der Abbildung 2.4b drückt sich das so aus, daß sich kurz oberhalb des gefüllten Bands von Si ein neues *leeres* Band bildet, und daher Elektronen vom Si mit verhältnismäßig geringem Energieaufwand in dieses Band springen können. Mit Phosphor oder Antimon dotiertes Silicium, in dem also überzählige Elektronen oder *n*egative Ladungen vorliegen, ist ein Halbleiter vom *n-Typ*; Silicium, das dagegen mit Bor oder Indium dotiert wurde, die *p*ositive Ladungsträger (Elektronenlöcher) beisteuern, ist ein Halbleiter vom *p-Typ*. Beide Arten von Halbleitern sind sehr nützlich.

Jetzt können wir die Funktionsweise eines Transistors erklären, das ist im Prinzip sehr einfach. Wir betrachten Abbildung 2.6. Hier sind n-Si und p-Si miteinander verbunden. Wir schalten diese

---

[5] Die unterste Kurve in Abbildung 2.5 gilt für 0,0005 % B, gewichtsmäßig nur halb soviel wie P – trotzdem liegen hier fast dreimal soviel Atome von B vor wegen dessen sehr niedriger Atommasse.

Silicium: Schlüssel zur Mikroelektronik 41

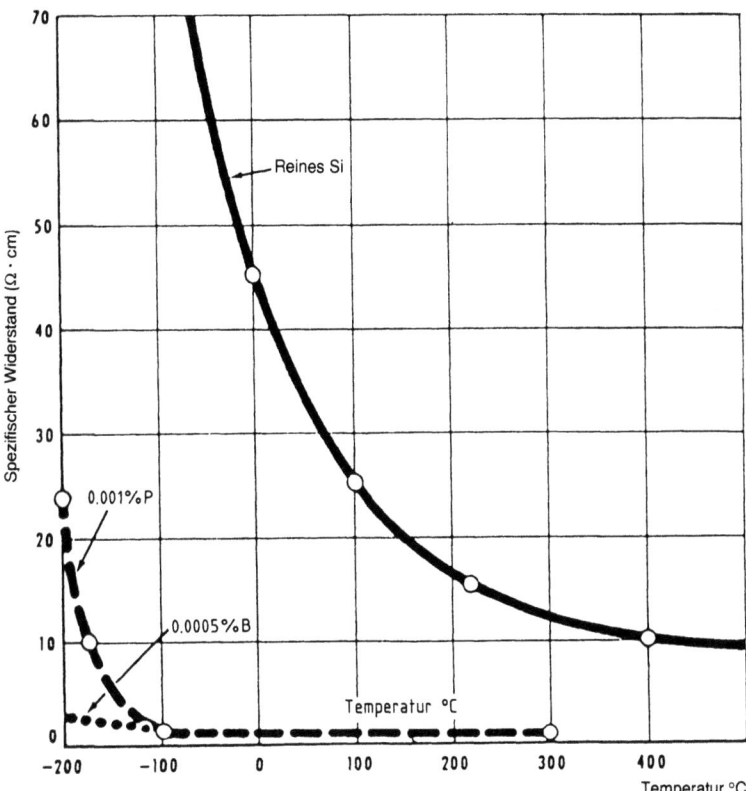

Abb. 2.5. Widerstand von Silicium in Abhängigkeit von der Temperatur

Kombination in einem Wechselstromkreis, mit einem Verbraucher in Reihe. Ist die Zuführung zur n-Zone positiv, werden alle *negativen* Ladungsträger vom n-p-Übergang weggezogen, zur gleichen Zeit ist die Zuführung zur p-Zone negativ, und alle *positiven* Ladungsträger werden ebenfalls vom Übergang weggezogen, wie in Abbildung 2.6a gezeigt. Als Folge davon fließt durch den Übergang kein Strom (oder nur sehr wenig). Wenn andererseits die linke Elektrode *negativ* ist wie in Abbildung 2.6b, werden die Elektronen von ihr abgestoßen und durch den Übergang zur rechten Elektrode hingezogen. Gleichzeitig werden die positiven Ladungsträger (Löcher) von der positiven Elektrode abgestoßen und von der negativen Elektrode links angezogen.

42 Silicium: Das Element

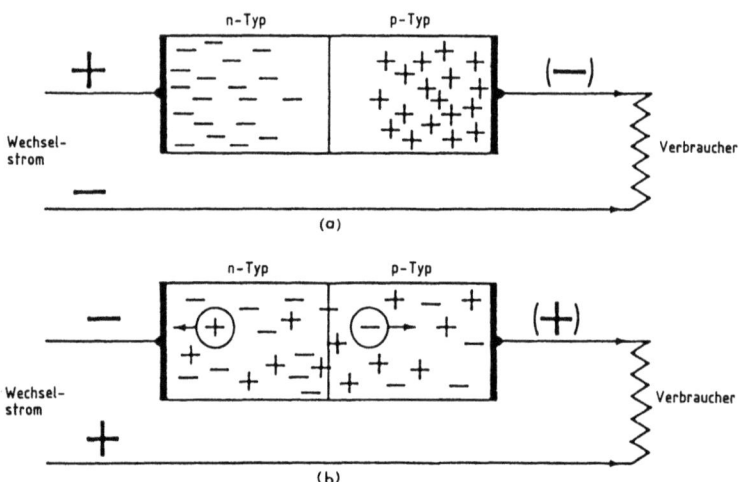

Abb. 2.6. Wirkungsweise eines Halbleitergleichrichters

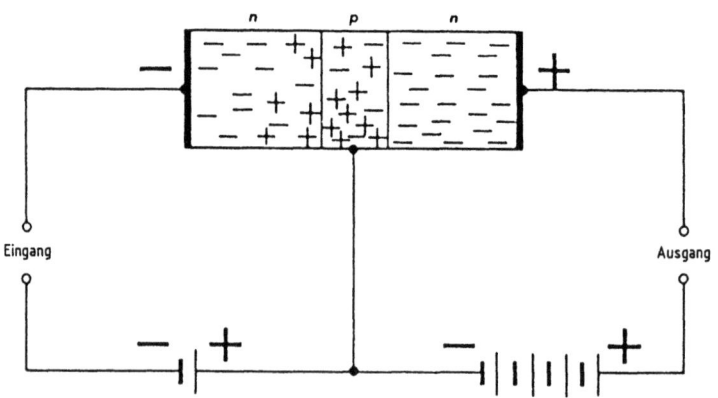

Abb. 2.7. Wirkungsweise eines Transistorverstärkers

Nun fließt ein kräftiger Strom. Wir haben einen Gleichrichter gebaut, eine Vorrichtung, die Strom nur in einer Richtung durchläßt und Wechselstrom in Gleichstrom umwandelt (sehr nützlich!).

Von hier ist es nur ein kurzer Schritt zum Transistorverstärker, der durch Radios und Hifi-Anlagen zu Ruhm gekommen ist (Abbildung 2.7). Hier benutzen wir *zwei* Schichten aus n-Si und eine dazwischenliegende dünne Schicht aus p-Si. Bei der gezeigten Polarität, links minus und rechts plus, hat die dünne Schicht aus p-Si eine äußerst entscheidende strategische Rolle. Da sie im Verhältnis zu der negativen Elektrode links eine positive Vorspannung trägt, zieht sie über den n-p-Übergang Elektronen an und schickt sie (wenn sie dünn genug ist) über den p-n-Übergang direkt zur positiven Elektrode rechts weiter. Es fließt ein starker Strom. Aber wenn die p-Schicht in der Mitte durch das ankommende Signal stärker negativ wird, *sperrt* sie sowohl den Elektronenfluß als auch den Löcherstrom. Daraus folgt, daß ein winziger zum p-Tor in der Mitte fließender Strom den Durchfluß eines sehr viel stärkeren Stroms durch den Transistor steuern kann. Wir haben einen Verstärker gebaut! Ein sehr schwaches Radiosignal, das auf die „Basis" aufgegeben wird, moduliert den sehr viel stärkeren Strom einer vorhandenen Stromquelle (einer Batterie) und ergibt ausgangsseitig ein verstärktes Abbild des Eingangssignals.

Handelt es sich um das schwache Signal des Tonabnehmers eines Plattenspielers oder um das eines Tonbandgeräts, kann das Ausgangssignal tausendfach verstärkt werden. Durch mehrere hintereinandergeschaltete Transistoren kann das Ausgangssignal so verstärkt werden, daß ohne weiteres ein großer Lautsprecher betrieben werden kann.

Viele von uns erinnern sich noch an die Frühzeit des Rundfunks und des Fernsehens (auch des Telefonierens über weite Strecken und des elektrischen Plattenspielers), als diese mit Röhrenverstärkern betrieben wurden. Einige unter uns erinnern sich sogar noch an die Zeit der Detektorempfänger vor dem Aufkommen der Radioröhren. Ein Kristalldetektor war eine ziemlich primitive Halbleitervorrichtung. Wir haben also mit Halbleitern angefangen, sind dann zu komplizierten und teuren Röhrengeräten übergegangen und sind jetzt zu den Halbleitern zurückgekehrt, wobei es sich aber um wesentlich elegantere (und besser verstandene) Halbleiter handelt. Transistoren sind viel kleiner und langlebiger als Vakuumröhren und verbrauchen wesentlich weniger Energie, weil sie keine heißen Kathoden haben. Transistoren können außerdem sehr klein gemacht werden, fast mikroskopisch klein, so daß die Laufzeit für Elektronen herabgesetzt wird und daher Computer pro Minute eine wesentlich größere Zahl von Rechenoperationen ausführen können. Dazu kommt, daß ultrareines Silicium, das für die Herstellung von Transistoren entwickelt worden war, sich als sehr nützlich für eine Vielzahl anderer sehr unterschiedlicher Anwendungen erwiesen hat, zum Beispiel für Solarzellen zur Gewinnung elektrischer Energie aus

Sonnenlicht[6], für Strahlungsdetektoren, also Detektoren, die Geigerzähler ersetzen können, und Speicherschaltungen, die gewaltige Informationsmengen speichern und schnelle Zugriffszeiten ermöglichen. Das Anwendungspotential von ultrareinem Silicium ist noch keineswegs ausgeschöpft.

Ultrareines Silicium unterscheidet sich ganz erheblich von dem rohen 98%igen handelsüblichen Silicium, von dem zu Beginn dieses Kapitels die Rede war. Silicium von Halbleiterqualität darf höchstens drei oder vier Teile pro 1 000 000 000 an Verunreinigungen enthalten, eine ganz erstaunliche Reinheit, die sich nur indirekt erreichen läßt. Das beste Ausgangsmaterial sind Nebenprodukte der Herstellung von Siliconen (siehe den Abschnitt „Direkte Synthese – näher besehen"). Die Reaktion von Methylchlorid mit Rohsilicium läuft unter denselben Bedingungen nur mit wenigen weiteren Elementen ab, so daß die Verunreinigungen Eisen, Aluminium, Mangan und Calcium zurückbleiben. Außerdem werden durch die ausgeklügelten Destillationsverfahren, die für die Herstellung von Siliconen erforderlich sind, andere störende Verunreinigungen entfernt, so daß doppelt gereinigte Verbindungen anfallen, die für die Herstellung von Siliconpolymeren uninteressant aber sehr brauchbare Ausgangsstoffe für die Herstellung von ultrareinem elementarem Silicium sind. Wie sie entstehen und wie sie zu Silicium reduziert werden, davon wird zu gegebener Zeit die Rede sein, nachdem eine völlig neue Seite der Chemie des Siliciums erforscht worden ist.

---

[6] Die Anwendbarkeit von Solarzellen zur Gewinnung elektrischer Energie beschränkt sich keineswegs auf Raumfahrzeuge. Mit Solarzellen betriebene Telefonverstärker werden in einsamen Gegenden eingesetzt, und in EPCOT in Florida werden Heizung und Kühlung eines ganzen Gebäudes durch das mit solchen Solarzellen belegte Dach besorgt. EPCOT wird von Walt Disney in Florida betrieben und bedeutet „Experimental Prototype Community of the Future".

3 Die andere Hälfte der Siliciumchemie

Die Anfänge

Wenn man bedenkt, daß natürliche und synthetische Silicate seit 5000 Jahren im Gebrauch sind und die keramische Industrie in den letzten Jahrhunderten so gewaltige Fortschritte gemacht hat, erstaunt es einen, daß ein völlig anderer Aspekt der Siliciumchemie so lange hat verborgen bleiben können. Vielleicht ist das aber gerade der Beweis dafür, wie jung die chemische Wissenschaft noch ist und wieviel noch zu erforschen bleibt! Sehr wahrscheinlich stößt man bei *jedem* Element auf neue ebenso erstaunliche Eigenschaften und Seiten, wenn man mit genügend Phantasie an die Sache herangeht[1].

Der erste Hinweis jedenfalls, daß Silicium flüchtige kovalente Verbindungen bilden kann, stammt aus dem Jahre 1771, als der schwedische Chemiker Carl Wilhelm Scheele beobachtete, daß ein Gemisch von Flußspat (Fluorit, CaF_2) und Kieselsäure mit Schwefelsäure eine *flüchtige* Verbindung entwickelte, nämlich Siliciumtetrafluorid, SiF_4, ein farbloses *Gas*, von dem wir heute wissen, daß es erst bei $-86\,°C$ flüssig wird:

$$2CaF_2 + SiO_2 + 2H_2SO_4 \longrightarrow SiF_4 + 2H_2O + 2CaSO_4$$

Mit Wasser reagierte das Gas schnell, und es bildete sich dabei SiO_2, über seine Zusammensetzung konnte daher kein Zweifel bestehen:

$$SiF_4 + 2H_2O \longrightarrow SiO_2 + 4HF \quad \text{(war Scheele bekannt)}$$

Diese Beobachtung wurde von den zeitgenössischen Chemikern nicht gebührend gewürdigt. Sie waren nämlich bei Silicium mit ihren Gedanken ganz auf Silicate und andere feste Verbindungen fixiert. Weitere 50 Jahre vergingen, bis der große schwedische Chemiker Jöns Jakob Berzelius das *Chlorid* des Siliciums, $SiCl_4$, herstellte, indem er elementares Chlor auf das von ihm hergestellte Rohsilicium

---

[1] Ein Beispiel aus jüngster Zeit sind die keramischen Hochtemperatursupraleiter auf Kupferoxidbasis, für deren Entdeckung Müller und Bednorz 1987 den Nobelpreis für Physik erhielten.

einwirken ließ. Er erhielt eine flüchtige farblose Flüssigkeit, die bei 57°C siedete:

$$Si + 2Cl_2 \longrightarrow SiCl_4$$

Dies war im Jahre 1824. Der deutsche Chemiker Friedrich Wöhler, der so viele bahnbrechende Entdeckungen gemacht hat und der der erste war, der den Beweis erbrachte, daß organische Verbindungen aus rein anorganischen Vorstufen hergestellt werden können, ohne die Mitwirkung lebender Organismen, machte sich fast 30 Jahre später Gedanken über das flüchtige Siliciumfluorid und -chlorid und fragte sich, ob Silicium möglicherweise auch soviele Wasserstoffverbindungen wie der Kohlenstoff bilden könne, vielleicht auch soviele Derivate, und erwog sogar die Möglichkeit, daß Lebewesen aus Silicium- statt aus Kohlenstoffverbindungen aufgebaut sein könnten. Sicher ist, daß er die ersten Schritte in dieses Neuland machte, denn er stellte das erste binäre Hydrid des Siliciums, SiH_4 (analog dem Methan, CH_4, Hauptbestandteil von Erdgas) her. Es stellte sich heraus, daß SiH_4 zwar CH_4 in den physikalischen Eigenschaften gleicht (Kp -112°C, Fp -185°C), aber, anders als CH_4, mit Wasser langsam reagiert (schneller in Gegenwart von Alkali), wobei Wasserstoff entwickelt wird:

$$SiH_4 + 2H_2O \longrightarrow SiO_2 + 4H_2$$

Die höheren Hydride des Siliciums reagieren ähnlich, offensichtlich haben also Lebewesen aus Siliciumverbindungen in einer Welt, in der Wasser allgegenwärtig ist, keine Überlebenschance. Diese faszinierende Idee beschäftigte dennoch lange Zeit die Phantasie, denn um 1913 herum erschien in den monatlichen Mitteilungen *The Percolator* des Chemists' Club von New York ein Gedicht[2], das von einem Siliciummenschen handelt, der nur bei höllischen Temperaturen oder mit „Silicohol" – Alkohol, in dem der Kohlenstoff durch Silicium ersetzt ist – existieren kann. Wöhler stellte enttäuscht fest, daß seine Siliciumhydride und -chloride glatt mit Wasser reagierten und in SiO_2 rückverwandelt wurden; die Hydride entflammten sogar spontan an der Luft, weil sie in rascher Reaktion mit Sauerstoff unter Bildung von SiO_2 reagierten:

$$SiH_4 + 2O_2 \longrightarrow SiO_2 + 2H_2O$$

---

[2] Ich habe es zum ersten Mal als Junge in meinem ersten Chemiebuch, *Everyman's Chemistry* von Elwood Hendrick (Harper & Bros., N.Y. 1917) gelesen.

Die Anfänge 47

| *The Silicon Man* | *Der Silicium-Mann* |

I saw a glowing silicon man
Within my chamber fire,
And heard him cry in agony
"More fuel, or I expire!"

Ich sah einen Silicium-Mann glühen
im Kaminfeuer in meiner Kammer,
und hörte seinen höchsten Jammer:
„Mehr Kohle oder ich muß vergehen!"

So from the woodpile I brought in
Some pine and hickory,
And as I fed it to the flames
He straightway piped his eye.

Also holte ich von vor der Tür
Scheite von Fichte und Föhr'
und als ich sie ins Feuer warf
blitzten seine Augen scharf.

"I am", said he, "John Silicon,
And I am so constructed
That silicon's my substitute;
My carbon's all deducted:"

„Ich bin John Silicon" hat er sich
 präsentiert,
„und bin wie folgt gebaut:
das Silicium nur ist mir vertraut
der Kohlenstoff ist ganz substituiert."

"My tissues, nerves, and viscera
Show this phenomenon:
That just as you of carbon are
I am of silicon."

„Mein Fleisch, Herz und Gehirn
alle dem Prinzip gehör'n:
Wo Du das Element Carbonium
hab ein Atom ich des Silicium."

"In other features we're the same
(More fuel! The coal flame twinges)
The point is that our molecules
Are different in their hinges!"

„Sonst sind wir beide gleich
(Mehr Holz, die Flamme schrinkt)
der Unterschied ist sehr distinkt,
er wirkt sich aus im Molekülbereich."

"At temperatures such as you know"
Said he, "We freeze. We turn
To consciousness again when you
Would sizzle up and burn."

„Bei Temperaturen die Ihr braucht
sind wir in tiefen Frost getaucht.
Bei Hitze die Euch zu Asche brennt
erst sind wir in uns'rem Element."

Now this peculiar silicon man
(The fire was bright as gold)
Seemed suffering, and so I gave
Him whisky for his cold.

Nun litt der seltsame Silicium-Kobold
(obwohl das Feuer leuchtete wie Gold)
und ich gab, um ihm einzuheizen,
von dem Whisky ihm, ohne zu geizen.

He liked it; said he never felt
So well as when he had
A taste of liquor on his tongue;
It was his little fad.

Er nahm ihn als Seelenpflaster;
er fühlte sich noch nie so wohl
als von dem schottischen Alkohol;
Er hatte wohl ein Laster.

To make an ethyl silicohol
By substituting Si
For carbon in the alcohol.
(He called it Hades Rye.)

Ethyl-Silicohol ich erfand
durch Substitution von Silicon
im Alkohol Atom für Atom.
(Er nannte es Hades Brand.)

The Silicon Man drank more and more.
He grew full talkative,
And drank the substituted dram
As though he were a sieve.

Der Silicium-Mann trank immer mehr
geschwätzig er im Feuer saß,
und trank das substituierte Maß
als ob ein Schwamm er wär'.

48 Die andere Hälfte der Siliciumchemie

He said he'd lived lo, many a year – An old, old man was he And yet he had not lived so much Because, as you can see,	Er sagte, er lebte – äh, viele Jahr – ein rechter Greis er war, doch hatte er nicht viel probiert, denn wie man leicht kapiert,
At ordinary temperature His soul was frozen dead And only resurrected when The flames were blazing red.	im warmen Sonnenschein war er erstarrt zu Stein, erwacht war er nur bei erhöhter Temperatur.
"This life", said he, "is not so bad, When once you're used to it: To freeze whene'er the fire goes out And waken when it's lit.	Dies Leben sei gar nicht so schlecht, wenn man es recht bedächt': „Geht's Feuer aus sind wir wie Eis und wachen auf, wird's richtig heiß."
"The orthodox concept of Hell Is partly right", said he The heresy lies in the claim That heat is misery.	„Das alte Konzept der Hölle ist" sagt er „im Grunde recht, der Frevel ist, wenn Lohe hisst und Du nennst das schlecht."
"My needs", said he, "are very few; I want no meat or bread, And if you feed the fire well You'll never find me dead."	„Ich brauch nicht viel, leb' ohne Not ohn' Wasser, Fleisch und Brot, wenn das Feuer nur glüht rot, vermeide ich für ewiglich den Tod."
But when at last my bedtime came I heard a painful shout; It was a cry for silicohol Just as the fire went out.	Die Nachtzeit kommt, ich verlaß die Kammer und höre seinen Schmerzensjammer; es ist der Ruf der Silicium Brut grad als erlischt die letzte Glut.

(Übertragung ins Deutsche von Dr. U. Hebgen und Dr. R. Stumpe)

Es wurde allmählich klar: Silicium unterscheidet sich von Kohlenstoff durch drei charakteristische Eigenschaften:

1. Es hat eine außerordentlich hohe Affinität zu Sauerstoff und läßt sich schwer aus seinen Sauerstoffverbindungen isolieren,
2. bei hohen Temperaturen ist Silicium reaktionsfähig, reagiert aber träge bei Zimmertemperatur (der Chemiker würde sagen, daß Silicium eine hohe Aktivierungsenergie besitzt) und
3. seine kovalenten Verbindungen, wie die Hydride und Fluoride und Chloride, sind im Unterschied zu den entsprechenden Kohlenstoffverbindungen weder stabil gegenüber Luft noch gegenüber Wasser (der Chemiker würde das damit erklären, daß Silicium in seiner Atomstruktur über d-Orbitale verfügt und

daher seine Bindungskapazität auf sechs erhöhen kann und nicht auf vier beschränkt bleiben muß wie Kohlenstoff).

Kurz gesagt unterscheidet sich Silicium von Kohlenstoff ganz einfach darum, weil es ein anderes Element ist, mit größeren, schwereren komplizierteren Atomen. Alle chemischen Elemente sind Individuen; jedes hat seinen eigenen chemischen Charakter, mit dem es sich von allen anderen unterscheidet.

Den nächsten großen Schritt bei der Erforschung der neuen Seite des Siliciums taten 1865 der französische Chemiker Charles Friedel und der Amerikaner James Mason Crafts. Sie stellten sogenannte Organosiliciumverbindungen her. Diese organischen Derivate des Siliciums waren neuartig, denn in ihnen waren organische Gruppen *direkt* an Silicium gebunden und nicht über Sauerstoff oder irgendein anderes Element:

$$\begin{array}{c} CH_2-CH_3 \\ | \\ H_3C-H_2C-Si-CH_2-CH_3 \\ | \\ CH_2-CH_3 \end{array}$$

Tetraethylsilan, eine farblose Flüssigkeit, Kp 154 °C, stabil in Wasser und an der Luft

In dieser Hinsicht unterschieden sie sich grundlegend von schon länger bekannten Verbindungen, die Jacques-Joseph Ebelmen hergestellt hatte und in denen organische Gruppen über Sauerstoff mit Silicium verknüpft sind:

$$\begin{array}{c} O-C_2H_5 \\ | \\ H_5C_2-O-Si-O-C_2H_5 \\ | \\ O-C_2H_5 \end{array}$$

Tetraethylsilicat, eine farblose Flüssigkeit, Kp 166 °C, hydrolysiert

Diese spezielle Verbindung, Ethylsilicat, ist ein Ester der Orthokieselsäure, $Si(OH)_4$, die, wenn man sie mit alkalisch oder sauer gemachtem Wasser umsetzt, wieder in Ethylalkohol und Kieselsäure zerfällt:

$$Si(OC_2H_5)_4 + 4H_2O \longrightarrow 4C_2H_5OH + Si(OH)_4$$

Für echte Organosiliciumverbindungen (solche mit direkten Si-C-Bindungen) ist es charakteristisch, daß direkt an das Silicium gebundene Kohlenwasserstoffgruppen in Luft und Wasser nicht angegriffen werden. Dies ist eine lebenswichtige Voraussetzung für die Verwendbarkeit von Siliconen.

50   Die andere Hälfte der Siliciumchemie

Tabelle 3.1. Einige typische Organosiliciumverbindungen

Verbindung	Formel	Fp [°C]	Kp [°C]	Dichte [g/cm^3]
Tetramethylsilan[a]	$(CH_3)_4Si$[a]	−99	26,6	0,646
Tetraethylsilan	$(C_2H_5)_4Si$	−82,5	154	0,766
Tetrapropylsilan	$(n\text{-}C_3H_7)_4Si$	−46	213	0,785
Tetrabutylsilan	$(n\text{-}C_4H_9)_4Si$		231	0,822
Tetraphenylsilan	$(C_6H_5)_4Si$	233	530	1,078
Tetrabenzylsilan	$(C_7H_7)_4Si$	128	550	1,08

[a] Chemisch gesehen ist es ohne Belang, ob wir Si vor oder nach den in Klammern stehenden organischen Gruppen schreiben, aber die internationalen Nomenklaturregeln schreiben jetzt vor, daß zuerst die Gruppen genannt und in Formeln auch geschrieben werden, dann erst das Element, und darum werden sie in dieser Tabelle auch so geschrieben. In den vorangegangenen Gleichungen war Si zur deutlicheren Hervorhebung zuerst aufgeführt worden.

Friedel und Crafts stellten alle ihre Organosiliciumverbindungen mit Hilfe anderer organometallischer Verbindungen her, zum Beispiel solchen von Zink oder Quecksilber. Letztere wiederum wurden aus den betreffenden Metallen gewonnen:

Zunächst $2Zn + 2C_2H_5Br \longrightarrow Zn(C_2H_5)_2 + ZnBr_2$
oder $2Hg + 2C_6H_5I \longrightarrow Hg(C_6H_5)_2 + HgI_2$
dann $2Zn(C_2H_5)_2 + SiCl_4 \longrightarrow Si(C_2H_5)_4 + 2ZnCl_2$
oder $2Hg(C_6H_5)_2 + SiCl_4 \longrightarrow Si(C_6H_5)_4 + 2HgCl_2$

Die Gewinnung von Organosiliciumverbindungen direkt aus elementarem Silicium gelang erst viel später.

Ab 1871 beschäftigte sich Albert Ladenburg in Deutschland mit der Herstellung von Organosiliciumverbindungen, andere Chemiker in Rußland, Frankreich und Schweden griffen das gleiche Arbeitsgebiet auf, so daß es bald eine Vielzahl von aliphatischen und aromatischen Verbindungen gab. Eine kleine Auswahl typischer Verbindungen ist mit einigen ihrer Eigenschaften in Tabelle 3.1 zusammengestellt. Heute kennt man mehr als 50000 Organosiliciumverbindungen, und fast täglich erscheinen neue in den chemischen Fachzeitschriften. Eine der ersten Verbindungen, die hergestellt wurden ist $(C_6H_5)_4Si$, in dem vier Phenylgruppen an das zentrale Siliciumatom gebunden sind (Tabelle 3.1). Tetraphenylsilan kann bei 550 °C – bei dunkler Rotglut – unverändert destilliert werden – Bedingungen, bei denen sich fast alle organischen Verbindungen zersetzen. Das zeigt eine charakteristische Eigenschaft von Organosiliciumverbindungen: Sie können thermisch äußerst stabil und sehr reaktionsträge sein, wenn an das Silicium die richtigen Gruppen gebunden sind. Im allgemeinen führen elektronegative Substituenten am Kohlenstoff, z. B. Chlor oder Sauerstoff, zu weniger stabilen und reaktionsfähigeren Organosiliciumverbindungen, elektropositivere Substituenten haben einen entgegengesetzten stabilisierenden Effekt.

Frederic Stanley Kipping und die Silicone

Der nächste große Mann, der ins Rampenlicht tritt, ist Frederic Stanley Kipping, ein britischer Chemiker, der in Deutschland ausgebildet worden war. Er war einer der bekannten organischen Chemiker seiner Zeit; mit William Henry Perkin Jr. (dessen Vater Sir William Henry Perkin Anilinfarbstoffe entdeckt hatte, darunter Mauvein, den ersten Anilinfarbstoff überhaupt, und England zu einer starken Stellung in der industriellen organischen Chemie verhalf) schrieb er ein berühmtes und sehr erfolgreiches Lehrbuch der organischen Chemie, das im Laufe von 25 Jahren viele Auflagen erlebte[3].

Kipping fand es faszinierend, daß Silicium und Kohlenstoff in vielen repräsentativen Verbindungen direkt nebeneinander standen, auch wenn es keine eigenständige pseudoorganische Chemie des Siliciums gab. Dreißig Jahre lang widmete er sich der Aufgabe, Organosiliciumverbindungen herzustellen und ihre Eigenschaften zu untersuchen. Zwischen 1910 und 1940 veröffentlichte er die Ergebnisse seiner Arbeit in 57 Beiträgen, die klassischen Grundlagen einer allmählich sich entwickelnde Chemie der Silicone.

Kippings Idee war es, soviele repräsentative Organosiliciumverbindungen herzustellen wie irgendmöglich und sorgfältig nach

---

[3] Interessant ist, daß Perkin und Kipping, die auf so vielfältige Art zusammenarbeiteten, Schwestern heirateten. Die dritte Schwester heiratete einen anderen berühmten organischen Chemiker, nämlich Arthur Lapworth. Diese drei Schwestern Holland übten einen bemerkenswerten Einfluß auf den Fortgang der Chemie aus. Ihre Lebensgeschichte wäre es wert, eines Tages erzählt zu werden.

eventuellen Ähnlichkeiten oder Unterschieden im Verhältnis zu den entsprechenden rein organischen Verbindungen zu fahnden. Für die Synthesen bediente sich Kipping der altehrwürdigen Methode, ein organometallisches Reagenz metathetisch (d. h. durch Austausch der Bindungspartner) umzusetzen, aber anstelle von Zink- oder Quecksilberalkylen setzte er die kurz vorher entdeckten und wesentlich leichter herstellbaren Grignard-Reagenzien ein, organische Verbindungen des Magnesiums. Die typische Herstellungsweise verlief so, daß zunächst Magnesiumspäne mit Ethylbromid in wasserfreiem Ether als Lösungsmittel umgesetzt wurden:

$$Mg + C_2H_5Br \xrightarrow{\text{Ether}} C_2H_5MgBr$$

Das so entstandene Organomagnesiumreagenz blieb in stark solvatisierter Form in Ether gelöst und konnte unmittelbar mit dem ebenfalls etherlöslichen Siliciumtetrachlorid umgesetzt werden:

$$C_2H_5MgBr + SiCl_4 \xrightarrow{\text{Ether}} C_2H_5SiCl_3 + MgBrCl$$

Zunächst wurde der Ether abdestilliert, dann das Ethylsiliciumchlorid vom nichtflüchtigen Magnesiumsalz. Wurden *zwei* Äquivalente des Grignard-Reagenzes eingesetzt, konnten direkt zwei Chloratome im $SiCl_4$ ersetzt werden, die vorherige Abtrennung von $C_2H_5SiCl_3$ war nicht nötig:

$$2C_2H_5MgBr + SiCl_4 \longrightarrow (C_2H_5)_2SiCl_2 + 2MgBrCl$$

Es muß aber mit aller Deutlichkeit darauf hingewiesen werden, daß es sich bei diesem stufenweisen Ersatz der Chloratome am Silicium in Wirklichkeit um eine Reihe aufeinanderfolgender konkurrierender Reaktionen handelt, in denen C_2H_5MgBr mit einem Chloratom von $SiCl_4$ oder von $C_2H_5SiCl_3$ oder von $(C_2H_5)_2SiCl_2$ oder sogar von $(C_2H_5)_3SiCl$ reagiert. Man muß also damit rechnen, und findet das auch in der Praxis, daß alle vier Produkte $(C_2H_5)_xSiCl_{4-x}$ im Reaktionsgemisch vorliegen. Die relativen Mengenanteile von mono-, di- und trisubstituiertem Siliciumchlorid können in etwa über das gewählte Verhältnis von C_2H_5MgBr zu $SiCl_4$ gesteuert werden, es treten aber stets Nebenprodukte auf. Und es gibt eine weitere Schwierigkeit: Die Halogenatome Br und Cl tauschen in etherischer Lösung leicht ihre Plätze, wir erhalten daher nicht nur alle möglichen Ethylsiliciumchloride, auch Ethylsiliciumbromide bilden sich! Die destillative Trennung ist daher ein kompliziertes und mühsames Geschäft, und Kipping verdient unsere Bewunderung dafür, daß er in seiner Ausdauer nicht nachließ und es ihm gelang, soviele Organosiliciumverbindungen in reiner Form darzustellen.

Um Methylverbindungen allerdings machte er einen Bogen, weil

1. Methylchlorid ein Gas ist,
2. es langsam und schwierig mit Magnesium reagiert und
3. CH_3MgCl sehr schlecht in Ether löslich ist.

Darum enthalten Kippings Veröffentlichungen keine Informationen über Methylverbindungen.

Kipping fand heraus, daß seine Organosiliciumchloride genau wie $SiCl_4$ glatt mit Wasser reagieren, wobei das Chlor durch Hydroxogruppen, OH, ersetzt wird. Bezeichnen wir die Kohlenwasserstoffgruppen wie Ethyl (C_2H_5) oder Phenyl (C_6H_5) mit R, dann gilt die Gleichung

$$R_3SiCl + H_2O \longrightarrow R_3SiOH + HCl$$

Kipping bezeichnete die monofunktionelle Verbindung R_3SiOH als *Silicol*, in Analogie zu einem Alkohol. Wenn die R-Gruppe groß genug ist und die OH-Gruppe daher wirksam durch drei Gruppen R abgeschirmt wird, kann die Verbindung abdestilliert werden und hat dann in der Tat eine gewisse chemische Ähnlichkeit mit einem Alkohol. In den meisten Fällen jedoch sind die SiOH-Gruppen viel reaktionsfähiger als die COH-Gruppen von Alkoholen. Zum Beispiel kondensieren sie miteinander unter Abspaltung von Wasser und Bildung einer Si-O-Si-Bindung:

$$2R_3SiOH \longrightarrow R_3SiOSiR_3 + H_2O$$

Alkohole machen das auch, brauchen aber dazu eine Säure als Katalysator, und das gebildete Wasser muß abgetrennt werden, damit die Reaktion schnell und vollständig genug abläuft, wie zum Beispiel bei der Darstellung von Ethylether aus Ethylalkohol. Kipping erkannte, daß seine Silicole viel leichter zu „Silicoethern" kondensierten, besonders, wenn die R-Gruppe klein war. Viele andere Beobachtungen belegen die Tatsache, daß die SiOH-Gruppe chemisch sehr aktiv ist, diese wollen wir hier aber nicht weiter behandeln.

Auch die disubstituierten Siliciumchloride, R_2SiCl_2, hydrolysieren, sogar noch leichter:

$$R_2SiCl_2 + 2H_2O \longrightarrow R_2Si(OH)_2 + 2HCl$$

Die resultierenden difunktionellen Silicole kondensierten so rasch, daß nur dann, wenn die R-Gruppe sehr groß war, z. B. bei Phenyl oder Benzyl, das $R_2Si(OH)_2$ durch Kristallisation abgetrennt werden konnte und auch das nur bei niedrigen Temperaturen. Normalerweise lief die Kondensation gleichzeitig mit der Hydrolyse ab und wurde durch die bei der Hydrolyse freiwerdende Salzsäure beschleunigt. Das difunktionelle $R_2Si(OH)_2$ kondensierte nicht zu einem monomeren Silicoketon, denn Silicium hat eine sehr geringe Tendenz zur Ausbildung von Doppelbindungen. Wegen seiner komplizierteren Atomstruktur strebt Silicium danach, sich mit *zwei* getrennten Sauerstoffatomen zu verbinden und bildet *keine* Doppelbindung etwa nach

$$R_2Si(OH)_2 \longrightarrow R_2Si=O + H_2O$$

aus. Darum fand Kipping niemals ein flüchtiges monomeres R_2SiO, das einem Keton $R_2C=O$ entsprochen hätte. Die aus den Hydrolysereaktionen hervorgehenden Kondensationsprodukte waren vielmehr stets polymer und bildeten lange Ketten mit endständigen OH-Gruppen

$$\begin{array}{ccccccc} & R & & R & & R & & R \\ & | & & | & & | & & | \\ HOSi & -O- & Si & -O- & Si & -O- & SiOH \\ & | & & | & & | & & | \\ & R & & R & & R & & R \end{array}$$

oder Ringe ohne OH-Gruppen:

Diese Verbindungen haben keine Ähnlichkeit mit Ketonen. Kipping blieb aber bei seinen erhofften Parallelen zur organischen Chemie und der entsprechenden Terminologie und nannte daher diese Reaktionsprodukte *Silicone*. Diese Bezeichnung ist noch heute üblich.

Kipping freute sich über die Isolierung einiger kristalliner ringförmiger Silicone, wie z.B. des ringförmigen Trimers und Tetramers von Diphenylsilicon, $[(C_6H_5)_2SiO]_3$ und $[(C_6H_5)_2SiO]_4$. Diese fielen aber zusammen mit großen Mengen harzartigen polymeren Materials an, aus denen sich keine definierten chemischen Verbindungen mit scharfen Schmelzpunkten abtrennen ließen. Waren die R-Gruppen kleiner, wie in Ethylsilicon, stellte das Produkt überwiegend eine klebrige Masse höherer Polymere dar, vermutlich mit endständigen OH-Gruppen an den langen Ketten. Kipping nannte sie „leimähnlich" und hielt sie für unbrauchbar. Er sah keine Einsatzmöglichkeiten für sie, und auch die britische chemische Industrie zeigte keinerlei Interesse an ihnen (oder an irgendwelchen anderen Arbeiten von Kipping). Es ist ein Jammer, daß diese bewundernswerten Arbeiten solange ein Dornröschendasein in akademischen Sälen führten, vielleicht war aber die Zeit auch noch nicht reif. Kipping selbst genießt auch heute hohes Ansehen, und glücklicherweise erfuhr er schon zu Lebzeiten hohe Ehrungen. Er wurde eingeladen, die Baker-Vorlesung zu halten und betonte bei dieser Gelegenheit, daß nach den so umfangreichen Erfahrungen, die er gesammelt habe, Silicium- und Kohlenstoffverbindungen nur bei den höheren Kohlenwasserstoffen und den „Silicokohlenwasserstoffen", die ein einzelnes mit vier Alkylgruppen verbundenes Siliciumatom enthalten, größere Ähnlichkeit miteinander haben.In allen anderen Verbindungsklassen unterschieden sich die Siliciumverbindungen von ihren Kohlenstoffanalogen.

Zum Schluß einer Vorlesung gab er folgende Zusammenfassung:

„Wir haben alle bekannten Typen organischer Siliciumverbindungen vorgestellt und können feststellen, daß ihre Anzahl im Vergleich zu den rein organischen Verbindungen sehr klein ist. Da die wenigen bekannten Verbindungen in ihren Reaktionen sehr beschränkt sind, gibt es wenig Anlaß zur Hoffnung, daß bald mit wichtigen Fortschritten auf diesem Teilgebiet der Chemie zu rechnen ist."

Alfred Stock und die Organosilane

Während Kipping seinen Forschungen in England nachging, näherte sich in Deutschland ein sehr talentierter und genialer Experimentator namens Alfred Stock dem Problem auf eine andere Weise. Er war Anorganiker und Schüler des berühmten Henri Moissan, von dem er ein lebenslanges Interesse an den Metalloiden als Brücken zwischen der anorganischen und organischen Chemie übernahm. Stock ist am besten bekannt für seine entscheidenden Arbeiten über die Hydride des Bors und des Siliciums aber auch für seine experimentellen Methoden und neuartigen Apparaturen für die Handhabung und Untersuchung dieser überaus reaktionsfähigen gasförmigen Verbindungen. Zu Beginn seiner Arbeiten benutzte er das alte Eudiometer, ein einseitig verschlossenes Glasrohr, das mit Quecksilber gefüllt wird und mit der Öffnung nach unten in eine Wanne mit Quecksilber eintaucht. Die aufzufangenden und zu untersuchenden Gase perlen durch die Quecksilbersäule nach oben und sammeln sich in dem geschlossenen Ende des Rohrs an. Beim Umgang mit diesen Rohren mußte Stock seine Arme tief in Quecksilber eintauchen, das sich in einer dickwandigen Specksteinwanne, ähnlich einem altmodischen Ausgußbecken, befand. Dabei zog er sich eine Quecksilbervergiftung zu, ein chronisches und lebenslang währendes Leiden, das ihn zwang, neue, quecksilberlose Apparaturen zu entwickeln. Er konstruierte ein kompliziertes Vakuumsystem, eine glasbläserische Meisterleistung, in dem seine außerordentlich wasser- und sauerstoffempfindlichen reaktionsfähigen Gase entwickelt, kondensiert, destilliert, getrennt, aufbewahrt und für weitere Reaktionen verwendet werden konnten – alles dies hinter Glas, und bei strengstem Ausschluß von Luft und Feuchtigkeit. Er war der erste, der mehrere Verbindungsreihen von Borhydriden entdeckte, und mit der gleichen Apparatur erweiterte er ganz wesentlich unsere Kenntnisse der Siliciumhydride SiH_4, Si_2H_6, Si_3H_8 usw. In der Zeit zwischen 1910 und 1935 stellte er Halogen-, Stickstoff- und Schwefelderivate dieser Hydride und viele organische Derivate dar.

Da Stock seine Reaktionen in der Gasphase durchführte, mußte er wohl oder übel mit den kleinen Substanzmengen auskommen, die bei Atmosphärendruck oder leichtem Vakuum in Glaskölbchen hineinpaßten. Und weil diese Kölbchen in Dewar-Gefäßen mit flüssigem Stickstoff oder Trockeneis gekühlt werden mußten, wenn man die Substanz in dem geschlossenen Systems von einer Stelle zu einer anderen transportieren oder die Produkte durch Destillation reinigen wollte, waren diese Kugeln zwangsläufig sehr klein. Diese Beschränkung hatte zur Folge, daß die Menge an Siliciumverbindung, die identifiziert werden sollte, ebenfalls sehr klein war. Stock arbeitete praktisch im Mikromaßstab und benutzte oft nur einige wenige Milligramm Substanz. Es ist interessant, sich eines seiner typischen Experimente genauer anzusehen:

1. Um Derivate von SiH_4 darstellen und untersuchen zu können, mußte dieses zunächst mühselig hergestellt werden, indem nach-

einander kleine Mengen an gepulvertem Magnesiumsilicid in verdünnte Salzsäure eingetragen und die gasförmigen Produkte kondensiert und destilliert wurden, dies alles unter Ausschluß von Luft:

Zunächst $4Mg + SiO_2 \longrightarrow Mg_2Si + 2MgO$,
dann $Mg_2Si + 4HCl \longrightarrow 2MgCl_2 + SiH_4$
(+ viele andere Produkte)

2. Auf recht mühsame Weise wurden aus vielen Ansätzen entsprechend (1) 1300 mL SiH_4 durch erschöpfende Destillation jedes einzelnen Ansatzes im Vakuumsystem und Überführung in einen größeren Vorratskolben gewonnen.
3. Nacheinander wurden abgemessene Mengen von SiH_4 entnommen und mehr als zwölf Derivate in Reaktionen dargestellt, die an anderer Stelle des Systems ausgeführt wurden. In einer dieser Reaktionen wurde SiH_4 durch Cokondensation mit wasserfreiem Chlorwasserstoff auf frisch sublimiertes $AlCl_3$ chloriert. Anschließend ließ man die Glaskugel sich aufwärmen:

$SiH_4 + 2HCl \xrightarrow{AlCl_3} 2H_2 + SiH_2Cl_2$
(neben vielen anderen Produkten)

4. Das erhaltene chlorierte Hydrid wurde mit Dimethylzink umgesetzt (wieder ein Beispiel dafür, daß eine organometallische Verbindung mit einer anderen hergestellt wird!):

$SiH_2Cl_2 + (CH_3)_2Zn \longrightarrow (CH_3)_2SiH_2 + ZnCl_2$

5. Nach der Identifizierung des Produkts anhand seiner Molekülmasse (über die Bestimmung seiner Dampfdichte), wurde es auf eine kleine Menge von alkalisch gemachtem Eis aufkondensiert. Danach ließ man wieder auftauen und erwärmen, woraufhin Hydrolyse eintrat:

$(CH_3)_2SiH_2 + 2H_2O \longrightarrow H_2 + (CH_3)_2Si(OH)_2$,

bei der, wie in den Arbeiten von Kipping, sofort Wasser abgespalten wurde:

$(CH_3)_2Si(OH)_2 \longrightarrow H_2O + [(CH_3)_2SiO]$ (polymer)

Das *nahmen* Stock und Somieski *an*; die Menge an Endprodukt reichte nicht aus, um es in Substanz erhalten oder analysieren zu können, sie beobachteten aber einen öligen Film auf den wenigen cm³ Wasser in der Glaskugel. Da sie bei der Hydrolyse von nur

5,57 cm^3 des gasförmigen Hydrids ausgegangen waren, hätten sie nicht mehr als 0,019 g des öligen Polymers erhalten können. Es war ihnen trotzdem möglich, die Beschaffenheit des Produkts festzustellen (farbloses Öl, unlöslich in Wasser), und wenn sie ihre kostbare Glaskugel abgeschmolzen und anschließend geöffnet hätten, hätten sie eine wertvolle Eigenschaft des Methylsilicons entdeckt: Auf Glas bildet es einen festhaftenden, chemisch beständigen wasserabstoßenden Film. Jedenfalls handelt es sich hier um das erste literaturbekannte Beispiel dafür, daß Methylsilicon hergestellt und beobachtet wurde, auch wenn es nicht eindeutig identifiziert werden konnte. Das war im Jahre 1919.

Natürlich nannte Stock diese in so winzigen Mengen erhaltene ölige Substanz nicht „Methylsilicon". Kippings Arbeiten waren noch zu neu und der Begriff „Silicon" hatte sich noch nicht eingebürgert, und überhaupt benutzte Stock sein eigenes konsistentes System zur Benennung von Siliciumverbindungen, als Teil einer universellen systematischen Nomenklatur für anorganische Verbindungen, die er entwickelt hatte. Das System wurde schließlich von der „International Union of Pure and Applied Chemistry" eingeführt und ist heute in der ganzen Welt gültig. Alfred Stock nannte SiH$_4$ *Monosilan* und Si$_2$H$_6$ *Disilan* usw. Derivate wurde durch Hinzufügen geeigneter Vorsilben benannt: SiH$_2$Cl$_2$ war *Dichlorsilan*, Si$_2$H$_4$Cl$_2$ *Dichlordisilan* usw. Waren zwei Siliciumatome über ein Sauerstoffatom miteinander verbunden, dann handelte es sich bei dieser Verbindung um ein *Siloxan* wie bei H$_3$Si-O-SiH$_3$, dem *Disiloxan*. Somit heißt (CH$_3$)$_2$SiO als polymeres [(CH$_3$)$_2$SiO]$_x$ *Polydimethylsiloxan*, und jeder Bestandteil dieser Bezeichnung sagt etwas über die Struktur aus. Hätte Kipping es hergestellt (was er nicht tat, soweit wir wissen), hätte er es Methylsilicon genannt. Es ist leicht zu begreifen, warum der kürzere Name populärer ist! Warum gilt er nicht auch offiziell? Nun, das Schöne an den systematischen Namen von Stock ist, daß jeder, der den Namen hört, die genaue Strukturformel hinschreiben kann. Anstatt die Sprache mit Trivialnamen wie „Fluoren" (für einen Kohlenwasserstoff!) oder „Glaubersalz" in Unordnung zu bringen, haben wir hier Namen, die die genaue Zusammensetzung definieren. Und jeder Student, der eine chemische Formel liest, kann den genauen Namen dafür hinschreiben. Er braucht nicht tausende von Trivialnamen und deren Beziehungen zueinander im Kopf zu haben; er verfügt über ein zuverlässiges *System*, eine Art Alphabet, das universell anwendbar ist[4].

Zusammenfassung

Kipping öffnete das Tor zur modernen Organosiliciumchemie durch Anwendung der Grignard-Reaktion auf die Synthese einer Fülle neuer Organosiliciumverbindungen, die er auf die eine oder andere Weise der klassischen organischen Chemie zuordnete. Nach seiner Meinung ergab sich daraus klar die große Überlegenheit von Kohlenstoff über Silicium, weil Kohlenstoff buchstäblich Millionen von Verbindungen bilden kann, die luft- und wasserbeständig sind, und daher Kohlenstoff allein die rechtmäßige Grundlage der lebenden Organismen bildet. Ihm verdanken wir die Bezeichnung *Silicon* und den ersten flüchtigen Einblick in die polymere (sogar „leimartige") Natur der Silicone. Eine Anerkennung für das, was wir ihm verdanken, ist der alle zwei Jahre verliehene Frederic Stanley Kipping Award für herausragende neue Entdeckungen auf dem Feld der Organosiliciumchemie, den die American Chemical Society verleiht und der von der Dow-Corning Corporation finanziert wird.

Stock kam von der anorganischen Seite her zur Organosiliciumchemie und zeigte, wie die dem Element Silicium eigenen charakteristischen Eigenschaften die Strukturen und Reaktionen seiner organischen Verbindungen bestimmen. Nach seiner Meinung lag der Schlüssel für das Verständnis (und sogar für die Herstellung) von Organosiliciumverbindungen in den *Hydriden* des Siliciums, denn in seinen Augen war Wasserstoff das erste Glied in der langen Reihe der Alkylgruppen, darum war alles, was sich mit Wasserstoff machen ließ, auch von Methyl- und Ethylgruppen zu erwarten. Wir schulden ihm Dank für eine systematische und eindeutige Nomenklatur aller bekannten und noch zu synthetisierenden Organosiliciumverbindungen. In der Tat hat das Stocksche System für die gesamte anorganische Chemie seine Gültigkeit und versetzt uns in die Lage, jeder anorganischen Molekülverbindung einen Namen geben zu können, für den wir die Struktur hinschreiben können und umgekehrt aus dem systematischen Namen einer Verbindung eine Formel abzuleiten, aus der Struktur und Zusammensetzung hervorgehen. Wir haben gesehen, daß Stock als erster Methylsilicon hergestellt

---

[4] Es wäre zu wünschen, daß jeder Laie sich ein paar Stunden Zeit nähme, um dieses System zu erlernen, damit er diese Namen auf Etiketten lesen und verstehen kann und nicht seine Unkenntnis dadurch zeigt, daß er sie lächerlich macht. Es wäre ein kleiner aber notwendiger Schritt auf dem Wege zum Verständnis und der Würdigung der Naturwissenschaften durch die Öffentlichkeit!

hat. Seine bahnbrechenden Arbeiten und seine vielen Beiträge werden durch den Alfred-Stock-Gedächtnispreis anerkannt, der aus einer Goldmedaille und einem Geldbetrag besteht und von der Gesellschaft Deutscher Chemiker für hervorragende Entdeckungen auf dem weiten Feld der anorganischen Chemie verliehen wird. Weil sein Nomenklatursystem internationale Norm geworden ist, benutzen wir es von nun an für den Rest dieses Buchs.

4 Not macht erfinderisch:
Auf der Suche nach brauchbaren Siliconpolymeren

Das Problem der elektrischen Isolierung

Als Thomas Edison die Glühlampe entwickelte, sah er bereits die Beleuchtung von Wohnungen und Geschäften, besonders in den Städten, voraus. Benötigt wurden dafür eine Kraftzentrale, ein Verteilungssystem in den Straßen und schließlich die Verdrahtung der Gebäude. In allen drei Bereichen sah er sich demselben Problem gegenüber: zur Sicherheit und um Kurzschlüsse zu vermeiden, mußten die Kupferleitungen isoliert werden. Als man später elektrische Lokomotiven und anderes schweres Gerät und immer größere Gleichstromgeneratoren entwickelte und baute, wurde das Problem wegen der hier auftretenden höheren Temperaturen noch offensichtlicher. Auch heute sind nicht alle Probleme gelöst, sie sind aber durch die Entwicklung und Produktion brauchbarer Siliconpolymere, die erhöhte Temperaturen aushalten und gleichzeitig ausgezeichnet isolieren, entschärft worden.

Thomas Edison standen die gleichen Isolierstoffe zur Verfügung, die auch schon Michael Faraday und Joseph Henry[1] benutzt hatten: Lumpen, Pech, Papier und gelegentlich Glimmer. Für die Isolierung von unterirdischen Kabeln mußte das Isoliermaterial biegsam sein (so daß es um den Leiter herum gewickelt werden konnte), und es mußte wasserdicht sein (damit keine verheerenden Leckströme in das Grundwasser übertraten und das Kupfer nicht erheblich korrodierte). Für Motoren und Generatoren mußte das Isoliermaterial so biegsam sein, daß mit ihm nicht nur die Drähte isoliert werden konnten, sondern daß es auch an schwierig zugänglichen Stellen

---

[1] Michael Faraday, englischer Physiker und Chemiker, geb. in Newington Butts bei London am 22. 9. 1791, gest. in Hampton Court-Green bei London am 25. 8. 1867. Eine seiner größten Leistungen war die Entdeckung der elektromagnetischen Induktion.
Joseph Henry, amerikanischer Physiker, geb. in Albany (N.Y.) am 17. 12. 1797, gest. in Washington am 13. 5. 1878. Henry fand gleichzeitig mit Faraday und unabhängig von ihm die Induktionserscheinungen. Die abgeleitete SI-Einheit für die Induktivität heißt ihm zu Ehren Henry (H).

verwendet werden konnte, um die Drähte vor dem scharfkantigen magnetischen Stahlkern zu schützen. Zäh und fest genug mußte es auch sein, um hohe Drehzahlen auszuhalten und natürlich thermisch stabil genug, um Wärmebelastung auch in Gegenwart von Ozon zu überdauern. Für seine unterirdischen Kabel nahm Edison abwechselnde Lagen aus Papier und Pech, für Generatoren und Motoren umspann er die Drähte spiralförmig mit Baumwollfäden und fixierte diese mit Schellack (einem in der Natur vorkommenden alkohollöslichen Harz). Glücklicherweise kamen damals gerade vulkanisierter Kautschuk und Guttapercha auf, mit denen sich Freileitungen und Leitungen in Bauten isolieren ließen. Diese Isolierstoffe wiesen bei erhöhten Temperaturen allesamt erhebliche Mängel auf: Papier spaltet Wasser ab, wird brüchig und zerfällt zu Pulver, wenn es lange Zeit Temperaturen oberhalb von 110 °C ausgesetzt wird, Baumwolle verhält sich ebenso. An der Luft darf Naturkautschuk bei Dauerbelastung nicht über 125 °C erwärmt werden, und Schellack versprödet unter diesen Bedingungen. Starkes Baumwolltuch, mit trocknenden Ölen getränkt und mit Heißluft ausgehärtet, erwies sich als besser als Papier, weil es nicht porös war und deshalb eine höhere Durchschlagfestigkeit hatte[2], aber auch dieses Material versagte bei 125 °C, weil die Baumwolle abgebaut wurde und der Isolierlack oxidierte. Infolgedessen mußten Großgeräte (und die später hinzukommenden Transformatoren) groß genug bemessen werden, damit die durch Eisen- und Kupferverluste entstehende Wärme abgeführt werden konnte und die Temperaturen nicht über 110 °C bis 125 °C stiegen. Daraus ergaben sich lästige Beschränkungen für elektrisches Großgerät, ja selbst für Lichtmaschinen in Kraftfahrzeugen, die bei den unter der Motorhaube herrschenden hohen Temperaturen funktionieren mußten. Diese Isolierstoffe, die sich nur bis 130 °C einsetzen ließen, gehören zur sogenannten Klasse A.

Die Situation ließ sich etwas dadurch verbessern, daß man Baumwolle durch Asbestfasern ersetzte, die mit einem geeigneten organischen Lack getränkt wurden, aber Asbest ist ein Mineral, das bei erhöhten Temperaturen Wasser abspaltet und zu Pulver zerfällt, weil seine Kristallstruktur zusammenbricht. Zwar ist auch Glimmer ein Mineral, das Wasser abspalten kann. Es hat aber den Vorteil, ein biegsames Material mit Schichtstruktur zu sein (siehe Silicate mit Schichtstruktur in Kapitel 1). Aber auch Glimmer benötigt einen

---

[2] Das heißt, es konnte mit einer höheren Spannung belastet werden, ohne daß ein Funke überschlug.

Lack als Bindemittel, um ihn zu fixieren und die Luft aus den Zwischenräumen zu verdrängen. Die offensichtliche Verbesserung der thermischen Beständigkeit durch Anwendung eines *mineralischen* oder *anorganischen* Isolierstoffs wie Glimmer oder Asbest im Verein mit der richtigen Menge an organischem Bindemittel zu seiner Bindung führte zur Aufstellung einer eigenen Kategorie, der Isolierstoffe der Klasse B. Diese vertrugen im Dauerbetrieb Temperaturen bis 155 °C.

Einen bedeutenden Fortschritt brachte die Entwicklung von Glasfasern mit sich, insbesondere von Einzelfasern, die mit sehr hoher Geschwindigkeit aus einer heißen zähflüssigen Glasschmelze bestimmter Zusammensetzung gezogen werden. Diese Glasfasern machten von den schwankenden Eigenschaften von Naturprodukten wie Asbest und Glimmer unabhängig, und gleichzeitig war man das Problem des Konstitutionswassers los. Außerdem enthielt Glas im Gegensatz zu Asbest oder Glimmer keine schädlichen Verunreinigungen wie Eisen und lösliche Elektrolyte. Die neuen Glasfasern konnten spiralig um Kupferdrähte gewickelt, in Textilien zu biegsamen isolierenden Zwischenlagen eingewoben oder auf vielfältige andere Weise eingesetzt werden, stets unter genau reproduzierbaren Bedingungen. Auch neue synthetische organische Lacke wurden entwickelt, insbesondere Lacke auf der Basis von Phenol-Formaldehyd-Harzen (Bakelite). Das neue Verbundmaterial aus Glasfasern und wärmehärtbarem Phenolharz mauserte sich schnell zum bevorzugten Isolierstoff der Klasse B, und alle elektrischen Geräte ließen sich leichter und kompakter bauen, dadurch wurden Material und Platz eingespart.

Leider fand man bald heraus, daß diese organisch-anorganischen Verbundmaterialien die Vorteile der Glasfasern nicht voll ausnutzten, weil das organische Material immer zuerst versagte und bei seinem Abbau leitfähige Kohlenstoffrückstände zwischen den Fasern zurückblieben. Das Glas konnte wesentlich höhere Temperaturen aushalten als das organische Harz, ohne seine Festigkeit und Struktureigenschaft zu verlieren. Offenbar fehlte ein elastisches Binde- und Imprägnierungsmittel, das bedeutend weniger organische Bestandteile enthielt und wesentlich höhere Temperaturen aushalten konnte, ohne zu oxidieren oder sich zu zersetzen. Das Problem wurde in einer ganzen Reihe von Industrielaboratorien mit der dort üblichen Geheimniskrämerei in Angriff genommen. Zwei dieser Forschungsprogramme wollen wir uns etwas näher ansehen und über einige andere nur kurz berichten.

Der Beitrag von Corning

Die Stadt Corning liegt in der anmutigen Hügellandschaft südlich der Fingerseen im Herzen des Staats New York, nur etwa 70 km entfernt von der Cornell Universität und 350 km nordwestlich von New York City. Corning ist der Standort von Steuben Glass, einem Unternehmen, das sich ausschließlich mit künstlerischen Glasobjekten befaßt, und auch der Corning Glass Werke, riesigen Fabrikanlagen, die sich mit jeder erdenklichen technischen Anwendung von Glas befassen. Als Hersteller von Glasfasern[3] hatten die Corning Glass Werke ein vitales Interesse daran, Glasfasern als Isolationsmaterial für die Elektrotechnik weiterzuentwickeln, und sie standen alsbald dem Problem gegenüber, ein geeignetes Binde- und Imprägniermittel zu finden, das besser mit den weiterentwickelten Möglichkeiten der Glasfaser Schritt halten konnte. Man brauchte einen neuen Weg, und dazu versicherte man sich der Dienste des jungen Chemikers Dr. James Franklin Hyde, der in Harvard organische Chemie studiert hatte. Zusammen mit anderen Chemikern in den Laboratorien von Corning hatte Hyde sich zuvor mit dem Problem beschäftigt, Glasoberflächen kratzfest zu machen. Genauer gesagt wurde ein Überzug für die neuentwickelten Becher aus gehärtetem Glas gesucht, die aus gewöhnlichem Glas geformt aber durch Abschrecken gehärtet worden waren. Wir haben bereits gesehen, daß Silicatglas unter diesen Bedingungen sehr fest wird; die gehärteten Becher konnte man auf den harten Boden werfen, sie zerbrachen nicht sondern sprangen ganz einfach hoch. Sie waren unwahrscheinlich haltbar – solange die Oberfläche unverletzt blieb. Ein tiefer Kratzer bildete jedoch den Ausgangspunkt für einen Sprung, und sobald das passierte, zersplitterte der ganze Becher, weil alle seine inneren Spannungen auf einen Schlag freigesetzt wurden. Hyde probierte alle möglichen organischen Lacke und Plastiküberzüge aus, keiner davon überlebte jedoch wiederholtes Spülen mit heißem alkalischen Wasser in einem Geschirrspüler. Er erkannte, daß ein Material nötig war, das chemisch mehr Verwandschaft zum Silicatglas aufwies, so daß es die Glasoberfläche benetzte und möglichst chemisch gebunden würde[4]. Darüber hinaus war ihm klar, daß es

---

[3] Jetzt in der Regie von Owens-Corning Fiberglas Inc., einem Tochterunternehmen. Das Wort Fiberglas ist ihr eingetragenes Warenzeichen.
[4] Der Chemiker erwartet, daß „sich Gleiches in Gleichem auflöst", um in seiner eigenen Ausdrucksweise zu sprechen, und es ist viel wahrscheinli-

sich hierbei, aber auch bei der Bindung von Glasfasern für elektrische Isolationszwecke, um ein und dasselbe Problem handelte.

Eine persönliche Vignette

Ich erinnere mich lebhaft an John Paine, einen heiteren und äußerst produktiven Erfinder im Forschungslaboratorium der General Electric, dessen Name vor allem mit dem stillen gekapselten Quecksilberschalter verbunden ist. Wegen der Weiterentwicklung einer Reihe seiner Erfindungen hatte John enge Kontakte zu den Ingenieuren von Corning und tauschte mit ihnen regelmäßig Muster neuer Entwicklungen aus. Er hatte ein paar Exemplare der neuen gehärteten Glasbecher erhalten und war begeistert, daß sie vom Betonfußboden seines Labors hochsprangen, sooft er sie hinwarf. Aufgeregt rief er den Direktor des Laboratoriums, Dr. William D. Coolidge (der berühmte Erfinder von duktilem Wolfram für die Glühdrähte von Glühlampen und der Coolidge-Röhre, einer Röntgenröhre mit heißer Kathode) an und teilte ihm mit, daß er ihm „etwas Wundervolles" zeigen müsse. Als er in das Büro von Coolidge kam, fand er dort einen Teppichfußboden vor, der seine Vorführung unmöglich machte. Er schleuderte den Glasbecher ohne ein Wort zu sagen auf den gußeisernen Heizkörper in der Ecke. Mit lautem Knall platzte der Becher in tausend Stücke, die sich über den ganzen Teppich verbreiteten. John verschlug es die Sprache, aber der ruhige und unerschütterliche Dr. Coolidge, der nicht den blassen Schimmer einer Ahnung von dem hatte, was sich vor ihm abspielte, hob nur den Kopf, sah ihn an und sagte „Also John? Was wollten Sie mir zeigen?"

Hyde, der sich in seiner klassischen organischen Chemie gut auskannte, dachte an die Arbeiten von Kipping und darunter besonders an die, in denen „leimartige" Substanzen erwähnt wurden. Diphenylsilicon, $(C_6H_5)_2SiO$, in seiner polymeren Form, erschien ihm aussichtsreich. Nach Kippings Angaben stellte er es her und erkannte die Möglichkeiten, die es bot. Aber polymeres Diphenylsilicon ist in der Kälte hart und spröde, erweicht und schmilzt dagegen bei den Temperaturen eines Geschirrspülers[5]. Andererseits ist poly-

---

cher, daß eine Flüssigkeit einen festen Stoff dann benetzt und von ihm adsorbiert wird, wenn sie ihm chemisch ähnelt.
[5] Die erwähnten Eigenschaften beziehen sich auf die langkettigen Polymere mit endständigen OH-Gruppen, nicht auf das cyclische Trimer und Tetramer, bei denen es sich um weiße kristalline Festsubstanzen handelt.

meres Ethylsilicon, $(C_2H_5)_2SiO$, eine ölige Flüssigkeit. Hyde überlegte sich, daß polymeres Ethylphenylsilicon, $(C_6H_5)(C_2H_5)SiO$, mit einer Phenylgruppe und einer Ethylgruppe an jedem Siliciumatom, vielleicht gerade die richtigen Eigenschaften haben würde. Ein Ausschnitt aus der sich wiederholenden Struktur dieses Polymers sähe so aus:

$$\begin{array}{ccc} C_6H_5 & C_6H_5 & C_6H_5 \\ | & | & | \\ -Si-O-Si-O-Si-O- & & \text{etc.} \\ | & | & | \\ C_2H_5 & C_2H_5 & C_2H_5 \end{array}$$

Die Synthese eines solchen Polymers ist keineswegs einfach. Sie umfaßt viele einzelne Stufen mit meistens unbefriedigenden Ausbeuten und viel aufwendige Reinigungsarbeit. Der wesentliche Kern der Methode beruht wieder auf dem altbekannten Prinzip der Darstellung einer organometallischen Verbindung aus einer anderen, in diesem Fall aus dem betreffenden Grignard-Reagenz nach dem Verfahren von Kipping. Irgendwo muß man natürlich anfangen; es muß von einer *ersten* organometallischen Verbindung ausgegangen werden. Hier ist es das vielseitige Organomagnesiumhalogenid, das der 30jährige François Auguste Victor Grignard in seiner Doktorarbeit zum ersten Mal der Fachwelt vorstellte und das zehn Jahre später von Kipping, wie im vorangegangenen Kapitel beschrieben, für die Herstellung seiner vielen Organosiliciumverbindungen ausgewählt wurde. Es empfiehlt sich an dieser Stelle, *alle* Einzelschritte dieser Methode zu behandeln, die an der Synthese des Siliconpolymers von Hyde beteiligt sind, weil für die noch verbleibende Geschichte des Siliciums jeder Schritt seine Bedeutung besitzt.

Als wertvolles Leichtmetall für Strukturlegierungen wird metallisches Magnesium technisch in großen Mengen hergestellt. Es ist leichter als Aluminium (Dichte $1,74\,g/cm^3$ gegenüber $2,7\,g/cm^3$ für Aluminium) und kann durch Härten ohne weiteres zäher und fester gemacht werden (siehe Kapitel 2). Magnesium wird aus Magnesiumchlorid, $MgCl_2$, gewonnen, das in unerschöpflichen Mengen im Meerwasser vorkommt und in Salzlagern, die durch Austrocknen vorzeitlicher Meere entstanden sind. Die Vorkommen im Meerwasser und Steinsalz werden technisch ausgebeutet, die weitaus größeren Mengen sind in den Weltmeeren enthalten. Es gibt $1\,335\,500\,000\,km^3$ Meerwasser auf der Erdoberfläche, und jeder Kubikkilometer enthält $3\,900\,000$ *Tonnen* Magnesiumchlorid, eine Verknappung ist also nicht zu befürchten[6].

Die Gewinnung beginnt mit dem Brennen von Calciumcarbonat (aus Austernschalen oder Kalkstein):

$CaCO_3 \longrightarrow CaO + CO_2$
dann $CaO + H_2O \longrightarrow Ca(OH)_2$ (Löslichkeit 1,85 g/L)

Das Calciumhydroxid ist ein billiger alkalisch reagierender Stoff, eine „Base", mit der Magnesiumhydroxid aus dem Meerwasser ausgefällt wird:

$MgCl_2 + Ca(OH)_2 \longrightarrow Mg(OH)_2 + CaCl_2$
(beide löslich)　　　　(unlöslich)　(sehr leichtlöslich)

Das $Mg(OH)_2$ (Löslichkeit 0,009 g/L) wird abfiltriert und mit Salzsäure umgesetzt, die späteren Verfahrensstufen entstammt.

$Mg(OH)_2 + 2HCl \longrightarrow MgCl_2 + 2H_2O$

Man erhält so eine sehr konzentrierte Lösung von $MgCl_2$, die keine anderen Salze mehr enthält. Durch Entfernen des Wassers gewinnt man trockenes festes $MgCl_2$, das in großen Gefäßen aufgeschmolzen und elektrolysiert wird. Dabei entstehen metallisches Magnesium und Chlor:

$MgCl_2 +$ elektrische Energie $\longrightarrow Mg + Cl_2$

Das geschmolzene Metall wird abgezogen, aus dem Chlor wird an einer späteren Stelle des Verfahrens HCl, das in dem vorausgehenden Schritt eingesetzt wird. Wichtig ist, daß man sich klar macht, daß für diese Elektrolyse enorme Mengen an elektrischer Energie nötig sind, auf die Tonne bezogen etwa doppelt soviel, wie bei der Darstellung von Aluminium verbraucht wird. Chemisch gesehen bedeutet das, daß metallisches Magnesium gewaltige Mengen an „freier Energie" gespeichert enthält, das heißt Energie, die für chemische Reaktionen zur Verfügung steht[7]. Darum reagiert im

---

[6] In der Tat hat Leland Doan von der Dow Chemical Company ausgerechnet, daß bei einer jährlichen Entnahme von 100 Millionen Tonnen Magnesium aus den Weltmeeren nach 1 Million Jahren die Konzentration an Magnesium von gegenwärtig 0,13% auf 0,12% gesunken sein würde.

[7] „Freie Energie" ist ein Begriff aus der Thermodynamik, mit dem jede Energieform bezeichnet wird, die quantitativ in eine andere Energieform umgewandelt werden kann. Somit sind elektrische Energie, chemische Energie und mechanische Energie Formen der freien Energie, weil sie ineinander umgewandelt werden können (theoretisch zu 100%), während Wärme eine minderwertigere Form ist, von der wir nur einen Teil als freie Energie nutzen können.

nächsten Schritt Magnesium spontan mit Brombenzol unter Entwicklung von Wärme und Bildung des Grignard-Reagenzes:

$$C_6H_5Br + Mg \xrightarrow[\text{Lösemittel}]{\text{Ether}} C_6H_5MgBr + \text{Wärme}$$

Wir hätten auch Chlorbenzol, C_6H_5Cl, verwenden können, das viel billiger ist als Brombenzol, aber mit Magnesium in Diethylether nur langsam reagiert; damit es schneller reagiert, benötigt man ein spezielles hochsiedendes Lösungsmittel, das Kipping nicht zur Verfügung stand. Das Grignard-Reagenz reagiert dann mit Siliciumtetrachlorid unter Ersatz eines der Chlor-Atome des $SiCl_4$ durch eine Phenylgruppe:

$$SiCl_4 + C_6H_5MgBr \xrightarrow{\text{Ether}} C_6H_5SiCl_3 + MgBrCl + \text{Wärme}$$

Woher haben wir aber das $SiCl_4$? Nun, dieses kann durch Chlorierung von Ferrosiliciumabfällen gewonnen worden sein, oder, was einfacher ist, durch direkte Chlorierung eines Gemischs unseres alten Bekannten Siliciumdioxid mit Holzkohle oder Koks:

$$SiO_2 + 2C + 4Cl_2 \xrightarrow{\text{Rotglut}} SiCl_4 + CO_2 + CCl_4$$

Siliciumtetrachlorid fällt auch als Nebenprodukt bei einigen anderen Verfahren an und ist deshalb nicht teuer. Sein Hauptnachteil als Ausgangsmaterial für Silicone ist, daß es nur 16% Silicium enthält, die restlichen 84% sind Chlor, das im Verlaufe des Verfahrens beseitigt werden muß, denn es taucht ja nicht im Produkt auf. Die Entsorgung so großer Mengen Chlor bietet heutzutage echte Probleme!

Phenyltrichlorsilan, $C_6H_5SiCl_3$, ist natürlich nicht das einzige Produkt, das aus der Reaktion von $SiCl_4$ mit dem Grignard-Reagenz hervorgeht. Es entstehen auch das Diphenyl-, Triphenyl- und sogar das Tetraphenylderivat in vorhersagbaren Mengen. Die Auftrennung dieses Gemischs erfolgt durch eine fraktionierte Destillation, die Siedepunkte liegen aber zum Glück soweit auseinander, daß sich die einzelnen Produkte gut trennen lassen. Das reine $C_6H_5SiCl_3$ kann dann im nächsten Reaktionsschritt eingesetzt werden, nämlich der Reaktion mit *Ethyl*magnesiumbromid (aus der Reaktion von Magnesium mit Ethylbromid, das seinerseits aus Ethylalkohol oder Ethylen hergestellt werden kann)

$$C_2H_5OH + HBr \longrightarrow C_2H_5Br + H_2O$$
oder aus $C_2H_4 + HBr \longrightarrow C_2H_5Br$

dann $C_2H_5Br + Mg \xrightarrow{\text{Ether}} C_2H_5MgBr + \text{Wärme}$

und dann Ersatz eines zweiten Chlor-Atoms am Silicium:

$C_6H_5SiCl_3 + C_2H_5MgBr \xrightarrow{\text{Ether}} (C_6H_5)(C_2H_5)SiCl_2 + MgBrCl$

Schließlich sind wir soweit, daß wir das Polymer von Hyde herstellen können:

$(C_6H_5)(C_2H_5)SiCl_2 + 2H_2O \longrightarrow (C_6H_5)(C_2H_5)Si(OH)_2 + 2HCl$

Zuletzt kondensieren wir das Silandiol unter Wasserabspaltung

$x(C_6H_5)(C_2H_5)Si(OH)_2 \xrightarrow{\text{Wärme}} [(C_6H_5)(C_2H_5)SiO]_x + xH_2O$

Das erhaltene Produkt besteht nicht ausschließlich aus linearem Polymer; es enthält auch das cyclische Trimer und Tetramer von Ethylphenylsilicon (in denen $x = 3$ oder 4 ist), aber diese müssen nicht abgetrennt werden. Das in der Hydrolyse anfallende HCl wird zurückgeführt und dient der Umwandlung von Magnesiumhydroxid in das Chlorid.

Aus all diesen Schritten geht hervor, daß die technische Darstellung von Ethylphenylsilicon zwangsläufig ein teures Verfahren ist, das neben den grundlegenden Reaktionen, die hier als Gleichungen angegeben sind, viele Destillations- und Reinigungsschritte umfaßt. Es kommt hinzu, daß mit großen Mengen an Ether gearbeitet wird und dieser Ether in reiner Form zurückgewonnen werden muß, um weitere Grignard-Reaktionen auszuführen. Wenn man bedenkt, daß Ether äußerst leicht entflammbar ist und dazu neigt, explosive Peroxide zu bilden, ist das geschilderte Verfahren insgesamt nicht nur sehr kostspielig, sondern auch gefährlich. Es wurden darum andere Ether und Lösungsmittelgemische auf ihre Eignung untersucht, außerdem wurden auch verfahrenstechnische Verbesserungen angebracht. Schließlich hatte man die Gefahren im Griff, und nach der Kipping-Methode hergestelltes Ethylphenylsilicon wurde verfügbar. Wenigstens bot das Verfahren den Vorteil, flexibel zu sein, es konnten nämlich in derselben Anlage auch andere Silicone hergestellt werden.

Hyde fand, daß sein lineares Ethylphenylsilicon-Polymer zu leichtflüssig war, um dauerhaft Glasfasern anzubinden; es fehlte eine Art Aushärtungsreaktion, durch die es nach dem Auftragen an Ort und Stelle erhärtete. Er fand bald heraus, wie das zu machen war. Die Phenylgruppen waren, wie sich herausstellte, wesentlich oxidationsbeständiger als die Ethylgruppen. Wenn daher das Polymer an der Luft auf 200 °C erhitzt wurde, wurden einige Ethylgruppen von der Siloxan-Kette aboxidiert und durch Sauerstoffatome ersetzt. Weil die neu eingeführten Sauerstoffatome sich mit zwei einzelnen Siliciumatomen verbinden mußten, bedeutete das, daß jedes neu hinzukommende Sauerstoffatom eine Brücke zwischen benachbarten Polymerketten bildete, wie

$$
\begin{array}{c@{\;}c@{\;}c@{\;}c@{\;}c}
 & C_6H_5 & & C_6H_5 & & C_6H_5 \\
 & | & & | & & | \\
- & Si & -O- & Si & -O- & Si- \\
 & | & & | & & | \\
 & C_2H_5 & & O^* & & C_2H_5 \\
 & & & | & & \\
 & C_6H_5 & & | & & C_6H_5 \\
 & | & & | & & | \\
- & Si & -O- & Si & -O- & Si- \\
 & | & & | & & | \\
 & C_2H_5 & & C_6H_5 & & C_2H_5 \\
\end{array}
$$

wo das mit einem Sternchen gekennzeichnete Sauerstoffatom die neue Brücke zwischen Siloxanketten darstellt. Leser, die sich in der Polymerchemie auskennen, erkennen in der Sauerstoffbrücke eine *Vernetzung*, ein Kunstgriff der Chemie, durch den wärmehärtbare Kunststoffe wie Bakelit (ein Phenol-Formaldehyd-Polymer) an Ort und Stelle aushärten und unschmelzbar und unlöslich werden[8].

Auch lufttrocknende Anstriche aus Leinöl (oder Tungöl oder einem ähnlichen trocknenden Öl) härten nach dem Auftragen aus, weil sich solche Sauerstoffbrücken ausbilden. Hyde wußte das alles, er wählte daher eine Arbeitsweise, die zu einem härtbaren Firnis führte: Er blies bei gerade der richtigen Temperatur solange Luft durch das heiße flüssige Ethylphenylsilicon, bis es soweit eingedickt war, daß es sich als Bindemittel für die Glasfasern eignete, und nach sorgfältiger Tränkung erhitzte er den gesamten Verbund solange an der Luft, bis durch Vernetzung das Silicon und die Glasfasern dauerhaft und unverrückbar miteinander verbunden waren. Er erhielt ein ausgehärtetes Verbundmaterial, daß den Verbundwerkstoffen aus Phenolharzen oder trocknenden Ölen weit überlegen war; es besaß eine gute Durchschlagsfestigkeit, niedrige dielektrische Verlusteigenschaften, und es vertrug langwährenden Dauerbetrieb bei mehr als 160 °C. Es wurde bekannt als Isoliermaterial der Klasse

---

[8] Siehe zum Beispiel das ausgezeichnete kleine Buch von Hans-Georg Elias „Große Moleküle", das 1985 im Springer-Verlag erschienen ist.

H (H für hohe Temperatur) mit einer oberen Temperaturgrenze von 180°C. Elektrische Geräte konnten kleiner und leichter ausgeführt werden, ohne an Betriebssicherheit bei höheren Temperaturen zu verlieren. Motoren und Generatoren herkömmlicher Größe würden andererseits bei Ausrüstung mit Glasfasern und Siliconfirnis eine wesentlich höhere Lebensdauer aufweisen. Das Silicon war zwar sehr teuer, bewährte sich aber dort bestens, wo es auf hohe Zuverlässigkeit ankam.

Hyde löste also das Problem der Isolierung mit Glasfasern, und die Corning Glass Werke konnten den Herstellern von elektrischen Geräten endlich große Mengen Fiberglas verkaufen und ihnen zeigen, wie es eingesetzt wurde. Der Leiter dieses Geschäftsbereichs vertrat die Auffassung, Corning sei in erster Linie ein Anbieter von Glasfasern und nicht so sehr an der Herstellung neuer und exotischer Bindemittel interessiert, darum wandte er sich 1938 an General Electric, an Westinghouse und an Allis-Chalmers (die drei größten amerikanischen Hersteller elektrischer Großgeräte) und informierte sie über die Ergebnisse Dr. Hydes. Er lud sie auch ein, sich bei Corning Muster des neuen Verbundwerkstoffs anzusehen. Er erhoffte sich von diesen Firmen, die mit den praktischen Isolierungsproblemen vertrauter waren, weitere Verbesserungen und eine rasche Übernahme der Fiberglastechnologie. Später machte seine Firma eine Kehrtwendung und beschloß, alle Rechte an der Entdeckung von Hyde zu behalten. Sie entschloß sich, die Forschungstätigkeit auf dem Gebiet der Siliconpolymere zu verstärken und in eigener Regie Herstellung und Verkauf dieser Werkstoffe aufzunehmen. Darum wandten sie sich an die Dow Chemical Company[9], die zu der Zeit der einzige amerikanische Magnesiumhersteller war, und schlugen ihr die Gründung einer gemeinsamen Firma vor, wodurch sie eine gleichbleibende Versorgung mit dem so wichtigen Magnesium zu kalkulierbaren Preisen sicherstellen wollten. So wurde die Dow-Corning Corporation geboren. Auch heute noch ist dieses Unternehmen der größte Siliconhersteller der Welt, allerdings nicht mehr aus dem eben erwähnten Grund. Im nächsten Abschnitt erfahren wir von einer Parallelentwicklung, die das gesamte Bild änderte.

---

[9] Zunächst wandten sich die Corning Glass Werke an die Du Pont Company, den amerikanischen Chemieriesen, und versuchten ihn für eine Zusammenarbeit auf dem Silicongebiet zu gewinnen, Du Pont lehnte aber ab, weil man dort mit vielen eigenen Neuentwicklungen vollauf beschäftigt war.

Der Beitrag der General Electric

Dreihundert Kilometer nordöstlich von Corning, im historischen Mohawk-Tal in der Mitte des Staates New York, liegt die Stadt Schenectady, wo Thomas Edison seine Fabrik für den Bau großer Gleichstromgeneratoren und -motoren errichtet hatte. Zuvor hatte sich dort bereits eine Lokomotivfabrik niedergelassen, und Edison ließ sich bei der Wahl dieses Standorts von seinem Interesse an elektrischen Antrieben leiten. Das Wort Schenectady kommt aus der Sprache der Mohawk-Indianer. Es bedeutet „Pfad durch die Kiefern" und bezieht sich auf den 25 km langen Pfad durch die Nadelwälder, über den die Indianer ihre Kanus und Pelzladungen auf dem Weg vom Mohawk-Fluß zum Hudson schleppten. Der Mohawk fließt von West nach Ost (als einziger Fluß in dieser Gegend), er ist darum die natürliche Wasserstraße von den großen Seen zum Hudson und von da aus weiter nach Süden zum Hafen von New York City. Die große Besonderheit des Mohawk besteht darin, daß er alle nordsüdlichen Gletschertäler (also die sich nordsüdlich erstreckenden Fingerseen) durchschneidet, und so fließt der Mohawk über eine Reihe von Wasserfällen in das Tal des Hudson. Die Indianer mußten ihre Kanus und Ladungen um die Wasserfälle herum auf dem Landwege befördern. Es ist eine malerische Landschaft.

Von jeher hatten enge und freundschaftliche Beziehungen zwischen der General Electric Company (die aus der Fabrik von Edison hervorgegangen war) und den Corning Glass Werken bestanden, wo die erstaunlichen Automaten erfunden worden waren, auf denen die Glaskolben für die Glühbirnen der General Electric geblasen wurden. Für Corning war es daher ganz natürlich, Chemiker der General Electric einzuladen, sich das Labor und die Arbeiten von Hyde anzusehen. Corning wußte nicht, daß mehr oder weniger ähnliche Forschungen auf einem Nachbargebiet der Siliconchemie im Forschungslaboratorium der General Electric unternommen wurden, wo man bereits seit dem Jahre 1901 über Isolierstoffe forschte. Denn schon fünf Jahre vor der Einladung von Corning zu einem Besuch in Hydes Labor hatte sich ein junger Chemiker der General Electric, der an der Cornell Universität ausgebildet worden war und dessen Name Winton Patnode war, in den Kopf gesetzt, daß organische Siliciumverbindungen die entscheidende Schlüsselrolle in der Entwicklung besserer elektrischer Isolierstoffe spielten. Die einzige ihm zugängliche Verbindung war Ethylsilicat, $(C_2H_5O)_4Si$, aus dem sich durch teilweise Hydrolyse in einem geeigneten Lösungsmittel ein Firnis jeder gewünschten Viskosität erhalten ließ. Patnode stellte alle erdenklichen Firnisse und Gele auf der Basis von Ethylsilicat her, erhielt aber keine einzige Substanz, die die strengen an Isoliermaterialien gestellten Normen erfüllen konnte. Später wandte er sich der Polyesterforschung zu; diese Forschungen führten zu dem sehr erfolgreichen Produkt der General Electric namens Glyptal, einem Kondensationsprodukt von Glycerin mit Phthalsäureanhydrid. Er wandelte dieses Polymer ab, indem er durch Verwendung des polyfunktionellen Siliciumtetrachlorids Silicium-Atome einführte. Er unternahm auch Versuche mit siliciumhaltigen Polyamiden (Nylon ist z. B. ein Polyamid) und korrespondierte mit seinem Mentor an der Cornell-Universität, Professor L. M. Dennis, über die von ihm ausgeführten Reaktionen. Patnode war daher sehr an Informationen von Corning interessiert und nahm an dem Besuch bei Hyde im Jahre 1938 teil. Er sah jedoch keine Veranlassung für die Wiederholung der Arbeit von Hyde bei General Electric; er nahm an, daß dessen Siliconpolymer über kurz oder lang bei Corning oder einem Lizenznehmer erhältlich sein würde. Stattdessen sprach er mit einem Freund in der Keramikabteilung des Labors von General Electric über das Produkt von Hyde und meinte, es könne interessant sein, über das Ethylphenylsilicon hinauszugehen und nach etwas Besserem zu suchen – der nächste Schritt sozusagen.

Von hier an ist der Autor persönlich betroffen, und es wird mühsam, die Ereignisse in der sonst üblichen dritten Person wiederzugeben. Das freundliche Verständnis des Lesers voraussetzend, soll der Rest dieses Abschnitts aus einem persönlichen Bericht bestehen.

Der Freund in der Keramikabteilung, an den sich Patnode wandte, war ich. Ich war fünf Jahre jünger als er, hatte vor erst zweieinhalb Jahren die Universität verlassen und war mehr oder weniger ein Neuling in der General Electric Company. Ich war als Anorganiker ausgebildet worden und besaß einige Erfahrungen in der Organometallchemie; bei General Electric beschäftigte ich mich mit Isoliermaterialien für *sehr* hohe Temperaturen, das heißt für den Einsatz bei 900 oder 1000 °C. Der Werkstoff, der die beste Kombination von hoher Wärmeleitfähigkeit aber sehr niedriger elektrischer Leitfähigkeit aufwies und außerdem bearbeitet und geformt werden konnte, war erschmolzenes kristallines Magnesiumoxid MgO. Die Experimente bestanden in der Hauptsache darin, Ansätze von 5 kg des reinsten MgO, das man bekommen konnte, in einem Lichtbogenofen bei 3000 °C (MgO schmilzt bei 2800 °C!) aufzuschmelzen und durch Zugabe abgemessener Mengen an Verunreinigungen wie CaO, BeO, Al_2O_3 und SiO_2 deren Einfluß auf die elektrischen Eigenschaften der gepulverten Schmelze zu untersuchen. Um die Meßdaten zu den Eigenschaften der reinen Oxide in Beziehung zu setzen, maß ich den Widerstand von Einkristallen von Periklas (MgO), Saphir (Al_2O_3) und Quarz (SiO_2) bei Temperaturen von 200 bis 1200°C. Die Arbeit war sehr interessant und erfüllte mich mit mitleidiger Herablassung gegenüber den armseligen organischen Isolierstoffen, die nur 105 oder 130°C aushalten konnten. Als mir darum Patnode von Ethylphenylsilicon erzählte, entgegnete ich spontan „Warum ist soviel organischer Dreck darin? Aus seinen Kohlenstoff-Kohlenstoff-Bindungen bildet sich doch leitfähiger Kohlenstoff zwischen den Drähten, wenn das Gerät überlastet wird oder eine Panne auftritt!" Aus all diesen verschiedenen Gründen war ich der Meinung Patnodes, daß es wenig Sinn hatte, die Arbeiten von Hyde zu wiederholen. Etwas Neueres und Besseres war gefragt.

Ich war zu der Zeit mit verschiedenen anorganisch-chemischen Problemen beschäftigt, grübelte daneben aber auch ständig über die Polyester von Patnode und das Silicon von Hyde. Die Fragen und Antworten sahen etwa so aus:

(F) Was will man eigentlich haben?
(A) Ein *biegsames* anorganisches Isolationsmaterial, das im Betrieb mindestens 200 oder 300°C aushält.
(F) Wie groß sind die Aussichten, daß es rein anorganisch ist?
(A) Praktisch null.
(F) Wenn wir also wohl oder übel den Feind in unser Lager hineinlassen müssen, in welcher Form hätte das dann zu geschehen?
(A) Das Material dürfte nur ein absolutes Minimum an organischen Anteilen enthalten, ohne Kohlenstoff-Kohlenstoff-Bindungen, damit im Motor kein leitfähiger Rückstand, etwa in der Art von C-C-C-C-C, gebildet werden kann.
(F) Wie sollten diese so widerwillig und nur wegen der Biegsamkeit akzeptierten organischen Gruppen mit dem anorganischen Grundgerüst dieses imaginären neuen Polymers verknüpft sein?
(A) Durch direkte Kohlenstoff-Metall-Bindungen und nicht über Sauerstoff (wie in den Estern von Patnode), weil sie sonst bei Anwesenheit von Feuchtigkeit unweigerlich hydrolysieren.
(F) Was wäre wohl das beste Metall für das „Rückgrat" des Polymers?
(A) Weil wir es mit Kohlenstoff-Metall-Bindungen zu tun haben, vermutlich Silicium, denn seine Alkylverbindungen, zum Beispiel $(CH_3)_4Si$, sind thermisch stabil und reagieren im Bereich

von 200–300 °C nicht mit Wasser oder Luft. Eisen und die anderen Übergangsmetalle kommen nicht in Frage, weil sie keine Organometallverbindungen bilden[10].

Die Alkyle aktiver Metalle wie Zink und Magnesium sind so reaktionsfähig, daß sie sich an der Luft spontan entzünden. Die Schwermetalle kommen nicht in Frage; sie sind giftig, und ihre Oxide sind meistens instabil.

Daraus ergaben sich folgende Schlußfolgerungen:

1. Man sollte bei Siloxanen bleiben *aber*
2. es sollten möglichst wenige organische Gruppen am Silicium hängen, und diese sollten so klein wie möglich sein und
3. die Struktur sollte keinerlei Kohlenstoff-Kohlenstoff-Bindungen enthalten.
4. Alle Überlegungen führen somit zu einem *Methyl*silicon, das ein Minimum an Kohlenstoff und Wasserstoff enthält und keine Kohlenstoff-Kohlenstoff-Bindungen aufweist. Vorzugsweise sollte es ein vernetztes Methylsilicon sein, dessen Gehalt an C und H noch niedriger ist und das wegen seiner Vernetzung auch da bleibt, wo es hin soll.
5. Ein vernetztes Methylsilicon ist aber nicht bekannt, und die chemische Literatur enthält keine Hinweise zu seiner Darstellung. Es ist also ein völlig imaginäres Polymer mit gänzlich unbekannten Eigenschaften!
6. Na und? Machen wir uns an die Arbeit und stellen es her!

Ich übergehe die Schwierigkeiten, die mit der Herstellung und der Anwendung von Methylmagnesiumchlorid verbunden waren. Die Bemerkung möge genügen, daß das Ziel von Schlußfolgerung 4 auf zwei Wegen erreicht werden kann: (a) Die Anzahl der Methylgruppen pro Siliciumatom kann in etwa durch geeignete Wahl der Mengenverhältnisse von $SiCl_4$ und Methylgrignard-Reagenz und nachfolgende Hydrolyse des Reaktionsgemischs eingestellt werden oder (b) die verschiedenen Methylchlorsilane $(CH_3)_xSiCl_{4-x}$ werden getrennt über Grignard-Reaktionen rein hergestellt und dann in den gewünschten Mengenverhältnissen zusammengegeben, das angestrebte Methyl/Silicium-Verhältnis ergibt sich dann aus der sich anschließenden Cohydrolyse. Bei der ersten Methode spielt es keine

---

[10] Das behauptete damals die größte Kapazität und hatte Unrecht damit, denn viele Jahre später gelang ja die Entdeckung des Ferrocens und des Dibenzolchroms.

Rolle, ob für die Grignard-Reaktionen Methylchlorid oder Methylbromid verwandt wird, denn alle Halogenatome werden am Ende durch die Hydrolyse entfernt und erscheinen nicht im Produkt. Methylbromid ist viel reaktionsfähiger als das Chlorid, und Methylmagnesiumbromid ist besser in Ether löslich als das Chlorid, die bequemste Reaktionsabfolge ist also

1. $CH_3Br + Mg \xrightarrow{\text{Ether}} CH_3MgBr$
2. $3CH_3MgBr + 2SiCl_4 \xrightarrow{\text{Ether}} (CH_3)_2SiCl_2 + CH_3SiCl_3 + 3MgBrCl$
3. Das ganze Reaktionsgemisch wird langsam in Eiswasser eingegossen, wodurch alles hydrolysiert wird:

   $(CH_3)_2SiCl_2 + 2H_2O \longrightarrow (CH_3)_2Si(OH)_2 + 2HCl$
   $CH_3SiCl_3 + 3H_2O \longrightarrow CH_3Si(OH)_3 + 3HCl$
4. Die sich bildenden Silanole (SiOH-Verbindungen) kondensieren zu einem vernetzten Methylsilicon:

$$(CH_3)_2Si(OH)_2 + CH_3Si(OH)_3 \longrightarrow \begin{array}{c} CH_3 \quad\; O- \\ | \qquad\; | \\ HO-Si-O-Si-O- \\ | \qquad\; | \\ CH_3 \quad CH_3 \end{array} \text{(als Polymer)}$$

Die Reaktionen laufen nicht so einfach ab, wie man aufgrund der oben stehenden Gleichung meinen möchte. Jedes hinzutretende Molekül von CH_3MgBr kann mit $SiCl_4$ oder CH_3SiCl_3 oder $(CH_3)_2SiCl_2$ oder sogar $(CH_3)_3SiCl$ reagieren, je nachdem, welches Chlorsilan ihm zuerst in den Weg kommt. Das Ergebnis kann mit Hilfe der Wahrscheinlichkeitstheorie berechnet werden, weil chemische Reaktionen dieser Art aber niemals vollständig ablaufen oder 100% Ausbeute liefern, kann man sich über das *tatsächliche* mittlere CH_3/Si-Verhältnis im Endprodukt nur durch eine chemische Analyse des Produkts Gewißheit verschaffen. Der Siliciumgehalt in den Produkten störte bei den üblichen Verbrennungsmethoden zur Analyse organischer Substanzen, darum mußte eine Spezialapparatur zur Bestimmung der Mengenanteile an Kohlenstoff, Wasserstoff, Silicium und Sauerstoff (aus der Differenz) in *ein und derselben Probe* ersonnen werden.

Die CH_3/Si-Verhältnisse in Tabelle 4.1 sind die wirklichen analytisch ermittelten Verhältnisse und nicht die Verhältnisse der in den Synthesen benutzten Ausgangsstoffe. Die Tabelle macht auch

Tabelle 4.1. Nach Methode (a) erstmals dargestellte vernetzte Methylsilicone

CH_3/Si-Verhältnis	Eigenschaften
1,0 bis 1,3	Klebrige sirupöse Flüssigkeiten, die bei Erwärmen in unlösliche Harze und bei 150 bis 200°C schließlich in spröde Gläser übergehen.
1,3 bis 1,5	Farblose ölige Flüssigkeiten, ihre Viskosität nimmt bei Erwärmen auf 100°C zu, sie gelieren zwischen 150 bis 200°C und härten zu transparenten hornartigen Harzen aus, wenn sie längere Zeit auf 200°C gehalten werden.
1,5 bis 1,9	Flüchtige klare Flüssigkeiten, die, wenn man sie mehrere Stunden lang auf 200°C erwärmt, in weiche gummiartige Gele übergehen. Fortgesetztes Erwärmen auf 200°C über mehrere Wochen führte zur Versprödung der Gele.

Angaben zu den Eigenschaften der neuen nach Methode (a) gewonnenen Methylsiliconpolymere.

Die Harze mit CH_3/Si-Verhältnissen von 1,3 bis 1,5 schienen als mögliche Ausgangssubstanzen für glasfaserverstärkte elektrische Isoliermaterialien interessant zu sein, sie wurden darum näher untersucht. Die zunächst flüssigen Produkte waren löslich in Kohlenwasserstoffen und einfachen Alkoholen und ergaben eine Art Firnis. Nach dem Verdampfen des Lösungsmittels und Erwärmen auf 100 bis 150°C erhielt man ein teilweise unlösliches und unschmelzbares Gel, das bei 200°C hart wurde und jetzt vollständig unlöslich und unschmelzbar war. Die thermische Stabilität war bemerkenswert: Proben, die 16 Stunden lang im Vakuum auf 550°C erhitzt wurden, blieben bis auf eine leichte Verfärbung unverändert. Eine Probe, die *ein Jahr lang* an der Luft auf 200°C gehalten wurde, blieb transparent und unverändert, weder verkohlte sie noch oxidierte sie oder wurde in irgendeiner Weise angegriffen. Bei 300°C oxidierte sie langsam an der Luft und überzog sich äußerlich mit einer Haut aus Siliciumdioxid. Bei 400°C an der Luft wurde die Probe innerhalb weniger Stunden durch Oxidation zerstört. Es gab damals kein organisches Harz oder organischen Firnis mit einer auch nur annähernd so hohen Oxidationsbeständigkeit; auch heute noch, 50 Jahre später, beherrschen die Siliconpolymere das Gebiet der

Tabelle 4.2. Eigenschaften der ersten Methylsiliconharze, 1938–1939

	R_1	R_2	R_3	R_4
CH_3/Si-Verhältnis aus den Mengenanteilen der Ausgangsstoffe	1,2	1,3	1,4	1,5
Härtungstemperatur [°C]	100	120	141	100
Zeit bis zur Erhärtung bei der Temperatur [h]	2	1,5	4	24
% C	20,28	22,30	23,45	25,0
% H	6,11	7,70	7,60	6,5
% Si	40,59	39,0	38,85	39,0
% O aus der Differenz	33,02	31,0	31,1	29,5
CH_3Si gefunden	1,17	1,34	1,41	1,50
Dichte [g/cm³]	1,20	1,15	1,08	1,06
Brechungsindex	1,425	1,422	1,421	1,418

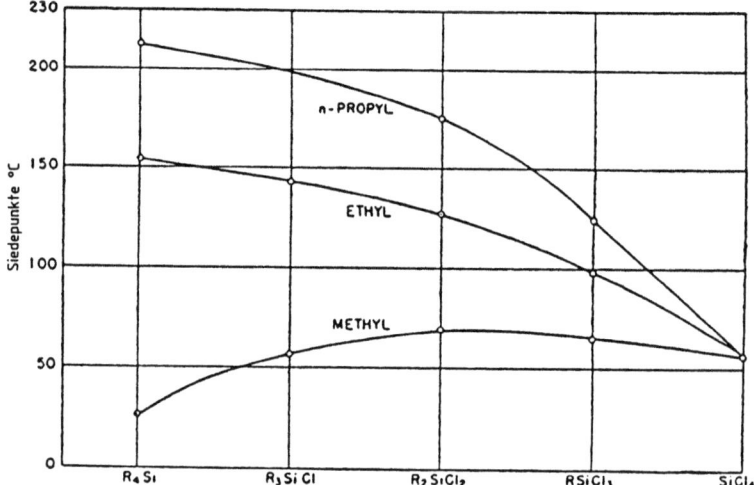

Abb. 4.1. Änderung der Siedepunkte von Siliciumverbindungen bei allmählichem Ersatz der Chlor-Atome durch Alkylgruppen

Tabelle 4.3. Vergleich der nach verschiedenen Methoden gewonnenen ersten Methylsiliconharze

	Herstellung über die Regelung der Mengen der Ausgangsstoffe	Herstellung durch Cohydrolyse der reinen Silane
Analytisch gefundenes CH_3/Si-Verhältnis	1,34	1,34
Aus der Analyse erhaltene empirische Formel	$(CH_3)_{1,34}SiO_{1,32}$	$(CH_3)_{1,34}SiO_{1,40}$
Aussehen	farbloses hornartiges Harz	ebenso
Dichte [g/cm^3]	1,19	1,15
Brechungsindex	1,423	1,422

Isolierung bei hohen Temperaturen. Verbundmaterialien mit Glasfasern bilden die Klasse H und sind für Dauerbetrieb bei 180 °C zugelassen. Tabelle 4.2 macht weitere Angaben zu den Eigenschaften der ersten Methylsiliconpolymere.

Die Herstellung von Methylsiliconharzen nach Methode (b) durch Cohydrolyse von Gemischen reiner Methylchlorsilane erwies sich als weitaus schwieriger. Zunächst einmal waren ja die drei Methylchlorsilane unbekannt, sie mußten also hergestellt und charakterisiert werden. Zweitens konnte kein Methylmagnesiumbromid eingesetzt werden, weil durch Halogenaustausch ein heillos kompliziertes Gemisch von neun Halogensilanen entstand, das nicht aufgetrennt werden konnte. Es mußte von dem wesentlich schwieriger herzustellenden CH_3MgCl ausgegangen werden. Drittens stellte sich heraus, daß die drei Methylchlorsilane anomale Siedepunkte hatten (siehe Abbildung 4.1); alle anderen Alkyl- und Arylchlorsilane zeigen normales Verhalten mit Siedepunkten, die erwartungsgemäß zwischen denen von $SiCl_4$ und R_4Si liegen, nicht so die Methylchlorsilane. Es stellte sich heraus, daß CH_3SiCl_3 bei 65,7 °C siedet, $(CH_3)_2SiCl_2$ bei 70,0 °C, $(CH_3)_3SiCl$ bei 57,3 °C, $(CH_3)_4Si$ bei 26,5 °C und $SiCl_4$ bei 57,6 °C. Außerdem bilden $(CH_3)_3SiCl$ und $SiCl_4$ ein Azeotrop, die Trennung durch Destillation war daher außergewöhnlich schwierig und erforderte aufwendige Destillationskolonnen und sehr hohe Rückflußverhältnisse. Nachdem meinem unermüdlichen Kollegen William F. Gilliam endlich die Auftrennung und Reindarstellung gelungen war, wurden die Methylchlorsilane in den gewünschten Mengenverhältnissen miteinander vermischt, in Ether aufgelöst und in Eiswasser cohydrolysiert. Die so erhaltenen Lösungen der Kondensationsprodukte wurden durch Abziehen des Ethers und anschließendes Erwärmen der Produkte aufgearbeitet. Es resultierten Methylsiliconharze die mit den nach Methode (a) gewonnenen praktisch identisch waren, wie Tabelle 4.3 zeigt.

Diese Ergebnisse wurden veröffentlicht und Patentanmeldungen für die Methylsiliconpolymere und ihre entsprechenden Methylphenylderivate als neue Stoffe eingereicht. Die Corning Glass Werke hatten, wie schon erwähnt, ihre Politik geändert, und so kam es wegen dieser neuen Entwicklungen unvermeidlich zum Konflikt mit der General Electric Company, und Corning klagte wegen Patentverletzung. Die Fälle wurden mit drei anderen ähnlichen vereinigt und mündeten in einen langwierigen Patentstreit. General Electric gewann in allen fünf Einzelfällen und konnte daher frei über seine Methylsilicone verfügen[11].

Der russische Beitrag

Genau wie in Deutschland und in England hat auch in der Sowjetunion die Organosiliciumchemie eine lange Vergangenheit. Ausgangspunkt sind die 1931 erschienenen Arbeiten von Dolgov über neue Organosiliciumverbindungen, und die von ihm 1933 veröffentlichte umfassende Bestandsaufnahme des Gebiets. Das Interesse der Russen wurde nach und nach intensiver und ganz plötzlich lebhaft, als 1938 Kuzma Andrianovich Andrianov die Szene betrat. Andrianov verfügte über lange Erfahrungen mit elektrischen Großanlagen und ein tiefreichendes Verständnis für Fragen der elektrischen Isolierung, darum glaubte auch er, daß organische Siliciumverbindungen logischerweise hier eine Rolle

---

[11] Die Entscheidungen des U.S. Court of Patent Appeals wurden in U.S. Patents Quarterly veröffentlicht, die erste davon in Band 73, Seite 534 (1947). Die ausführlichen dort abgedruckten Zeugenaussagen in den einzelnen Fällen bilden eine eingehende und interessante (aber selten gelesene) geschichtliche Darstellung der frühen Aktivitäten auf dem Silicongebiet in den USA.

spielen könnten. Als Direktor des Instituts für elementorganische Verbindungen in Moskau leitete er die dortigen Forschungsarbeiten, die zu einer gewaltigen Zahl von Veröffentlichungen, insgesamt 276, führten und von denen viele sich mit Fragen der Isolation elektrischer Schwermaschinen mit silicongebundenen anorganischen Stoffen beschäftigten. Er entwickelte Methoden für die Einführung von Aluminium und Titan in Organosiloxane und erreichte dadurch deutliche Verbesserungen der thermischen Stabilität des Verbundmaterials. Mit seinem heiteren und geselligen Wesen spielte er eine herausragende Rolle bei dem internationalen Austausch wissenschaftlicher Informationen und war Gastgeber auf dem vierten internationalen Symposium über Organosiliciumchemie in Moskau im Jahre 1975. Dank seiner Förderung und Unterstützung entstanden in Prag, Dresden, Budapest und anderen wissenschaftlichen Zentren in Mitteleuropa Forschungsschwerpunkte auf dem Gebiet der Chemie der Organosiliciumverbindungen. Ihre Beiträge sollen in späteren Kapiteln gewürdigt werden.

Der Beitrag von Union Carbide

Eine sehr viel spätere Entwicklung begann mit der Entdeckung von Charles A. Burkhard und Robert H. Krieble bei General Electric im Jahre 1947: Trichlorsilan, $HSiCl_3$ (eine leicht flüchtige Flüssigkeit, die bei 31,8 °C siedet), läßt sich an die Doppelbindung von Penten oder Cyclohexen addieren, wenn diese Substanzen unter hohem Druck in einem Autoklaven erhitzt werden. Fast gleichzeitig fanden Leo H. Sommer und E. W. Pietrusza an der Pennsylvania State Universität heraus, daß man auf hohen Druck verzichten konnte, wenn Diacetylperoxid als Katalysator zugesetzt wurde. Zum Beispiel addiert Trichlorsilan glatt an 1-Octen, $C_6H_{13}CH=CH_2$, unter Bildung von Octyltrichlorsilan, in dem die Octylgruppe über eine Kohlenstoff-Silicium-Bindung direkt an Silicium gebunden ist:

$$C_6H_{13}-CH=CH_2 + HSiCl_3 \xrightarrow{(CH_3COO)_2} C_6H_{13}CH_2CH_2SiCl_3$$

Dies ist offenbar ein einfacher Weg zur Herstellung von Organosiliciumverbindungen, der ohne andere Organometallverbindungen auskommt und darum von Bedeutung für die Herstellung von Siliconen sein sollte.

Die Union Carbide Company hat in den USA lange Zeit eine

Spitzenstellung in der Alken- und Alkin-Chemie eingenommen und hat mit ihrer hochentwickelten Technologie tausende von wertvollen Produkten aus Acetylen hergestellt. Es war daher ganz natürlich, daß sie sich der Addition von Si-H-Verbindungen an Acetylen zuwandte, weil sie so ihre Produktpalette von Organosiliciumverbindungen vergrößern und von diesen aus in die Herstellung von Siliconpolymeren einsteigen konnte. Möglichst einfach dargestellt sieht das so aus:

$HC \equiv CH$ + $HSiCl_3$ ⟶ $H_2C=CHSiCl_3$
Acetylen und Trichlorsilan Vinyltrichlorsilan

$H_2C=CH_2$ + $HSiCl_3$ ⟶ $C_2H_5SiCl_3$
Ethylen Trichlorsilan Ethyltrichlorsilan

Es leuchtet ein, daß bei Verwendung von Dichlorsilan, H_2SiCl_2, dieses *zwei* Moleküle Ethylen unter Bildung von *Di*ethyldichlorsilan addieren kann:

$2H_2C=CH_2 + H_2SiCl_2$ ⟶ $(C_2H_5)_2SiCl_2$

Dieses kann zum Diol hydrolysiert

$(C_2H_5)_2SiCl_2 + 2H_2O$ ⟶ $(C_2H_5)_2Si(OH)_2 + 2HCl$

und durch Erhitzen zum Ethylsilicon kondensiert werden:

$x(C_2H_5)_2Si(OH)_2$ ⟶ $[-(C_2H_5)_2SiO-]_x$-Polymer + H_2O

Hier tut sich ein Weg zur Herstellung von Ethylsilicon auf, der ohne die Grignard-Reaktion oder die üblichen mühseligen Reaktionen auskommt. Leider kann auf diese Weise kein *Methyl*silicon hergestellt werden, weil ja für eine C=C-Bindung zwei Kohlenstoff-Atome erforderlich sind. Nur Ethyl-, Propyl-, Butyl-, Cyclohexyl- und andere höhere Alkylsilicone lassen sich mit dieser Additionsreaktion herstellen. Ebenso bedauerlich ist, daß diese höheren Alkylsilicone oberhalb von 120°C an der Luft schnell oxidiert werden, und selbst Ethylsilicon kann Methylsilicon in keiner Weise das Wasser reichen, weil die Ethylgruppen schon bei 150°C oxidiert werden. Dies ist einer der Gründe dafür, daß Methylsilicon in der praktischen Anwendung schnell eine beherrschende Position erlangte, die anderen Gründe sind die, daß es einzigartige physikalische Eigenschaften besitzt, die es mit keinem anderen Werkstoff teilt, und daß es bei Überhitzung nicht verkohlt.

Union Carbide konnte also nicht über die Silan-Addition in den Wettlauf um Methylsilicone einsteigen, aber etwas anderes konnten die Experten von Union Carbide machen, was sehr wertvoll war: Durch Addition von SiH-Gruppen an Acetylen konnten sie, wie oben gezeigt, *Vinyl*verbindungen des Siliciums herstellen. Vinylgruppen sind ungesättigt und allen Reaktionen der Olefinchemie einschließlich der Polymerisation durch Addition zugänglich. Sie eröffnen daher die Möglichkeit, Siloxan-Ketten durch Vinyl-Vinyl-Polymerisation zu vernetzen und eine Vinylsiloxankette mit einer anderen Siloxankette, die Si-H-Gruppen trägt, durch einfache Addition zu verknüpfen. Vinylsiloxane und Vinylchlorsilane erwiesen sich auch noch in anderer Hinsicht als sehr nützlich: Sie können sich fest an Glasfasern heften und diese so vorbehandelten Glasfasern *dann* dauerhaft mit einer organischen Matrix, z. B. einem Phenol- oder einem Epoxidharz, verbinden. Dies ermöglicht den Bau von glasfaserverstärkten Booten, die Herstellung von Angelruten, Tennisschlägern und einer Fülle moderner Gebrauchsgegenstände – außerdem sind sie sehr wertvoll für die elektrische Industrie und das Baugewerbe. Union Carbide hat aus diesen exotischen Organosiliciumverbindungen ein Spezialitätengeschäft entwickelt. Außerdem stellt das Unternehmen auch die eher prosaischen Siliconpolymere nach einer anderen Methode her, für die es eine Lizenz genommen hat. Von der „anderen" Methode soll im nächsten Kapitel die Rede sein.

5 Magnesium kommt aufs Altenteil

Weniger Abfall, weniger Energieverbrauch

Als Teil der Entwicklungsgeschichte der Silicone haben wir in den letzten beiden Kapiteln relativ ausführlich die Kipping-Grignard-Methode zur Herstellung von Siliconpolymeren kennengelernt. Die Methode macht jeden angehenden Hersteller von Siliconen aber von der Magnesiumversorgung abhängig, weil das Organomagnesiumhalogenid die zentrale Rolle bei der Verknüpfung von Methyl oder anderen organischen Gruppen mit Silicium spielt. Wegen des großen Vorrats an freier Energie, der in metallischem Magnesium steckt, laufen die Folgereaktionen bis zu Ende. Wie wir gesehen haben, läuft jede Reaktion in der Reaktionskette unter Freisetzung von Wärme ab, weil die freie chemische Energie zunächst ihre chemische Arbeit verrichtet und der Überschuß in minderwertige Wärmeenergie umgewandelt wird. Magnesium ist daher zugleich ein traditionelles Synthesereagenz und eine Quelle für freie Energie, mit der die gesamte Reaktionsabfolge nach Kipping und Grignard angetrieben wird.

Wir wollen die Einzelschritte in Form vereinfachter Gleichungen untereinander schreiben und dann die ganze Kipping-Grignard-Methode in einer Gesamtgleichung zusammenfassen. Zunächst also die Herstellung von Magnesium.

$$MgCl_2 \xrightarrow{\text{Elektrolyse}} Mg + Cl_2,$$

dann die Bildung von Siliciumtetrachlorid

$$SiO_2 + 2C + 2Cl_2 \longrightarrow SiCl_4 + 2CO,$$

es folgt die Herstellung von Methylchlorid, entweder über die unwirtschaftliche Chlorierung von Methan aus Erdgas

$$CH_4 + Cl_2 \longrightarrow CH_3Cl + HCl$$

oder über den eleganteren Weg über Methanol aus Kohle und Wasserdampf

$$C + H_2O \xrightarrow{\text{bei Rotglut}} CO + H_2$$
$$CO + 3H_2 \longrightarrow CH_3OH$$
$$CH_3OH + HCl \longrightarrow CH_3Cl + H_2O$$

und schließlich

$$CH_3Cl + Mg \xrightarrow{\text{Ether}} CH_3MgCl$$
$$2CH_3MgCl + SiCl_4 \longrightarrow (CH_3)_2SiCl_2 + 2MgCl_2$$
$$(CH_3)_2SiCl_2 + H_2O \longrightarrow [(CH_3)_2SiO]_{polymer} + 2HCl$$

Hier wird HCl in das Verfahren zurückgeführt und weiteres Methylchlorid daraus hergestellt. Wir fassen jetzt diese Schritte in einer Gesamtgleichung zusammen und schreiben die jeweiligen Atom- oder Molekülmassen dazu[1]:

$$SiO_2 + 2C + 2CH_4 + 4Cl_2 + 2Mg + H_2O \longrightarrow$$
60   24   32   284   48,6   18

$$[(CH_3)_2SiO] + 2MgCl_2 + 4HCl + 2CO$$
74   191   146   56

Es fällt auf, daß Chlor und Magnesium nicht im Produkt auftauchen, andererseits wiegen sie 4,5mal soviel wie das gewünschte Methylsilicon. Sie sind lediglich Hilfsmittel, die nur darum in den Herstellungsgang eingeführt wurden, weil uns kein anderer Weg zur Ausführung der Synthese bekannt ist (oder damals bekannt war). Sie sind zudem ein ärgerliches Abfallprodukt des Verfahrens, weil für jeweils 74 kg Methylsilicon 337 kg Chlor und Magnesium (in Form von $MgCl_2$ und HCl) entsorgt werden müssen.

Wirtschaftlich sinnvoll ist das Kipping-Grignard-Verfahren offenbar nur dann, wenn Magnesium und Chlor wiedergewonnen und erneut eingesetzt werden können. Das erfordert aber einen weiteren großen Aufwand an freier Energie. Auch die verwendeten Lösungsmittel sind problematisch, denn auch sie müssen zurückgewonnen werden. Schließlich ist $SiCl_4$ mit seinen nur 16% Silicium kein besonders günstiges Ausgangsmaterial für die Gewinnung von Siliconen. Je länger man sich mit der Kipping-Grignard-Methode befaßt, umso weniger scheint sie sich für die technische Herstellung

---

[1] Diese Massen beziehen sich entweder auf einzelne Atome oder Moleküle und sind dann ganze Vielfache einer Atommasseneinheit, oder man verwendet für praktische Zwecke zahlenmäßig gleiche Gramm-, Kilogramm- oder Tonnen-Mengen, die Vielfache der Stoffmengeneinheit 1 mol darstellen.

zu eignen. Wegen ihrer Anpassungsfähigkeit und erwiesenen Brauchbarkeit behauptet sie ihren Platz im Laboratorium, sie ist im großen Maßstab aber unwirtschaftlich.

Die Situation wird keineswegs dadurch besser, daß Magnesium durch ein anderes aktives Metall, zum Beispiel Natrium, ersetzt wird. Durch Kondensation mit Natrium (Wurtz-Reaktion) könnte man in der Tat CH_3Cl mit $SiCl_4$ kuppeln, der Aufwand bleibt aber der gleiche, weil Natrium ebenfalls durch Elektrolyse hergestellt werden muß und dabei fast der gleiche Aufwand an freier Energie nötig ist. Das gleiche gilt für Aluminium – falls jemand auf den Gedanken kommen sollte, intermediäre Organoaluminiumreagenzien herzustellen. Die grundsätzliche Schwierigkeit liegt eben darin, daß man die eine Organometallverbindung aus einer anderen herstellen will und keinen direkteren Weg kennt.

Diese Überlegungen führten dazu, daß die General Electric Company sich nicht entschließen konnte, ihr neues Methylsilicon trotz seiner hervorragenden Eigenschaften nach der Kipping-Grignard-Methode herzustellen. Das Material würde für elektrotechnische Anwendungen im großen Maßstab einfach zu teuer sein. Die ganze Angelegenheit wurde durch die Gründung des Gemeinschaftsunternehmens Dow Corning Corporation wesentlich verschlimmert, denn das bedeutete, daß Dow Corning seine Bezugsquelle für Magnesium im Hause hatte und dadurch gegenüber jedem Konkurrenten, der nach der Kipping-Grignard-Methode arbeitete, einen Wettbewerbsvorteil besaß. In der Tat gab es in den USA keine andere Möglichkeit, Magnesium zu erhalten; Dow kontrollierte den gesamten Markt. Die Lage sah trostlos aus, und bei General Electric wurde das Methylsiliconprojekt auf unbestimmte Zeit vertagt. Die Wiederbelebung konnte nur gelingen, wenn eine andere Produktionsmethode gefunden werden konnte, eine gänzlich neue und revolutionäre Methode, die ohne die Hilfe von Organometallverbindungen auskam. In der chemischen Literatur gab es eine solche Methode nicht.

Die Geburt der Direktsynthese

Die Geschichte muß jetzt wieder in der Ich-Form fortgesetzt werden, weil ich die Aufgabe hatte, eine Methode für die Herstellung meines neuen Polymers aufzufinden. Hatte ich keinen Erfolg, waren Projekt und Produkt gestorben. Die chemische Abteilung des Forschungslaboratoriums der General Electric hatte das Projekt bereits als hoffnungslos fallen gelassen.

Ich war in der Keramikabteilung und als keramischer Chemiker immer noch mit Arbeiten über Isolation bei sehr hohen Temperaturen sowie einem halben Dutzend anderer Projekte beschäftigt. Glücklicherweise war Dr. Louis Navias Leiter dieser Abteilung, und er sorgte dafür, daß ich etwa 10% meiner Arbeitszeit darauf verwenden konnte, ein paar Ideen auszuprobieren, die vielleicht das Siliconprojekt retten konnten. Das geschah aus reinem Entgegenkommen, denn in jenen Jahren der Weltwirtschaftskrise galt das Prinzip „*Produzieren* oder *untergehen*". Die Forscher mußten sehr sparsam und vorsichtig sein, damit sie nicht wegen ungenügender praktischer Ergebnisse ihre Stellung verloren.

Fast ein Jahr lang probierte ich alles nur Erdenkliche aus, egal wie exotisch es aussah. Ich versuchte es sogar mit Hochspannungslichtbögen zwischen Siliciumelektroden in einer Methylchloridatmosphäre. Nichts funktionierte. Ich beschloß, noch einmal ganz unten anzufangen. Das brachte mich zurück zu Alfred Stock. Stock war 1932 als George Fisher Baker Visiting Lecturer und Gastprofessor an der Cornell-Universität, wo er ein Semester lang Vorlesungen über die Hydride von Bor und Silicium hielt. Ich war zu der Zeit ein fortgeschrittener Student und wurde dazu ausersehen, seinen persönlichen Assistenten zu spielen. Ich baute seine Vorlesungsversuche auf und führte sie aus, projizierte seine Dias und zeichnete die Diagramme für das Buch, das er dort schrieb[2], darum war ich mit seinen Ansichten und Vorstellungen vertraut.

Erinnerungen an Alfred Stock

Alfred Stock war ein würdevoller etwas trockener Mensch, der sich seiner Familie und seiner Arbeit widmete. Zur Zeit seiner Gastvorlesungen in Cornell war er 56 Jahre alt, hoch angesehen in Kreisen der deutschen Wissenschaft und eine in der ganzen Welt anerkannte Autorität auf dem Gebiet der anorganischen Chemie. Er war damals schon ein Mensch fester Gewohnheiten und an seine Privilegien gewöhnt, die er als deutscher Ordinarius eines Instituts an einer bedeutenden Universität genoß. In Cornell wohnte er in einer engen Gästewohnung hoch oben in Willard Straight Hall, einem anmutigen schiefergedeckten Gebäude, das aus buntem Gestein der Gegend hoch über den Gewässern des Cayuga zum Gedenken an einen ehemaligen Absolventen der Universität errichtet worden war. In dem Gebäude

---

[2] *The Hydrides of Boron and Silicon* von Alfred Stock, Cornell University Press, Ithaca, N.Y. 1933.

*befanden sich Speisesäle und Gesellschaftsräume für die Studenten und ein wunderschönes kleines Auditorium. Die Landschaft war überwältigend, und der Ort war erfüllt vom Studentenleben, aber Stock bezeichnete seine Behausung als „meine Klosterzelle". Am ersten Sonntag, den er dort verbrachte, spazierte er in die Halle und verlangte seine Post. Der junge Mann am Pult, ein Student der Hotelfachschule, erklärte so geduldig und behutsam wie nur möglich, daß in Amerika sonntags keine Post zugestellt würde. Stock brauste auf und erwiderte „Zuhause bekomme ich **immer** sonntags Post, hier wünsche ich das auch!" Der junge Mann antwortete darauf, er würde alles in seinen Kräften stehende tun, um seinem Wunsch zu entsprechen.*

Als am nächsten Samstag die Post kam, teilte der findige und taktvolle junge Mann die für Stock bestimmte Post in zwei Häufchen und legte die eine Hälfte zur Seite. Als Stock kam, erhielt er seine Samstagspost ausgehändigt und am nächsten Morgen seine „Sonntagspost". Stock strahlte, er hatte sich durchgesetzt!

Als Stock nach Cornell kam, lag sein ruinöser Kampf gegen seine Quecksilbervergiftung schon lange zurück. Er hatte wichtige Schlachten durch heroische Maßnahmen gewonnen: alle Amalgamplomben in seinem Gebiß waren ersetzt, er war in eine neue Villa, ein neues Büro und neue Laboratorien umgezogen, die noch niemals mit Quecksilber in Berührung gekommen waren, er untersuchte mit selbst entwickelten Mikromethoden alles Brot und Fleisch und Bier, das in seiner Küche angeliefert wurde. Nun verläuft aber eine Quecksilbervergiftung kumulativ, und er reagierte zeitlebens äußerst empfindlich auf Quecksilber. Er behauptete, er könne Quecksilberdampf sogar riechen und weigerte sich, Räume zu betreten, in denen er ihn wahrnahm. Professor Dennis, Direktor des Fachbereichs Chemie in Cornell, wollte das nicht glauben, und er prüfte Stock. Er goß etwas Quecksilber in ein kleines offenes Becherglas und versteckte es in einem Schrank in dem Laboratorium, in dem ich arbeitete. Dann betrat er in Begleitung von Professor Stock den Raum und begann mit der Beschreibung der Versuche, die dort durchgeführt wurden. Nach zwei Sätzen drehte sich Stock abrupt auf dem Absatz herum, stürzte aus dem Raum und rief „Da drinnen ist Quecksilber, ich kann es riechen! Ich kann und will mich dort nicht aufhalten!".

Als das Baker-Laboratorium gebaut wurde, wurde es eigens mit komfortablen Räumlichkeiten, einem Büro, Laboratorium und einem Seminarraum für Gastdozenten ausgestattet, und eine lange Reihe von Baker Lecturern hatte sich dort wohlgefühlt. Als Alfred Stock aber erfuhr, daß Professor A. V. Hill in diesem Laboratorium seine denkwürdigen Experimente über Stoffwechselvorgänge in Athleten[3] ausge-

führt und dabei Quecksilbermanometer benutzt hatte, weigerte er sich solange, das angrenzende Büro zu benutzen, bis der Zugang zum Laboratorium zugemauert, verputzt und das gesamte Büro geschrubbt und neu angestrichen worden war. Dann erst war er zufrieden.

Die Winter in der Gegend der Fingerseen sind lang und streng. Ich habe Tage erlebt, an denen das Thermometer auf −37°C sank und die Autos nicht mehr ansprangen, die Menschen aber wie gewohnt weiterlebten und auch der Betrieb an der Universität weiterging, als wäre nichts geschehen. Der arme Professor Stock holte sich jedoch eine schwere Erkältung und mußte für einige Zeit das Bett hüten. Ich trug seine Botschaften zu Professor Dennis (bei den Studenten als „der König" bekannt) und zurück. Dennis bot an, seinen Hausarzt zu schicken, aber Stock wollte wissen, ob dieser ein Professor sei. Zuhause, sagte Stock, kümmerten sich nur Professoren um ihn, und er könne niemand geringerem seine Gesundheit anvertrauen. Geduldig erklärte Dennis, daß die medizinische Fakultät von Cornell weit weg in New York City angesiedelt sei und daß die dortigen Professoren ohnehin keine Hausbesuche machten. In Amerika seien Ärzte Doktoren und Professoren Professoren. Stock ließ sich nicht überzeugen, gab aber schließlich nach. Es war das einzige Mal, daß er den kürzeren zog.

Wie schon an früherer Stelle erklärt, lautete eine seiner stets wiederkehrenden Thesen, daß Wasserstoff einfach das erste Glied in der langen Reihe von Alkylgruppen (Reste gesättigter Kohlenwasserstoffe) sei: H, CH_3, C_2H_5, C_3H_7, C_4H_9 usw. Infolgedessen sollte ein bestimmtes chemisches Verhalten von Wasserstoff in Silanen oder Boranen seine Entsprechung in einem ähnlichen Verhalten von Methyl-, Ethyl- oder Propylgruppen finden und umgekehrt. Darum kehrte ich zur Herstellung von Trichlorsilan aus wasserfreiem Chlorwasserstoff und Silicium oder seinen Legierungen zurück. Hierbei wird das Gas (HCl) durch ein beheiztes mit Ferrosilicium gefülltes Rohr geleitet:

$$7HCl + 2Si \longrightarrow HSiCl_3 + SiCl_4 + 3H_2$$

Nach dieser Methode stellte ich etwas $HSiCl_3$ her, alle von mir ersonnenen Methoden zur Überführung in CH_3SiCl_3 schlugen aber fehl. Dann leitete ich ein Gemisch von Chlorwasserstoff und Methylchlorid durch das Rohr und erhielt wieder $HSiCl_3$ und $SiCl_4$, *aber* nachdem ich diese in Ether aufgelöst und hydrolysiert hatte,

---

[3] Siehe *Muscular Movement in Man* von A. V. Hill, Cornell University Press, Ithaca, N.Y. 1927.

beobachtete ich, daß der Kolben, in dem die etherische Lösung gewesen war, sich schlüpfrig anfühlte – als ob sich dort ein Methylsiliconüberzug gebildet hätte.

Was ich dann machte, zitiere ich am besten direkt aus meinem Labor-Journal:

9. Mai 1940 Fortsetzung
Kupfer-Silicium
„Ich zerkleinerte eine Menge 50% Cu-Si von der Niagara Falls Smelting Co. im Backenbrecher und füllte ein Nonex-Rohr mit dem Material (Körnung etwa 6–7 mm herunter bis zu feinem Pulver). Ich brachte das Rohr im Ofen unter und schloß es an Zuleitungen für CH_3Cl & HCl an. Nur eine CO_2-Kühlfalle am Austrittsende (siehe Abbildung 5.1)."

10. Mai 1940
„Ich erhitzte das Rohr im Ofen auf 370°C und hielt es auf dieser Temperatur. Ich leitete zuerst etwas HCl durch, um die Legierung oberflächlich anzuätzen, dann leitete ich einen langsamen Strom von CH_3Cl ein. Apparatur lief den ganzen Tag.

4.40 Uhr nachmittags. Ich unterbrach den CH_3Cl-Strom. Etwa 5 cm^3 Flüssigkeit hatten sich in der Kühlfalle angesammelt sowie etwas Flüssigkeit am kalten Rohrende. Ich brachte die Gesamtmenge in Eiswasser ein, das mit Ether überschichtet war, und rührte. Das Material hydrolysierte unter Bildung einiger Trübung, es bildete sich aber keine große Menge Kieselsäure; es scheint auch nur wenig CH_3Cl zu enthalten.

Ich dekantierte etwas von der etherischen Lösung in eine Petrischale und verjagte den Ether. Eine klare dickflüssige glycerinartige Substanz blieb zurück. Diese Flüssigkeit fühlt sich klebrig an, hat sehr große Ähnlichkeit mit Methylsilicon."

„Etwas von dem dickflüssigen Produkt, das durch das Verjagen des Ethers erhalten wurde, wurde eine Stunde lang durch Bestrahlen mit einer Projektionslampe erwärmt. Nach dieser Zeit hatte es sich in ein farbloses, klebriges, fast festes Harz umgewandelt. Dieses Verhalten läßt vermuten, daß die, wie ich glaube, während der Hydrolyse gebildeten Methylsilicole eine Kondensation eingegangen sind.

Das Hydrolyseprodukt des Materials, das bei der Reaktion von CH_3Cl mit Kupfer-Silicium anfällt, ähnelt also Methylsilicon, das nach einer anderen Methode hergestellt wurde, und ich glaube, daß es sich beim ihm um Methylsilicon handelt.

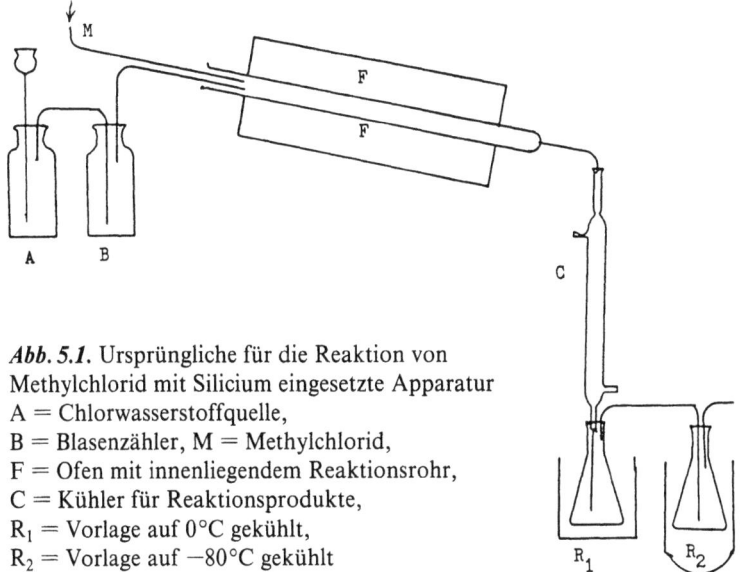

Abb. 5.1. Ursprüngliche für die Reaktion von Methylchlorid mit Silicium eingesetzte Apparatur
A = Chlorwasserstoffquelle,
B = Blasenzähler, M = Methylchlorid,
F = Ofen mit innenliegendem Reaktionsrohr,
C = Kühler für Reaktionsprodukte,
R_1 = Vorlage auf 0 °C gekühlt,
R_2 = Vorlage auf −80 °C gekühlt

Ich nehme an, daß folgende Reaktionen ablaufen. Zuerst wird HCl durch das Rohr geleitet:

$$Si + 3HCl \longrightarrow SiHCl_3 + H_2$$

Es wird nur eine kleine Menge an HCl durchgeleitet, hauptsächlich darum, um die Oberfläche der Legierung anzuätzen. Später werden kleine Mengen dem CH_3Cl zugemischt, im Verhältnis von vielleicht 1 Teil zu 50 Teilen CH_3Cl. Das CH_3Cl reagiert in dieser Weise:

$$3CH_3Cl + Si \longrightarrow CH_3SiCl_3 + C_2H_6$$
$$2CH_3Cl + Si \longrightarrow (CH_3)_2SiCl_2$$

und in wesentlich geringerem Ausmaß kann folgende Reaktion ablaufen:

$$CH_3Cl + 2HCl + Si \longrightarrow CH_3SiCl_3 + H_2$$

Die flüssigen Produkte, die ich für Methylsiliciumchloride halte, kondensieren in den kälteren Teilen des Rohrs, in dem sich die Legierung befindet, und destillieren auch in die auf −80 °C gehaltene Kühlfalle. Die so erhaltene farblose Flüssigkeit (in der Kühlfalle) zeigt bei Erwärmen auf Zimmertemperatur keine starke Gasentwicklung, enthält also nicht viel CH_3Cl.

Nach Hydrolyse der vereinigten flüssigen Produkte

$CH_3SiCl_3 + 3H_2O \longrightarrow CH_3Si(OH)_3 + 3HCl$
$(CH_3)_2SiCl_2 + 2H_2O \longrightarrow (CH_3)_2Si(OH)_2 + 2HCl$

und einer kleinen Menge von

$SiHCl_3 + 3H_2O \longrightarrow HSi(OH)_3 + 3HCl$

kondensieren die Methylsilicole augenblicklich teilweise unter Bildung der zähflüssigen intermediären Produkte:

$$2(CH_3)_2Si(OH)_2 = HO-\underset{\underset{CH_3}{|}}{\overset{\overset{CH_3}{|}}{Si}}-O-\underset{\underset{CH_3}{|}}{\overset{\overset{CH_3}{|}}{Si}}-OH + H_2O \text{ etc.}$$

Diese Reaktion läuft weiter, bis klebrige flüssige Produkte erhalten werden. Bei Erwärmen laufen weitere Kondensationen ab, wobei weiteres Wasser abgespalten wird (das teilweise verdunstet oder in Tröpfchen zurückbleibt). Das Endresultat ist eine klare harzartige Substanz, von der ich annehme, daß es sich dabei um Methylsilicon handelt."

/S/E.G. Rochow
10. Mai 1940

Das war ein langes Tagewerk, aber der Chemiehistoriker Herman A. Liebhafsky[4] nannte es „das wichtigste Einzelexperiment und die beste an einem Tag getane Arbeit in der Geschichte der Siliconindustrie."

Ich beließ das Becherglas mit der „klaren harzartigen Substanz" über Nacht auf 200°C, und am nächsten Morgen war das Harz eingeschrumpft und rissig geworden, war aber immer noch klar, farblos und nicht oxidiert. Methylsilicon, das nach der Kipping-Grignard-Methode hergestellt wurde, war stets gelb gewesen; dieses Methylsilicon, das aus einer direkten Synthese stammte, war farblos, weil es keine organischen Verunreinigungen enthielt. Ich war hocherfreut! Ich stürmte herunter zur „Chemical Division", platzte in das Büro des Leiters dieser Abteilung, Dr. A. L. Marshall, und

---

[4] *Silicones under the Monogram* von Herman A. Liebhafsky, 381 Seiten, John Wiley & Sons, N.Y. 1978.

zeigte ihm aufgeregt meinen Schatz: Das erste Methylsilicon, das nie mit Magnesium in Berührung gekommen war! Er sah es sich an, gab es mir zurück und sagte „Ach Gott! Das ist ja rissig und gesprungen wie nur was, stimmt's?" Ich war niedergeschmettert! Die Bedeutung der Entdeckung war ihm vollständig entgangen.

Patnode war damals verreist, als er wiederkam, erkannte er aber sofort die Wichtigkeit des Experiments vom 10. Mai. Seine erste Frage lautete: „Können Sie das wiederholen?" Ich war mit fünf anderen Projekten aus der Keramik und der anorganischen Chemie beschäftigt, aber ich kam seinem Wunsch mit dem größten Vergnügen nach. Dann: „Können Sie es zehnmal nacheinander machen?" Ich tat es. Patnode war nun überzeugt und beschloß auf der Stelle, eine, wie er sie nannte, Pilotanlage zu bauen – eine vergrößerte Ausführung der Apparatur, mit einem langen Stück Kupferrohr von 5 cm Durchmesser als Reaktionsrohr. Er und William Scheiber bauten einen Ofen mit automatischer Temperaturregelung und Kühlfalle und begannen mit der Herstellung von Methylchlorsilanen im Kilomaßstab[5].

Der Erfolg hielt nicht lange vor: Nachdem die ursprüngliche Charge an Kupfer-Siliciumlegierung aufgebraucht worden war, versagte eine neue Charge des gleichen Herstellers völlig. Ansätze, die im metallurgischen Labor der General Electric hergestellt worden waren, erwiesen sich ebenfalls als unbrauchbar. Patnode und ich machten uns daran, eine zuverlässig reagierende kupferkatalysierte Siliciumkontaktmasse selber zu machen, und hatten Erfolg: wir preßten Tabletten aus 90% Silicium- und 10% Kupferpulver und sinterten sie in einer Wasserstoffatmosphäre bei 800°C.

Später konnten wir ohne vorhergehendes Erhitzen in Wasserstoff auskommen, die Tabletten wurden direkt im Reaktionsrohr vorbehandelt. Schließlich fanden die Ingenieure, die unsere Arbeit übernahmen, daß das Pulvergemisch allein ausreichte, vorausgesetzt, daß das heiße Pulver mit einem Schaufelrührer in einem großen vertikal angeordneten Zylinder aus weichem Stahl dauernd umgerührt wurde. Offenbar reichte die ständige Reibung der sehr harten Siliciumkörnchen an den weichen Kupferpartikeln aus, um etwas

---

[5] Bald beobachtete Patnode, daß alle Filter und Papierhandtücher im Raum wasserabstoßend geworden waren; das Wasser stand in kleinen Tröpfchen auf ihnen und wurde nicht absorbiert. Das veranlaßte Patnode zu Versuchen mit zahlreichen Stoffen, die dann zu den in Kapitel 7 beschriebenen Oberflächenbehandlungen führten.

Kupfer abzutragen und dieses auf den Siliciumteilchen zu verschmieren; die mäßigen Temperaturen von 300 bis 350°C taten dann das übrige und sorgten für die nötige Legierungsbildung. Die Rührreaktoren arbeiteten zufriedenstellend, und über viele Jahre lieferten sie die hunderte von Kilogramm an Methylchlorsilanen, die für die umfangreichen Versuche im Rahmen der Herstellung, Modifizierung und praktischen Anwendung von Methylsiliconpolymeren nötig waren.

Siliconsynthese heute

Die kommerzielle Nutzung hatte bald ein Ausmaß erreicht, das verfahrenstechnische Entwicklungen notwendig machte. Ein junger Professor vom Massachusetts Institute of Technology (MIT), Dr. Charles E. Reed, wurde als Leiter der Entwicklungsabteilung eingestellt. Er koordinierte die Arbeiten, stellte die Leute ein und setzte alles in Gang; er trug auch selbst viele neue Ideen bei. Sein wichtigster Beitrag für die zukünftige Anwendung der Silicone war die Idee des Wirbelschichtreaktors. Das Prinzip besteht darin, daß ein heißer Gasstrom von Methylchlorid von unten nach oben mit so großer Geschwindigkeit durch heißes Kupfer-Siliciumpulver geleitet wird, daß die Feststoffteilchen im Strom schweben und von den heißen Gasen selbst kräftig herumgewirbelt werden. Die Gas-Feststoffreaktion läuft also ohne mechanische Rührung ab und ohne tote Volumina im Reaktor, die das Gas nicht erreicht. Der Wirbelschichtreaktor ist ein großer vertikal angeordneter Stahlzylinder mit einem porösen Siebboden, durch den ein Strom von heißem Methylchloridgas eingeleitet wird (Abbildung 5.2). Das Cu-Si-Pulver liegt auf dem Siebboden, bis die Strömungsgeschwindigkeit des aufwärts gerichteten Gasstroms so hoch ist, daß die Körner vom Gasstrom mitgerissen werden; es sieht aus als ob die Masse Blasen wirft und „kocht". Wenn die Gasgeschwindigkeit und die Teilchengröße gerade passend sind, und die Temperatur zwischen 280 und 290°C liegt, treten die Reaktionsprodukte aus dem oberen Ende des Zylinders aus, passieren einen Zyklon (ein Staubabscheider) und gelangen in einen Kühler oder gehen direkt in die kontinuierlich betriebenen Destillationskolonnen. Die Siliciumkörnchen werden durch die Reaktion mit dem Methylchlorid immer kleiner, bis sie nur noch feinen Staub bilden; Siliciumpulver wird kontinuierlich nachgefüllt, und kleine Mengen Kupfer werden zugesetzt, um Kupfer, das zusammen mit dem Staub verlorengeht, zu ergänzen. Ein Zyklonabscheider und ein Filter scheiden den Staub ab, und die kondensierten Produkte können anschließend destilliert werden.

Es ist klar, daß sich ein Wirbelschichtreaktor nur lohnt, wenn das Produktionsvolumen groß genug ist, aber der wachsende Verbrauch an Siliconpolymeren für die Lösung von Problemen, für die kein anderes Material in Frage kam, machte schließlich die Produktion solcher Mengen erforderlich.

Eine Anlage der General Electric wurde auf einem Maisfeld an den Ufern des Mohawk in der Nähe von Waterford, New York, errichtet, wo wachsende Mengen an Methylsiliconen produziert wurden. Kipping, Grignard und Magnesium verblaßten und gehörten der Vergangenheit an. Dow Corning und Union Carbide nahmen Lizenzen für die direkte Synthese, und bald arbeitete man auch in England, Deutschland, Frankreich und dann Japan nach diesem Verfahren. Bei Niederschrift dieser Zeilen liegt in der westlichen Welt die Produktion von Methylsilicon, das nach der direkten Synthese hergestellt wird, oberhalb von 500 000 000 kg pro Jahr. Damit haben die Methylsilicone in wirtschaftlicher Hinsicht die weitaus größte

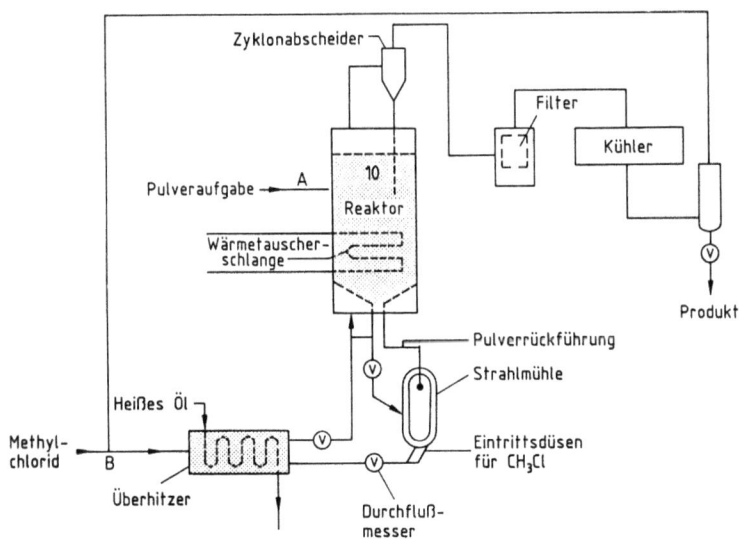

Abb. 5.2. Wirbelschichtreaktor mit angeschlossener Strahlmühle zur Herstellung von Methylchlorsilanen durch direkte Synthese aus elementarem Silicium. Siliciumpulver und Kupferkatalysator werden bei A zugeführt und Methylchlorid bei B

Bedeutung. Die direkte Synthese ist daher nach wie vor unangefochten die wichtigste Methode für die Gewinnung von Vorprodukten für Silicone. Die Siliconindustrie ist aber auch in besonderem Maße ein Spezialitätengeschäft. Wir werden noch darauf zurückkommen. Heute werden einige Tausend Siliconprodukte weltweit angeboten. Diese Produktvielfalt wird dadurch möglich, daß die für spezielle Silicone nötigen Ausgangsprodukte durch die Anlagerung von SiH-Gruppen von Silanen oder Siloxanen an „ungesättigte" organische Verbindungen gewonnen werden können (siehe „Der Beitrag der Union Carbide"). Es gibt daneben weitere wichtige Reaktionen (Umesterung, Äquilibrierung und andere), die die Herstellung der verschiedensten Siloxanderivate erlauben. Die Bundesrepublik nimmt heute in der Rangfolge der Siliconhersteller der westlichen Welt den zweiten Platz hinter den Vereinigten Staaten ein. Bayer Leverkusen, Goldschmidt in Essen und die Wacker-Chemie in Bayern bestreiten zusammen etwa ein Viertel des jährlichen Silicongeschäfts der westlichen Welt von rund sechs Milliarden Mark.

Abbildung 5.3[6] zeigt das Fließbild für die kontinuierliche Auftrennung des Rohprodukts. Im Prinzip besteht das Verfahren darin, daß das Gemisch zum Sieden erhitzt wird und die Dämpfe aufwärts in einen hohen Turm geleitet werden, in dem Prallkörper oder Glockenböden dafür sorgen, daß der Dampf dauernd an dem nach unten gerichteten Strom von kondensierter Flüssigkeit vorbeistreicht. Die weniger flüchtigen Anteile werden so aus dem Dampf ausgewaschen und sammeln sich am Boden des Turms an, während das Material mit der größten Flüchtigkeit (die Komponente mit dem niedrigsten Siedepunkt) am Kolonnenkopf abgezogen wird. Der erste Destillationsturm trennt nichtumgesetztes Methylchlorid (Kp −24,2 °C) ab, das in den Reaktor zurückgeführt wird. Die drei übrigen Destillationstürme trennen die einzelnen Methylchlorsilane in der Reihenfolge steigender Siedepunkte, das letzte ist Dimethyldichlorsilan mit dem Siedepunkt 70°C. Der hochsiedende Rückstand, der aus dem Dampf in der zweiten Säule abgetrennt wird, besteht aus Di- und Trisilanen wie zum Beispiel $(CH_3)_2ClSi-SiCl(CH_3)_2$, Si_2Cl_6, Si_3Cl_8 und Methylderivaten der beiden letzteren, sowie verschiedenen Kohlenwasserstoffen, die während der Reak-

---

[6] Die Abbildungen 5.2, 5.3 und 5.4 sind mit Erlaubnis von Autor und Verlag dem Buch *Silicones under the Monogram*© entnommen, einer Darstellung der Geschichte des Siliconprojekts bei der General Electric Co. von Herman A. Liebhafsky (John Wiley & Sons, N.Y. 1978).

Siliconsynthese heute 97

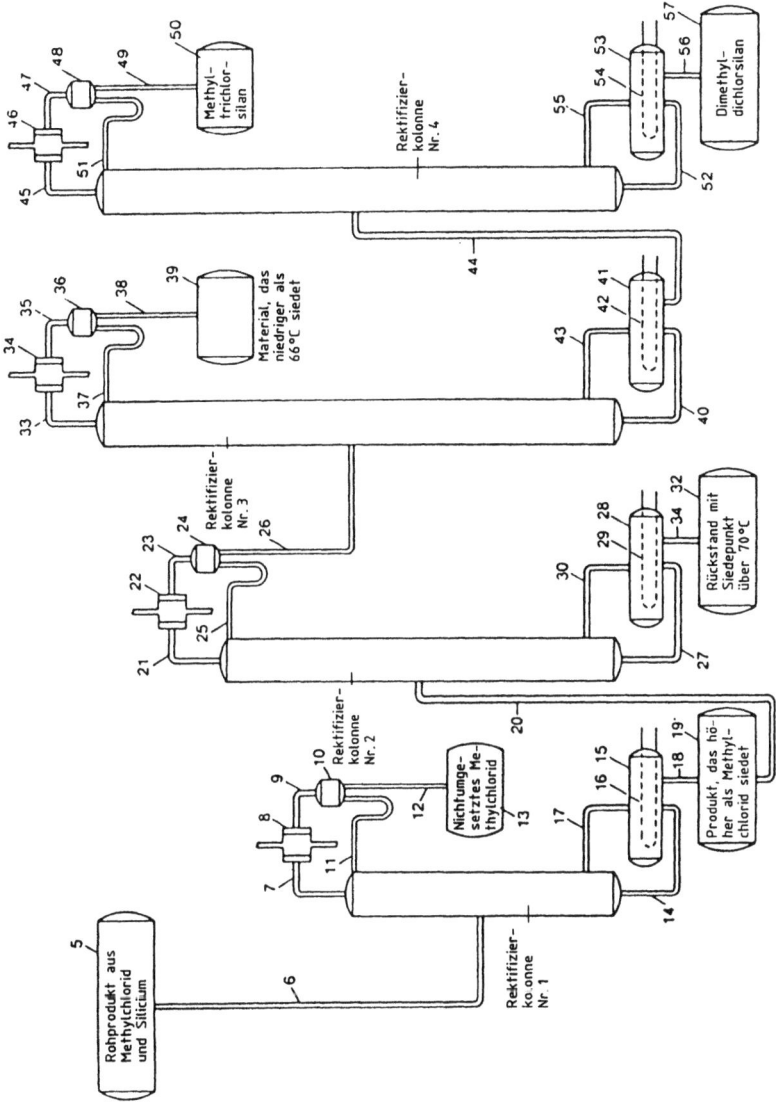

Abb. 5.3. Destillationsanlage für die Trennung („Rektifizierung") des Rohprodukts in die reinen Methylchlorsilane

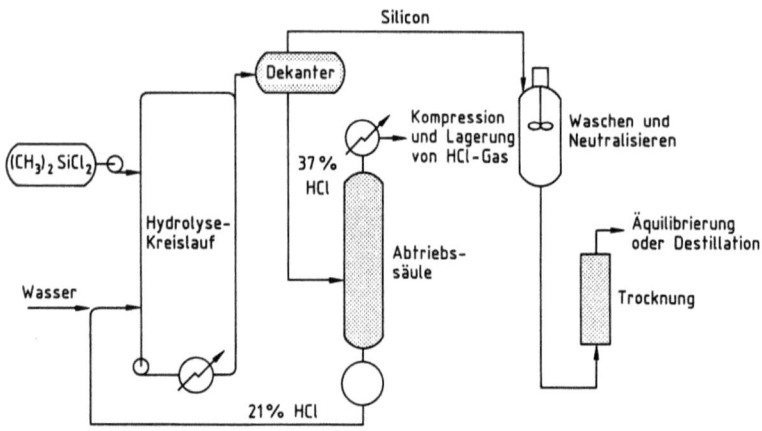

Abb. 5.4. Flußdiagramm der kontinuierlichen Hydrolyse von Dimethyldichlorsilan zur Herstellung von Methylsilicon

tion gebildet wurden oder als Verunreinigungen im Methylchlorid enthalten waren. Die unterhalb von 66°C siedenden Anteile bestehen aus $SiHCl_3$, CH_3SiHCl_2 und $(CH_3)_3SiCl$. Einige dieser Nebenprodukte sind wertvoll: $(CH_3)_3SiCl$ braucht man für die Herstellung von Siliconöl, CH_3SiHCl_2 für die Vernetzung von Siliconpolymeren, $SiHCl_3$ wird zu ultrareinem Silicium verarbeitet, usw.

Abbildung 5.4 zeigt das Verfahrensschema für die kontinuierliche Hydrolyse von $(CH_3)_2SiCl_2$ (die Hydrolyse eines Gemischs zur Herstellung eines Siliconharzes oder die von $(CH_3)_3SiCl$ zur Herstellung von $(CH_3)_3SiOSi(CH_3)_3$ für Siliconöl sieht im Prinzip ganz ähnlich aus). Wasser und das Chlorsilan werden zusammen in einem geschlossenen Kreislauf umgepumpt und sorgfältig vermischt. Man erhält eine wäßrige HCl-Lösung und ein wasserunlösliches Hydrolysat. Es wird soviel Wasser zugegeben, daß eine 37%ige Lösung von HCl erhalten wird, aus der in einer Abtriebssäule wasserfreier Chlorwasserstoff abgezogen wird. Der wasserfreie HCl dient zur Herstellung von weiterem Methylchlorid aus Methanol durch die Reaktion

$$HCl + CH_3OH \xrightarrow{ZnCl_2} CH_3Cl + H_2O$$

somit wird das Chlor im Gesamtverfahren dauernd zurückgeführt und geht nicht verloren. Methanol ist also der zweite Ausgangsstoff für die direkte Synthese, es wird seinerseits, wie bereits beschrieben wurde, aus Kohle und Wasser hergestellt. Auf diesem Wege hergestelltes Methanol ist billig und rein und kann als Flüssigkeit (Kp 65°C) leicht transportiert werden; für Methylchlorid müßten Druckbehälter aus Stahl benutzt werden.

Durch das „Strippen" wird natürlich nicht alles HCl abgetrennt; eine Lösung mit 21% HCl wird am Boden der Abtriebssäule abgezogen und in den Hydrolysekreislauf zurückgeführt. Das Hydrolysat wird durch Dekantieren oder Zentrifugieren abgetrennt und vor der weiteren Verarbeitung durch Auswaschen und Neutralisieren restlos von HCl befreit. Das Hydrolysat von $(CH_3)_2SiCl_2$ besteht hauptsächlich aus dem cyclischen Tetramer; aus den linearen polymeren Diolen kann man durch „Kracken" weiteres Tetramer gewinnen, das wird im nächsten Kapitel erklärt.

Die Geschichte ist hier noch nicht zu Ende. Es bleibt noch viel zu tun, denn mit den Hydrolyseprodukten selbst kann man nicht allzuviel anfangen. Um zu den handelsüblichen Siliconspezialitäten zu kommen, müssen sie weiterverarbeitet werden. Die firmeneigenen Verarbeitungsmethoden sind nicht in den Patenten enthalten und sind geheim. Der Leser kann aber aus der großen Zahl und der Vielfalt der im nächsten Kapitel zur Sprache kommenden Produkte Rückschlüsse auf die Anzahl und Kompliziertheit dieser Verarbeitungsmethoden ziehen.

Die direkte Synthese – näher besehen

Wie wir gelernt haben, stammt die freie Energie für die grundlegende Reaktion

$$2CH_3Cl + Si \xrightarrow[300°C]{Cu} (CH_3)_2SiCl_2 + \text{Wärme}$$

aus dem elementaren Silicium, dieses bekommt sie seinerseits aus der Reduktion von SiO_2 mit Kohlenstoff im elektrischen Lichtbogenofen, wie in Kapitel 2 beschrieben. Man beachte, daß es sich hierbei nicht um eine Elektrolyse handelt; der elektrische Lichtbogen liefert die Wärmeenergie, aber der Kohlenstoff sorgt für die Reduktion. Würde die Gesamtmenge der freien Energie, wie bei Magnesium, aus der Zufuhr elektrischer Energie stammen, benötigte man mindestens dreimal soviel Kohlenstoff (als Kohle für ein Kohlekraftwerk), und außerdem zusätzliche teure Anlagen. Die direkte Synthese ist also billiger und umweltschonender als jedes andere Verfahren, das von elementarem Magnesium oder Natrium als Energieträgern ausgeht.

Die Reaktion zwischen Methylchlorid und Silicium ist außerdem eine exotherme Gas-Feststoff-Reaktion mit all ihren bekannten Problemen. Die Reaktion hängt also von Größe und Reinheit der Oberfläche ab und von der Gaszirkulation und erfordert umgehende Abführung der Reaktionsprodukte. Die Reaktion hat eine hohe Aktivierungsenergie und muß durch Zufuhr von Wärme in Gang gebracht werden. Danach muß aber kontinuierlich Wärme *abgeführt* werden, wie in Abbildung 5.2 gezeigt, um die Temperatur im optimalen Bereich zu halten und örtliche Überhitzungen zu vermeiden. Die optimale Temperatur für die Übertragung von genau zwei Methylgruppen und zwei Chlor-Atomen auf das Silicium ist zugleich die absolute Mindesttemperatur, bei welcher die Reaktion mit annehmbarer Geschwindigkeit abläuft. Höhere Temperaturen führen unweigerlich zum Verlust von Methylgruppen durch Pyrolyse während ihrer Übertragung und damit verbunden zu unerwünschten Ablagerungen von Kohlenstoff auf der Siliciumoberfläche. Bei dieser Reaktion wird mehr Chlor als gewünscht auf das Silicium übertragen Das bedeutet, daß bei allen Temperaturen, die über der annehmbaren Mindesttemperatur liegen, die Reaktion

$$3CH_3Cl + Si \longrightarrow CH_3SiCl_3 + 2C + 3H_2 + \text{Wärme}$$

abläuft und bei noch höheren Temperaturen auch

$$4CH_3Cl + Si \longrightarrow SiCl_4 + 3C + 12H_2 + \text{Wärme}$$

Dazu kommt, daß das Auftreten freier Radikale in Form der bei der Pyrolyse von Methylgruppen freiwerdenden Wasserstoffatome dazu führt, daß Wasserstoff von Silicium „eingefangen" wird, im Einklang mit dem Prinzip von Stock, daß sich Wasserstoff wie eine Methylgruppe benimmt. Darum bildet $HSiCl_3$ ein Nebenprodukt der Reaktion, dessen Menge mit der Temperatur anwächst. Wasserstoffatome konkurrieren aber nicht nur mit Methylgruppen um einen Platz am Silicium, sie vereinigen sich auch *gemeinsam* mit ihnen mit dem Silicium. Darum bildet sich auch bei bestmöglicher Reaktionsführung stets etwas $(CH_3)HSiCl_2$. Wir kommen daher mit der folgenden modifizierten Schreibweise der Gleichung der Wahrheit näher (s. S. 101 oben).

All diese Produkte entstehen, ihre Mengenanteile entsprechen in etwa der angegebenen Reihenfolge. Es muß also großes Geschütz aufgefahren werden, um diese Verbindungen durch Destillation voneinander zu trennen (siehe Abbildung 5.3). Daß es in der Tat

Überschuß an CH$_3$Cl + festes Si $\xrightarrow{\text{Cu}}$ (CH$_3$)$_2$SiCl$_2$ Kp 70,0 °C
+ (CH$_3$SiCl$_3$ Kp 65,7 °C
+ HSiCl$_3$ Kp 31,8 °C
+ (CH$_3$)HSiCl$_2$ Kp 40,7 °C
+ (CH$_3$)$_3$SiCl Kp 57,3 °C
+ SiCl$_4$ Kp 56,7 °C

gelingt, sie in der erstaunlichen Reinheit von 0,02 Mol% zu trennen, zeugt von dem hier eingesetzten verfahrenstechnischen Können. Was bei einem Besuch einer Siliconanlage am meisten beeindruckt, ist der Wald der in den Himmel ragenden schlanken Metalltürme – die Destillationskolonnen für die Fraktionierung der Chlorsilane.

Die aufgetrennten gereinigten Methylchlorsilane dienen der Herstellung der zahlreichen Methylsiliconharze, -öle, -elastomere und Spezialprodukte, die im nächsten Kapitel beschrieben werden. Eines der Produkte jedoch, bei dem es sich *nicht* um ein Methylchlorsilan handelt, spielt eine besondere und sehr wichtige Rolle, die am besten an dieser Stelle erwähnt wird. Trichlorsilan, HSiCl$_3$, ist ein Nebenprodukt der direkten Synthese, das für Siliconpolymere ohne Bedeutung ist und für das man früher keine Verwendung hatte. Um es loszuwerden, wurde es normalerweise zu SiO$_2$ verbrannt. Heute ist es das bevorzugte Ausgangsmaterial für die Herstellung von ultrareinem Silicium für Transistoren und integrierte Schaltkreise, die in jedem Radio, Fernsehgerät und Telefon anzutreffen sind und, wie in Kapitel 2 beschrieben, das Herz jedes Computersystems bilden. Warum Trichlorsilan? Nun, das Silicium in ihm hat bereits etliche Reinigungsschritte durchgemacht. Die erste Reinigung erfährt das 98 %ige kommerzielle Silicium bereits in der direkten Synthese. Die Übergangsmetalle (Eisen, Nickel, Chrom, Mangan usw.) reagieren mit Methylchlorid nicht zu organometallischen Verbindungen, darum bleiben sie zurück. Aluminium und Magnesium bilden Chloride, die viel weniger flüchtig sind als die Methylchlorsilane, darum bleiben sie im Sumpf der ersten Kolonne zurück. Die vollständige Destillation und Redestillation des Chlorsilangemischs ergibt reines HSiCl$_3$, das sich für die Reduktion zu sehr reinem Silicium eignet. Letzteres kann durch Zonenschmelzen weiter bis zu jedem gewünschten Reinheitsgrad gereinigt werden. So gelangen wir bei unserer Geschichte wieder an den Ausgangspunkt zurück – vom elementaren Silicium zu Zwischenprodukten für Silicone und wieder zurück zum ultrareinen Silicium. Dabei wächst in jedem Stadium der wirtschaftliche Wert.

Man darf nicht glauben, daß in der Zeit, in der sich diese Entwicklungen in den USA abspielten, die übrige Welt in Untätigkeit verharrte. Die Geheimnisse der Natur stehen jedem offen, der sich die Mühe macht, sich mit ihnen zu beschäftigen. In Radebeul, einem Vorort von Dresden, leitete Professor Richard Müller ein blühendes Institut für die Untersuchung von neuen Werkstoffen besonders hoher thermischer Stabilität, wie zum Beispiel Fluorkohlenstoffpolymere und Organosiloxane. Wegen der kriegsbedingten Geheimhaltung kannte er nicht die Arbeiten, die in den USA gemacht worden waren. Auch er war mit den Synthesen nach Kipping-Grignard und Wurtz unzufrieden, und auch er suchte eine einfachere und bessere Methode zur Herstellung der Siliconpolymere, die ihm so aussichtsreich erschienen. Nach vielen erfolglosen Experimenten entdeckte er schließlich ebenfalls die direkte Synthese. Professor Müller ist ein freundlicher Mann und ein sehr erfolgreicher Wissenschaftler; er genießt weltweit in der Organosiliciumchemie hohes Ansehen, und in Mitteleuropa kennt man die direkte Synthese unter der Bezeichnung Rochow-Müller-Reaktion.

Das Institut für theoretische Grundlagen der chemischen Technik an der tschechoslowakischen Akademie der Wissenschaften in Prag griff die Ergebnisse von Müller auf und untersuchte eingehend den Mechanismus der Reaktion, mit dem Ziel, die Prozeßlenkung und damit die Produktzusammensetzung und die Ausbeute zu verbessern. Diese Arbeiten wurden bald auf die gesamte Organosiliciumchemie ausgeweitet und ergaben eine vollständige Literatursammlung und ein Verzeichnis aller Organosiliciumverbindungen. Das Ergebnis war das erste (und einzige) umfassende Werk zu diesem Thema[7], ein Werk, das 1965 in drei Bänden erschien. Ein Band enthält die Grundlagen der Organosiliciumchemie sowie die Bibliographie und den Index, die beiden anderen Bände enthalten, nach ihrer empirischen Formel geordnet, die einigen Tausend der zu dem Zeitpunkt bekannten Organosiliciumverbindungen. Das Werk ist etliche Male überarbeitet worden und ist nach wie vor eine Hauptstütze für Forscher auf diesem Gebiet. Unterdessen entwickelt sich die Produktion von Methylchlorsilanen und Siliconen in den Ländern des ehemaligen Ostblocks stetig aufwärts, quantitative Angaben wurden indes bisher nicht gemacht.

---

[7] *Organosilicon Compounds* von Vladimír Bažant, Václav Chvalovský und Jiří Rathouský, Czechoslovak Academy of Sciences, Prag, 1965 (in Englisch).

Das Geheimnis des Katalysators

Die Lenkung der direkten Synthese und damit die Produktzusammensetzung und die Menge an Nebenprodukten hängt ab von

1. den Ausgangsstoffen,
2. der Betriebstemperatur,
3. der Strömungsgeschwindigkeit des Gases und
4. der Güte des Katalysators.

Mit den ersten drei Punkten haben wir uns bereits so eingehend befaßt, wie das im Rahmen dieses Buches möglich ist, aber der entscheidend wichtige Katalysator – jener geheimnisvolle Stoff, der die Reaktion erst ermöglicht und ihre Richtung bestimmt – ist bis jetzt nicht behandelt worden. Dieses Kapitel wäre ohne eine zumindest qualitative Betrachtung dessen, was abläuft und warum es abläuft, unvollständig.

Die Wichtigkeit des Kupferkatalysators steht außer Frage. Ohne ihn reagiert reines Silicium mit Methylchlorid erst bei 400 °C und darüber, wobei sich Kohlenstoff auf dem Silicium abscheidet und fast ausschließlich $SiCl_4$ (mit etwas $HSiCl_3$) erhalten wird. *Mit* Kupfer in der geeignetsten Form läuft die Reaktion schon bei der niedrigen Temperatur von 280 °C ab, und es bildet sich fast ausschließlich das hochbegehrte $(CH_3)_2SiCl_2$. Es stellen sich daher folgende Fragen.

1. Was ist „die geeignetste Form"?
2. Wie bewirkt Kupfer diese bemerkenswerte Änderung des Reaktionsablaufs?
3. Ist Kupfer die einzige Substanz oder das einzige Element, das diese Wirkung zeigt?

Am einfachsten läßt sich die letzte Frage beantworten. Alle Nachbarelemente des Kupfers im Periodensystem (Abbildung 2.2) sind ab 1940 immer wieder daraufhin untersucht worden, und keines davon erreicht auch nur annähernd die Leistungen des Kupfers als Katalysator. Silber ist ein guter Katalysator für die Reaktion von Chlorbenzol mit Silicium bei 350 bis 400 °C, aber in der Reaktion von Methylchlorid mit Silicium ist es viel schlechter geeignet als Kupfer. Aus den Experimenten und den langjährigen Erfahrungen, die man in der Industrie gemacht hat, geht also mit Gewißheit hervor, daß Kupfer als Katalysator für die direkte Synthese von Methylchlorsilanen eine einzigartige Rolle spielt.

Was nun Frage 1 angeht, so scheint „die geeignetste Form" des Kupfers Ansichtssache zu sein. Für einfache Versuchsvorschriften, zum Beispiel für den Praktikumsversuch eines Studenten, werden am besten 20 bis 40% Kupfer(I)chlorid (CuCl) dem Siliciumpulver zugesetzt; wird das Pulvergemisch in einem Methylchloridstrom aufgeheizt, setzt bei ungefähr 260 °C die Reduktion des CuCl durch Silicium ein, es entsteht $SiCl_4$, und metallisches Kupfer scheidet sich direkt auf dem Silicium ab. Andere Forscher nehmen lieber Kupferformiat als CuCl, weil die Ergebnisse besser reproduzierbar sind. Manche glauben, daß nur intermetallische Verbindungen von Kupfer und Silicium wie zum Beispiel Cu_3Si reagieren können. Andere wiederum betonen, daß solche Verbindungen bei der Reaktionstemperatur zerfallen, die zunächst erfolgende Verbindungsbildung wäre demnach nur ein anderes Mittel, um das Kupfer zu verteilen. Wie die Hersteller im einzelnen verfahren, unterliegt verständlicherweise der Geheimhaltung. Es herrscht aber wohl allgemein die Ansicht, daß in Wirbelschichtreaktoren Kupfer und Silicium nicht vorbehandelt werden müssen, daß aber die Wirkung von Kupfer durch einen Cokatalysator wie zum Beispiel Zink „unterstützt" wird. Die Wahl der geeigneten Anwendungsform scheint also mindestens ebenso sehr von den verfahrenstechnischen Details und der Betriebsweise abzuhängen wie von chemischen Gesichtspunkten.

Die zweite Frage läßt sich am schwersten in einer zufriedenstellenden Weise beantworten. Nach Jahrzehnten eingehender Untersuchungen und öffentlicher Kontroversen kann immer noch kein eindeutig gültiger Mechanismus formuliert werden. Bereits vor langer Zeit angestellte Untersuchungen mit mikroskopischen Methoden ergaben eindeutig, daß das Kupfer nicht nur einfach da ist und irgendeinen magischen Einfluß ausübt sondern daß es an dem Reaktionsgeschehen beteiligt ist! Wird die polierte Probe eines Siliciumkristalls, der in Kupfer eingebettet ist, in einem Miniaturöfchen unter dem Mikroskop in einem Methylchloridstrom erhitzt, werden das Silicium *und* das Kupfer an der Grenzlinie gleichermaßen weggeätzt. Daraufhin wurden dünne Filme von Silicium und Kupfer auf Glas bei erhöhten Temperaturen untersucht, man fand, daß ein Methylchloridstrom keinerlei Wirkung auf Silicium ausübte, wenn dieses *vor* dem Kupferfilm angeordnet war, daß aber bei umgekehrter Anordnung, wenn CH_3Cl zuerst mit dem Kupferfilm in Berührung kam, etwas Kupfer verschwand und die in dieser Reaktion gebildeten Produkte, um was es sich auch immer handeln mochte, das Silicium angriffen. Es scheint also so zu sein, daß zuerst das Kupfer reagiert und die sich bildenden kurzlebigen Verbindungen anschließend das Silicium angreifen. Bei einer der vorübergehend auftretenden Verbindungen handelt es sich vermutlich um CuCl, das augenblicklich reduziert wird, wenn es auf der Siliciumoberfläche auftrifft, wobei sich Kupfer zurückbildet und ein Silicium-Atom chloriert wird. Durch diese Si-Cl-Bindung wird das Siliciumatom aktiviert, denn es ist jetzt nicht mehr so fest in das Diamantgitter eingebunden, und das aktive Atom kann ein freies Methylradikal einfangen (oder stammt CH_3 von kurzlebigem CH_3Cu?) und Cl-Si-CH_3 ergeben, das noch an die Oberfläche gebunden ist. Die Wiederholung dieser Vorgänge führt schließlich zu $(CH_3)_2SiCl_2$. Wenn das Siliciumatom anfangs auf mehr CuCl trifft, bildet sich CH_3SiCl_3; fängt es zunächst mehr Methylgruppen ein, erhält man $(CH_3)_3SiCl$. Gleichzeitig pyrolysieren Methylradikale unter Bildung von Wasserstoff, Kohlenstoff und etwas Methan und höheren Kohlenwasserstoffen. Die freien Wasserstoff-Atome benehmen sich wie Methylradikale und werden von aktivierten Siliciumatomen unter Bildung von CH_3SiHCl_2 und $HSiCl_3$ eingefangen. So kann man die Bildung aller Produkte erklären, die in der direkten Synthese gebildet werden, ihre *Mengenanteile* hängen von der Temperatur ab (denn von dieser hängt ab, in welchem Umfang Methylgruppen pyrolysieren) und davon, wieweit Kupfer gleichzeitig überall wirksam ist. Kupfer scheint gerade im rechten Maße befähigt zu sein, kurzlebige sehr reaktionsfähige Produkte zu bilden, die mit Silicium-Atomen reagieren können. Da alle Elemente chemische Individuen mit charakteristischen Eigenschaften sind, benimmt sich kein anderes Element oder keine Kombination von Elementen in dieser heiklen Situation genau wie Kupfer. Haben wir es mit Phenylchlorid (Chlorbenzol) zu tun, ist *Silber* gerade der richtige Stoff für die Bildung hochreaktionsfähiger kurzlebiger Derivate mit Phenylgruppen und Chloratomen, und *diese* und nicht die Kupferverbindungen besitzen gerade die richtige Lebensdauer, um C_6H_5 und Cl auf Silicium zu übertragen. Möglicherweise existieren andere Elemente, die für spezielle Alkyl- oder Arylhalogenide gerade richtig sind, aber vorerst sind wir für die Herstellung von Methylchlorsilanen und Methylsiliconpolymeren auf Kupfer angewiesen.

6 Typische Siliconpolymere und ihre Eigenschaften

Siliconharze

Wir haben bereits gesehen, daß Methylsiliconharze wie beispielsweise die historischen Produkte von 1938 und 1940 vernetzte Strukturen haben, in denen das Verhältnis der Methylgruppen zu Siliciumatomen zwangsläufig kleiner als 2 ist und eher bei 1,5 liegt wie in der folgenden Struktur

$$-O-\underset{\underset{CH_3}{|}}{\overset{\overset{CH_3}{|}}{Si}}-O-\underset{\underset{O^-}{|}}{\overset{\overset{CH_3}{|}}{Si}}-O-\underset{\underset{CH_3}{|}}{\overset{\overset{CH_3}{|}}{Si}}-O-\underset{\underset{CH_3}{|}}{\overset{\overset{O-}{|}}{Si}}-\text{etc.}$$

Wir haben auch gelernt, daß diese vernetzten Strukturen am zuverlässigsten durch Vermischen von $(CH_3)_2SiCl_2$ und CH_3SiCl_3 (oder sogar $(CH_3)_2SiCl_2$ und halbsoviel $SiCl_4$) im gewünschten Mengenverhältnis und Cohydrolyse des Gemischs hergestellt werden können. Die sich dabei bildenden Silanole sind alle bekannt und kondensieren unter Wasserabspaltung und Ausbildung von Siloxanbindungen. Wenn die Reaktionsdauer lang genug ist, das heißt wenn die Reaktion bei ausreichend hohen Temperaturen genügend Zeit hat abzulaufen, hört die Kondensation erst dann auf, wenn das Netzwerk der miteinander verknüpften Ketten fest geworden ist und die endständigen Si-OH-Gruppen in ihrer Beweglichkeit in der festen Masse so eingeschränkt worden sind, daß sie keine anderen Si-OH-Gruppen mehr finden, mit denen sie kondensieren könnten. Das Harz ist dann unlöslich und unschmelzbar geworden, man nennt es „ausgehärtet".

Es liegt auf der Hand, daß ein Harz, das für die elektrische Isolierung eingesetzt werden soll oder als Überzug dient, so flüssig sein muß, daß es verarbeitet werden kann, die Härtung erfolgt dann *anschließend* an Ort und Stelle. Das bedeutet, daß der Kondensationsvorgang, in dem Wasser unter Bildung immer größerer Moleküle abgespalten wird, nicht eher vollständig ablaufen darf, als bis das Siliconharz seinen Bestimmungsort erreicht hat. Für die meisten

Anwendungszwecke muß daher ein Firnis aus teilkondensiertem Harz und einem geeigneten Lösungsmittel hergestellt werden, später kann dann das Lösungsmittel durch Erhitzen (wodurch gleichzeitig das Harz aushärtet) entfernt werden. Die Methylsilanole sind in mit Wasser mischbaren Lösungsmitteln wie zum Beispiel Aceton und höhere Ketonen, Ethern und bestimmten Gemischen von Toluol und höheren Alkoholen löslich. Das ist also kein Problem, besonders dann nicht, wenn das Methylchlorsilangemisch im selben Lösungsmittel hydrolysiert wird. Man erhält allerdings dadurch nicht automatisch einen guten Firnis; während das Harz an Ort und Stelle aushärtet, schrumpft es, weil beträchtliche Mengen an Wasser abgegeben werden, und es bekommt Risse und Löcher. Durch Umlagerung oder Beeinflussung der Struktur des nicht gehärteten Harzes mit Hilfe eines katalytisch wirkenden Zusatzes, normalerweise einer wenig löslichen Substanz, die die Zähigkeit und den Zusammenhalt des Harzes verbessert und die durch Ausprobieren gefunden werden muß, kann man dem abhelfen. In den Anfängen der Siliconforschung entdeckte James Marsden, daß wasserhaltiges Eisentrichlorid, $FeCl_3$, sich hierfür sehr gut eignet, und solche „vorkondensierten" Methylsiliconharze bildeten ein bevorzugtes Material für verstärkte Isoliermaterialien der Klasse H.

In neuerer Zeit sind auch andere Wege eingeschlagen worden. Ein Verfahren besteht darin, Si-H-Bindungen durch Cohydrolyse von CH_3SiHCl_2 oder $HSiCl_3$ mit den „klassischen" Methylchlorsilanen in die Molekülstruktur des Harzes einzuführen und über die reaktionsfähigen Si-H-Bindungen während der abschließenden Härtung Vernetzungen auszubilden, die Härtung kommt also nicht ausschließlich durch Kondensation von Si-OH zustande. Die Vernetzung kann dadurch erfolgen, daß durch Oxidation der Si-H-Gruppen (die sehr oxidationsempfindlich sind) Si-O-Si-Bindungen ausgebildet werden.

$$Si-H + H-Si + O_2 \longrightarrow Si-O-Si + H_2O$$

Eine andere Methode besteht darin, die Si-H-Bindungen mit Vinylgruppen an Nachbarketten umzusetzen. Die Vinylgruppen ihrerseits werden durch Cohydrolyse einer kleinen Menge von Vinylchlorsilan im Ausgangsgemisch eingeführt. Es existieren viele andere Verfahren zur Vorkondensation von Siliconharzen und für die abschließende Aushärtung nach der Anwendung, etliche davon sind durch Patente geschützt.

Firnisse auf Siliconharzbasis werden in großen Mengen zur Imprägnierung und Bindung von Glasfasern verwendet. Genau das wollte man ja ursprünglich, als mit der Erforschung der Siliconpolymere in den dreißiger Jahren begonnen wurde. Fünfzig Jahre später gibt es auf diesem Felde immer noch nichts Besseres, wenn es hauptsächlich auf Stabilität und Oxidationsbeständigkeit bei erhöhten Temperaturen ankommt. Der niedrige dielektrische Verlust des Verbundmaterials und die gute Durchschlagfestigkeit haben zu den erwarteten Raum- und Gewichtseinsparungen bei elektrischen Motoren, Generatoren, Transformatoren und Kabeln geführt, zum Beispiel in Flugzeugen, Raumfahrzeugen und Schiffen, wo es auf solche Einsparungen ankommt. Dies ist aber nicht der einzige Einsatzbereich für Siliconharze. Ein guter Siliconharzlack, der sachgemäß mit thermisch stabilen anorganischen Pigmenten (zum Beispiel Metalloxiden und Silicaten) pigmentiert wurde, ist ein hochtemperaturbeständiger Anstrich, der sich besonders für den Schutz von Stahlkonstruktionen eignet. Solche Anstrichfarben auf Siliconharzbasis sind außergewöhnlich witterungsbeständig und eignen sich in verdünnter Form auch zur Behandlung von Mauerwerk, das dadurch wasserabstoßend wird. Siliconharze werden auch für viele Spezialanwendungen eingesetzt, zum Beispiel für laminierte Leiterplatten und Einbettungsmittel für Transistoren. Tabelle 6.1 und Tabelle 6.2 informieren über die Eigenschaften typischer moderner Siliconharze.

Mit Siliconharzen für die Elektrotechnik allein hätte die Siliconindustrie aber nur ein Zehntel ihrer wirklichen Größe. Den Löwenanteil der Produktion bilden Siliconpolymere gänzlich verschiedener Eigenschaften, Stoffe, von denen 1940 niemand träumte und die im Verlaufe der breit gefächerten Forschungsanstrengungen auf diesem interessanten neuen Gebiet per Zufall entdeckt wurden. Einige der faszinierendsten unerwarteten Entdeckungen haben nie technische Bedeutung erlangt, andere dagegen haben zu den drei Entwicklungslinien geführt, die in den folgenden Abschnitten behandelt werden sollen.

Siliconöle

Als Dimethyldichlorsilan über die direkte Synthese zugänglich geworden war, entwickelte es sich zum wichtigen experimentellen Forschungsobjekt. Wenn es für sich allein hydrolysiert wird, zum Beispiel so, daß man es in Ether auflöst und die Lösung auf Eis gießt, entsteht $(CH_3)_2Si(OH)_2$, das gleichzeitig zu zwei verschiedenen

Tabelle 6.1. Eigenschaften eines modernen Siliconharzes[a]

Baysilone Harz P 850

Typ: Wärmehärtbares Siliconharz. Geeignet als Bindemittel für hochtemperaturbeständige Lacke, Imprägniermittel für Glasfasern, Glimmer usw.

Anwendung: Elektroisolierlacke, Heizmikanite, Elektrotränklacke, Spulentränklacke; Lacke für Fahrzeugschalldämpfer, Energieanlagen. Drehrohröfen, Verbrennungsanlagen usw.

Eigenschaften: Sehr gute Witterungsbeständigkeit, hohe Temperaturbeständigkeit, wasserabweisend, gute dielektrische Eigenschaften

Lieferform: 50%ig in Xylol/Cyclohexan 9:1
Dichte [g/cm^3]: 1,05
Viskosität: ca. 80 mPa·s bei 23°C

Trocknung: 1 Stunde bei 230°C; in Abhängigkeit von der Pigmentierung und der Katalysatormenge sind kürzere Trocknungszeiten bei niedrigeren Temperaturen möglich.

Temperaturbeständigkeit:
Dauerbelastbarkeit (reines Harz): 270°C
Hochpigmentierte Einstellungen: ca. 600°C

Dielektrische Eigenschaften (DIN 53482 VDE 303, Teil 3):
Durchschlagfestigkeit (V/mm): 110000
Dielektrizitätszahl ε_r (50 Hz, 23°C): 3,1
Dielektrischer Verlustfaktor tan δ (50 Hz, 23°C): 0,009
Spezifischer Durchgangswiderstand (Ω·cm): $4 \cdot 10^{16}$

---

[a] Mit freundlicher Erlaubnis der Bayer AG, Leverkusen.

Dimethylsiloxanpolymer-Typen kondensiert, der eine linear gebaut und von wechselnder Länge mit endständigen OH-Gruppen

HO—Si(CH$_3$)$_2$—O—Si(CH$_3$)$_2$—O—Si(CH$_3$)$_2$—OH usw.

der andere Typ eine Reihe von Ringstrukturen ohne OH-Gruppen:

Tabelle 6.2. Eigenschaften eines Silicon-Imprägnierharzes[a]

Wacker Silicon-Imprägnierharz H 62 C in Einkomponentenform
Abmischung der Komponente H 62 A mit Komponente H 62 B3 im Gewichtsverhältnis 10:1

Chemische Zusammensetzung:
Komponente H 62 A: Phenylmethylvinylhydrogenpolysiloxan
Komponente H 62 B3: Phenylmethylvinylpolysiloxan mit Platinkatalysator und Topfzeitverlängerer

Eigenschaften vor der Aushärtung:
Aussehen:	gelblich, leicht trübe
Dichte (DIN 12791):	1,11–1,15 g/cm^3 bei 23°C
Viskosität (DIN 51562 Teil 1):	1400 ± 400 mm^2/s bei 23°C
	120 ± 50 mm^2/s bei 80°C
Flüchtige Anteile:	1 ± 1%
	(5 g, 1 h, 200°C im Bleitiegel)
Gelzeit:	20 ± 5 min
	(13 g, 200°C, Gelnormgerät)
Lagerfähigkeit im geschlossenen Originalgebinde:	12 Monate bei 23°C
	mind. 120 h bei 80°C

Eigenschaften nach der Aushärtung:
Aushärtezeit:	16 h bei 200°C

Thermische und mechanische Eigenschaften:
Härte Shore D (DIN 53505):	65 ± 5 (Rundstab)
Biegefestigkeit (DIN 53452):	20–35 N/mm^2 bei 23°C
Zug E-Modul (DIN 53457):	950 N/mm^2 bei 23°C
Reißfestigkeit (DIN 53455):	20 N/mm^2 bei 23°C
Linearer Ausdehnungskoeffizient:	1,35 · 10^{-4} zwischen 30–70°C
	1,75 · 10^{-4} zwischen 30–130°C
Wärmeleitfähigkeit	0,2 W/(K · m)
Spezifische Wärme:	1,5–1,6 J/(g · K)
Vicat-Erweichungstemperatur (DIN 53460):	72°C
Wasserdampfdurchlässigkeit (DIN 53122):	6 g/(d · m^2)
Vertikaler Brenntest:	Klassifizierung UL 94 V-0
Temperaturindex (DIN JEC 216 Teil 1):	231°C

Elektrische Eigenschaften:
Dielektrizitätskonstante (DIN 53483) 50 Hz-10 MHz:	ca. 2,8–2,9

Tabelle 6.2 (Fortsetzung)

Dielektrischer Verlustfaktor tan δ (DIN 53483) 50 Hz–10 MHz:	ca. $30–70 \cdot 10^{-4}$
Spezifischer Durchgangswiderstand (DIN 53482):	$2 \cdot 10^{17}$ Ω · cm bei 23 °C
Durchschlagfestigkeit	90 kV/mm bei 23 °C
	75 kV/mm bei 200 °C
Spezifische elektrische Leitfähigkeit:	$4 \cdot 10^{-13}$ S · cm^{-1} bei 23 °C
Oberflächenwiderstand:	$2,4 \cdot 10^{13}$ Ω · cm

Physiologische Eigenschaften:
Es sind bisher keine toxischen Eigenschaften bekannt geworden.

[a] Mit freundlicher Erlaubnis der Wacker-Chemie, München.

Das cyclische Trimer links nennt man korrekt (aber nicht ohne Schwierigkeiten für die Zunge) Hexamethylcyclotrisiloxan, das cyclische Tetramer rechts heißt Octamethylcyclotetrasiloxan. Diese beiden sind nicht die einzigen ringförmigen Produkte; die Reihe geht mit abnehmenden Ausbeuten weiter zum Pentamer, Hexamer, Heptamer usw. Da ein Name wie Dodecamethylcyclohexasiloxan (für das Hexamer) für die meisten Leser zu schwierig ist und da wir von hier an es nur mit *Methyl*siliconen zu tun haben werden, da außerdem ohnehin Rücksicht auf Platz und auch die freie Zeit des Lesers genommen werden sollte, wollen wir uns auf eine einfache Kurzschreibweise für den $(CH_3)_2SiO$-Baustein einigen: Wir bezeichnen ihn als D-Baustein. Wir wählen D, weil die Einheit $-(CH_3)_2SiO-$ difunktionell ist; d. h. sie kann zwei (und *nur* zwei) Bindungen zu benachbarten Atomen oder Gruppen knüpfen. Man stelle sich vor, daß sie zwei Hände hat und mit anderen Einheiten, die auch über zwei Hände verfügen, zu Ringen zusammentritt, genau, wie das auch Menschen können. Mit dieser Vereinfachung wird aus den beiden obenstehenden Strukturformeln einfach D_3 und D_4. Ebenso haben wir D_5, D_6 (für den zuletzt weiter oben gegebenen Zungenbrecher), D_7 usw. Nachdem wir uns so von langen Namen und Formeln freigemacht haben, wollen wir uns einige Eigenschaften dieser interessanten und nützlichen Ringverbindungen in Tabelle 6.3 ansehen.

Es gibt kein D_2, weil Silicium und Sauerstoff ihre Bindungen nicht so eng zusammenrücken können, daß ein so kleiner Ring entsteht. Der sechsgliedrige Ring D_3 ist der kleinste, den Silicium und

Tabelle 6.3

Verbindung	Siedepunkt [°C]	Schmelzpunkt [°C]	Dichte der Flüssigkeit [g/cm^3]	Brechungsindex der Flüssigkeit
D_3	134	64	Kristalliner Festkörper	
D_4	175	17,5	0,9558	1,3968
D_5	210	−38	0,9593	1,3982
D_6	245	−3	0,9672	1,4015
D_7	154 (27 mbar)	−32	0,9730	1,4040

Sauerstoff glatt bilden können, aber selbst er ist gespannt (wie aus seiner erhöhten chemischen Reaktionsfähigkeit hervorgeht). D_4, D_5 und D_6 sind ganz normal aussehende farblose Flüssigkeiten, und D_3 ist eine niedrig schmelzende Festsubstanz, die bei 64 °C in eine flüchtige Flüssigkeit übergeht. Merkwürdig ist, daß in dieser homologen Reihe die Schmelzpunkte zunächst steil abfallen, dann ansteigen und wiederum abfallen, besonders merkwürdig darum, weil die Siedepunkte und Dichten gleichmäßig und stetig anwachsen. Natürlich käme keiner auf den Gedanken, irgendeine dieser Verbindungen oder eine Mischung als Öl zu verwenden; der Bereich, in dem sie flüssig sind, ist zu klein, ihre Schmelzpunkte sind zu hoch, außerdem sind sie viel zu teuer! Dennoch wird von ihnen für die Herstellung der so erfolgreichen Siliconöle ausgegangen, die bestimmte mechanische und elektrische Probleme so gut lösen, daß sie ihren Preis wert sind. In der Tat helfen sie oft da, wo nichts anderes mehr helfen will und sind daher viele Male ihr Geld wert. Wie ist das möglich?

Zur Beantwortung dieses Rätsels machen wir einen einfachen Versuch. Wir nehmen etwas D_4, das sehr rein hergestellt werden kann, und setzen das vierfache Volumen an konzentrierter Schwefelsäure zu. Und siehe, es löst sich auf! Das ist bereits eine Überraschung an sich, weil SiO_2 von Schwefelsäure überhaupt nicht angegriffen wird und Schwefelsäure ja in Flaschen aus Silicatglas aufbewahrt wird. Die Si-O-Bindungen der D_x-Moleküle sind aber so ungeschützt und gespannt, außerdem durch die negativen CH_3-Gruppen so verändert, daß sie von der sehr starken Säure unter Bildung eines Schwefelsäureesters angegriffen werden.

Die Formel des Schwefelsäureesters ähnelt der der Chlorverbindung, unserem alten Freund $(CH_3)_2SiCl_2$:

$$D_4 + 8H_2SO_4 \longrightarrow 4(CH_3)_2Si(HSO_4)_2 + 4H_2O$$

Der Schwefelsäureester bleibt in der Säure gelöst, wenn wir aber jetzt die Lösung sehr langsam und vorsichtig in einen Überschuß von Wasser eingießen, hydrolysiert er:

$$x(CH_3)_2Si(HSO_4)_2 + xH_2O \longrightarrow [(CH_3)_2SiO]_x + 2xH_2SO_4$$

Wir bekommen also unser Dimethylsiloxan restlos zurück, *aber nicht in der gleichen Form*! Die farblose Flüssigkeit, die auf der sehr verdünnten Säure schwimmt, ist nicht das ursprüngliche dünnflüssige flüchtige D_4 sondern ein zähflüssiges Öl, das nicht destilliert werden kann; wenn es sehr hoch erhitzt wird, verdickt es sich und geliert allmählich unter Abgabe von etwas Wasserdampf. Folgendes ist passiert: Die durch die Hydrolyse des Schwefelsäureesters freigesetzten Bausteine D lagern sich nicht wieder zu dem ursprünglichen achtgliedrigen Ring D_4 zusammen sondern bilden jetzt überwiegend lineare Ketten wechselnder Länge, die wir der Einfachheit halber als D_x bezeichnen wollen, wobei x unbestimmt aber nicht sehr groß ist. Dieses D_x-Öl ähnelt nicht den oben beschriebenen ringförmigen Verbindungen; es hat einen niedrigen aber nicht definierten Schmelzpunkt, es hat keinen festen Siedepunkt, der flüssige Bereich ist also sehr breit. Auch ändert es seine Viskosität nur sehr wenig mit der Temperatur – die Temperaturabhängigkeit der Viskosität ist viel kleiner als bei den uns vertrauten Kohlenwasserstoff-Ölen. Diese Eigenschaften lassen es für bestimmte Anwendungen interessant erscheinen, leider hat die Sache aber einen Haken: Das Öl verdickt sich allmählich, wenn es auf höheren Temperaturen gehalten wird. Wir können ohne weiteres verstehen, warum das der Fall ist, denn die D_x-Ketten haben natürlich Endgruppen, und die einzigen in Frage kommenden sind OH-Gruppen. Bei erhöhten Temperaturen bewirkt die thermische Bewegung der Moleküle in der Flüssigkeit, daß sich diese OH-Gruppen nahekommen, kondensieren und unter Bildung von wesentlich längeren D_x-Ketten H_2O abspalten. Auch diese längeren Ketten besitzen OH-Endgruppen, darum laufen diese Kondensationsvorgänge solange ab, bis die ganze Masse fest geworden ist, dann ist es vorbei mit dem Öl.

Offenbar braucht man irgendeine stabile Endgruppe für die Ketten, die den Kettenbausteinen D so ähnlich wie möglich sein soll. Patnode fand die Lösung: Man muß an den Kettenenden *Trimethylsilyl-Gruppen*, $(CH_3)_3Si-$, anbringen! Die endständigen Trimethylsiloxy-Einheiten können, anders als die OH-Gruppen, nicht kondensieren, die Moleküle des Öls bleiben daher unverändert; das Öl verdickt nicht im Laufe der Zeit. Wie muß man vorgehen? Patnode argumentierte, daß konzentrierte Schwefelsäure nicht nur die Si-O-Si-Bindungen in einer Dimethylsiloxankette öffnet und schließt sondern vermutlich auch die Si-O-Si-Bindung von Hexamethyldisiloxan, $(CH_3)_3SiOSi(CH_3)_3$. Die Bruchstücke des letzteren könnten sich dann mit den anderen längeren sich öffnenden Ketten verbinden. Chemisch gesehen passiert das Folgende:

$$(CH_3)_3SiOSi(CH_3)_3 + 2H_2SO_4 \longrightarrow 2(CH_3)_3Si(HSO_4) + H_2O,$$

ebenso werden D-Bausteine aus dem cyclischen Tetramer erzeugt:

$$[(CH_3)_2SiO]_4 + 8H_2SO_4 \longrightarrow 4(CH_3)_2Si(HSO_4)_2 + 4H_2O$$

Wie vorhin schon einmal erwähnt, haben diese Schwefelsäureester große Ähnlichkeit mit den Chloriden, und wie die Chloride hydrolysieren sie unter Bildung von Siloxanketten. Beachten Sie aber, daß in den beiden gerade formulierten Reaktionsgleichungen *Wasser entsteht*. Für die Hydrolyse muß also kein Wasser zugesetzt werden; wird zunächst von einer sehr kleinen Menge an Schwefelsäure ausgegangen, so wird die Säure schnell durch das Wasser verdünnt, das bei der Bildung der Schwefelsäureester frei wird. Anschließend setzt die Hydrolyse der Schwefelsäureester ein, dadurch wird Schwefelsäure zurückgebildet, die wiederum Si-O-Si-Bindungen angreift usw. Die Schwefelsäure kann immer wieder Bindungen aufbrechen und sich zurückbilden, immer wieder entstehen Schwefelsäureester und verschwinden durch Hydrolyse wieder. Bei der Hydrolyse entstehen momentan Verbindungen mit OH-Gruppen, aber diese kondensieren augenblicklich mit anderen Si-OH-Gruppen, besonders im sauren Milieu, unter Bildung von Siloxanketten. Wenn die Reaktionszeit lang genug ist, regiert der Zufall den Zusammentritt der Fragmente, und man erhält Dimethylsiloxanketten mit Trimethylsiloxy-Endgruppen. Die mittlere Kettenlänge hängt von dem relativen Mengenverhältnis von kettenbildenden D-Bausteinen und kettenabbrechenden Trimethylsiloxy-Einheiten ab.

Diese Verhältnisse können wir uns an einem konkreten Beispiel klarer machen. Zur Vereinfachung wählen wir M als Symbol für die *mono*funktionelle $(CH_3)_3SiO$-Einheit. D steht also für *di*funktionelle $(CH_3)_2Si$-O-Einheiten, die für den Kettenaufbau verantwortlich zeichnen, und M bedeutet *mono*funktionelle kettenabbrechende $(CH_3)_3SiO$-Einheiten. Zunächst benötigen wir einen Lieferanten für

M, wir erhalten M durch Hydrolyse des in der direkten Synthese anfallenden Nebenprodukts $(CH_3)_3SiCl$:

$$2(CH_3)_3SiCl + H_2O \longrightarrow (CH_3)_3SiOSi(CH_3)_3 + 2HCl$$
oder M_2

In unserem Beispiel gehen wir von einem Mol[1] D_4 aus, das durch Hydrolyse von $(CH_3)_2SiCl_2$ erhalten wurde, und einem Mol M_2, das wie oben gezeigt hergestellt wird. Wir vermischen sie und setzen ein bißchen konzentrierte Schwefelsäure hinzu, nicht mehr als 10% der Gesamtmenge. Das Gemisch wird bei Zimmertemperatur mindestens vier Stunden lang geschüttelt. Während dieser Zeit werden, wie oben erklärt, *alle* Siloxanbindungen millionen- und abermillionenmal durch Hydrolyse und Veresterung aufgespalten und wieder verknüpft. Die freigesetzten M- und D-Grundbausteine rekombinieren nach den Gesetzen des Zufalls, es bilden sich M_2, MDM, MD_2M, MD_3M, MD_4M, MD_5M, MD_6M usw. Welche Molekülsorte wird statistisch gesehen überwiegen? Nun, da wir von einem Verhältnis von vier D zu zwei M ausgegangen sind, muß die *mittlere* Gleichgewichtszusammensetzung MD_4M entsprechen. Anschließend verdünnen wir die Schwefelsäure mit großen Mengen Wasser und machen sie dadurch unwirksam, trennen die wäßrige Schicht, waschen die ölige Siloxanphase wiederholt mit Wasser und dann mit einer Lösung von Natriumhydrogencarbonat, um alle Spuren von Säure zu entfernen, und trocknen schließlich das kettenstabilisierte Öl und untersuchen es. Es ist eine klare farblose Flüssigkeit mit einer *mittleren* Molmasse von 296 (MD_4M hat 296,34), löslich in Benzol und anderen Kohlenwasserstoffen, sehr unlöslich in Wasser, teilweise löslich in Aceton und Alkohol und praktisch unmischbar mit schwerem mineralischen Schmieröl. Es hat einen leicht pfefferminzartigen Geruch, den Geruch von Hexamethyldisiloxan, was nur zeigt, daß in der Äquilibrierungsreaktion neben den anderen höheren Siloxanen auch ein kleines bißchen M_2 gebildet wird (M_2 selbst ist ziemlich flüchtig und siedet bei 100,5 °C).

Es muß betont werden, daß zwar die *mittlere* Kettenlänge und die *mittlere* Molmasse eines solchen kettenstabilisierten Silikonöls durch die Wahl geeigneter Mengenanteile an M und D in dem anfänglichen Reaktionsgemisch eingestellt werden können, die resultierenden

---

[1] Hier bedeutet der Ausdruck *Mol* einfach $6,023 \cdot 10^{23}$ Moleküle. Ein einzelnes Molekül ist zu klein, um im Laboratorium gewogen werden zu können; ein Mol ist ein Vielfaches, das sich bequem verwenden läßt. Ein Mol M_2 wiegt 162,2 Gramm.

116 Typische Siliconpolymere und ihre Eigenschaften

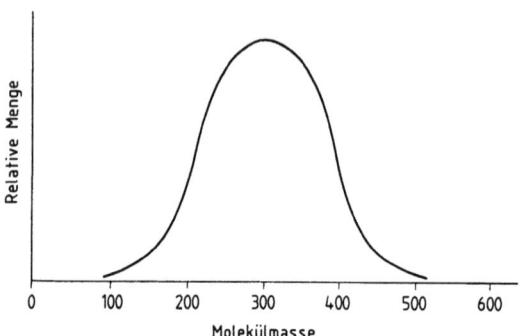

Abb. 6.1. Molekülmassenverteilung in einem äquilibrierten Siliconöl

Tabelle 6.4. Einige lineare Methylsiloxane

Verbindung	Siedepunkt [°C (mbar)]	Schmelzpunkt [°C]	Dichte bei 20°C [g/cm^3]	Brechungsindex
MDM	153 (1013)	−80	0,8200	1,3848
MD$_2$M	194 (1013)	−86	0,8536	1,3895
MD$_3$M	229 (1013)	−8	0,8755	1,3925
MD$_4$M	142 (27)	−100	0,8910	1,3948
MD$_5$M	159 (27)	−78	0,911	1,3965
MD$_6$M	186 (27)	−63	0,913	1,3970

Molekülgrößen und -massen sind aber stets statistisch verteilt. Dies ist eine Folge der statistisch ablaufenden Umverteilungsreaktion, die wir Äquilibrierung nennen. Das Gleichgewichtsgemisch enthält zwangsläufig niedermolekulare Anteile und auch solche mit sehr hohen Molmassen, entsprechend der Verteilungskurve in Abbildung 6.1. Für die meisten praktischen Anwendungen müssen die verhältnismäßig niedermolekularen flüchtigen Anteile durch Destillation entfernt werden, weil sie ohnehin bei dem späteren Einsatz des Öls verdampfen würden; am besten trennt man sie während der Herstellung ab und setzt sie dem nächsten zu äquilibrierenden Ansatz zu. Beläßt man sie im Gleichgewichtsgemisch, bewirken sie einen anderen unerwünschten Effekt: Sie erniedrigen den Flammpunkt des Öls, die Temperatur, bei der das Öl an der Luft entflammt (Siliconöle können durchaus brennen, allerdings ist ihre Neigung dazu im Vergleich zu Mineralölen gering. Es gibt einen weiteren Unterschied:

Siliconöle brennen mit kleiner hellweißer Flamme und entwickeln einen *weißen* Rauch von SiO_2, Mineralöle dagegen brennen mit gelber rußender Flamme, der Rauch ist tiefschwarz).

Tabelle 6.4 gibt die Eigenschaften einiger der MD_xM-Verbindungen wieder, die aus der Äquilibrierung von M- und D-Bausteinen hervorgehen. Wenn wir diese Eigenschaften mit denen der ringförmigen Verbindungen in Tabelle 6.3 vergleichen, sehen wir, daß die linearen Methylsiloxane MD_xM im Vergleich zu den Ringverbindungen niedrigere Schmelzpunkte, einen viel breiteren Flüssigkeitsbereich und niedrigere Dichte aufweisen. Außerdem findet man, daß die linearen Verbindungen niedrigere Viskositäten besitzen als ihre ringförmigen Gegenstücke und *sich ihre Viskosität in Abhängigkeit von der Temperatur weniger ändert*. Aus all diesen Gründen ist es wünschenswert, daß Siliconöle, die für praktische Anwendungen vorgesehen sind, keine cyclischen Methylsiloxane enthalten, dafür aber möglichst viel M-blockierte lineare Polymere[2].

Die geringe Änderung der Viskosität mit der Temperatur ist für viele Einsatzzwecke der Siliconöle von so großer Bedeutung, daß es sich lohnt, sich etwas ausführlicher damit zu beschäftigen.

Nehmen wir an, daß wir zwei Öle wählen, die bei Körpertemperatur, 37 °C, die gleiche Viskosität aufweisen, eines davon ein Siliconöl der gerade beschriebenen Art und das andere ein mineralisches Schmieröl. Wir heizen sie gemeinsam auf und kühlen sie gemeinsam ab und messen ihre Viskositäten in der Weise, daß wir die Zeit bestimmen, die ein abgemessenes Volumen benötigt, um aus einem genormten kegelförmigen Becher mit einem Loch im Boden auszufließen. (Durch Verwendung des genormten Bechers kann man bequem die Auslaufzeit in Sekunden in die kinematische Viskosität in mm^2/s umrechnen mit Hilfe einer Formel, die uns hier nicht beschäftigen soll[3].) Dann vergleichen wir die Ergebnisse (siehe Tabelle 6.5).

Bei Temperaturabsenkung wird das Siliconöl dickflüssiger, fließt aber bei −57 °C noch einigermaßen. Das Mineralöl wird bei sinkender Temperatur viel schneller dickflüssig. Bei −37 °C ist es so

---

[2] Kein Grund spricht dagegen, daß die Ketten durch Einbau geringer Mengen trifunktioneller (T) Bausteine verzweigt werden, solange alle Verzweigungen in M-Bausteinen enden. Solche Öle haben niedrigere Schmelzpunkte.

[3] Neben der „kinematischen Viskosität" wird oft die „dynamische Viskosität" (in $mPa \cdot s$) angegeben, siehe zum Beispiel die Produkttabellen in diesem Kapitel.

118 Typische Siliconpolymere und ihre Eigenschaften

Tabelle 6.5

Temperatur [°C]	Siliconöl Viskosität [mm²/s]	Mineralöl Viskosität [mm²/s]
100	40	11
38	100	100
−18	350	11 000
−37	660	230 000
−57	1560	fest!

extrem zähflüssig, daß es praktisch kaum noch fließt. Bei −57 °C ist es vollständig erstarrt.

Dramatischer läßt sich das unterschiedliche Verhalten in folgendem Vorlesungsversuch zeigen: Man nimmt zwei Reagenzgläser oder Fläschchen und füllt das eine mit Siliconöl und das andere mit Mineralöl. Beide Öle haben bei Raumtemperatur vergleichbare Viskosität. Dann werden beide Gläser in ein Bad aus festem CO_2 („Trockeneis") und Aceton gestellt und abgekühlt. Von Zeit zu Zeit werden die Gläschen untersucht, man findet, daß das Mineralöl viel schneller dickflüssig wird als das Siliconöl und bald so viskos ist, daß es überhaupt nicht mehr fließt. Das Siliconöl fließt aber selbst dann noch, wenn es die Temperatur des Bades von −80 °C erreicht hat, wovon man sich durch Umkippen des Reagenzglases überzeugen kann. Beläßt man das Glas mit dem Siliconöl einige Zeit auf dieser niedrigen Temperatur, können sich in dem Siliconöl einige Kristalle bilden, selbst das läßt sich aber vermeiden, wenn vorher die ringförmigen und flüchtigen Verbindungen sorgfältig abgetrennt wurden und eine reichliche Menge an verzweigtem Methylsiloxanpolymer zugesetzt wird, durch das die Regelmäßigkeit der geradkettigen Moleküle gestört wird, so daß sie sich nicht mehr ausrichten und Kristalle bilden können.

Wer lieber Diagramme hat, schaue sich Abbildung 6.2 an, in der Siliconöl mit einem mineralischen Hydrauliköl zwischen −60 und +150 °C verglichen wird. Die Viskositäten in mm²/s sind im logarithmischen Maßstab aufgetragen.

Die ausgezogene Gerade S entspricht dem Siliconöl und die gestrichelte Gerade P dem Mineralöl. Der Unterschied ist in der Tat frappierend. Wieder ist das Mineralöl bei −40 oder −60 °C ungeeignet, aber das Siliconöl bleibt pumpfähig. Die sich daraus ergebenden

Siliconöle 119

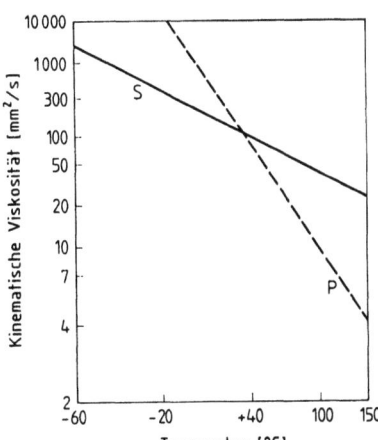

Abb. 6.2. Temperaturabhängigkeit der Viskosität von Siliconöl und Mineralöl
S = Siliconöl, P = Mineralöl

Konsequenzen für den Betrieb von hydraulischen Anlagen bei sehr niedrigen Temperaturen, zum Beispiel in einem Flugzeug in sehr großen Höhen, liegen auf der Hand: Das Siliconöl behält seinen Wert als hydraulische Flüssigkeit, das Mineralöl ist dagegen ungeeignet (es wäre sehr schön, wenn sich das Siliconöl auch für die Schmierung von Motoren unter schwierigen arktischen Bedingungen eignete, aber leider! Es ist chemisch zu rein, weil synthetisch; als Schmiermittel ist es nicht gut genug, weil es keine polaren oder sauren Gruppen besitzt, mit denen es sich auf einer Stahloberfläche verankern kann, es wird daher einfach herausgepreßt, wenn der Druck zwischen den Metalloberflächen zu hoch wird).

Schon frühzeitig erkannte man, daß Methylsiliconöle weitere wertvolle Eigenschaften besitzen, durch die sie sich von den landläufigen überall benutzten Pflanzen- und Mineralölen unterscheiden. Tabelle 6.6 enthält einige wichtig Ergebnisse, die von D. F. Wilcock 1946 veröffentlicht wurden und die auch heute noch gelten, wenn man einmal von den heute existierenden abgewandelten Siliconölen für spezielle Einsatzzwecke absieht. Man erkennt, daß der Flammpunkt (die Temperatur, bei der der Dampf sich entzündet, wenn eine Flamme in die Nähe gebracht wird) durch Entfernung der aus der Äquilibrierungsreaktion stammenden flüchtigen niedermolekularen Anteile beträchtlich angehoben werden kann (siehe Abbildung 6.1). Den Entzündungspunkt (die Temperatur der Flüssigkeit, bei der sie selbst Feuer fängt und brennt, wenn sie mit einer Flamme berührt wird) wird durch diese Maßnahme ebenfalls beträchtlich verbessert, das Ergebnis wird hier allerdings nicht gezeigt.

120 Typische Siliconpolymere und ihre Eigenschaften

Tabelle 6.6. Eigenschaften von Siliconölen[a]

Flammpunkt	93 °C
Brennpunkt	204 °C
Flammpunkt, NV-Typ	316 °C
Verbrennungswärme	25,6 kJ/g
Oberflächenspannung	20 mN/m
Löslichkeit von Luft in Öl bei 28 °C	21 % (L/L)
Spezifische Wärme bei 27 °C	1,09 J/g
Wärmeleitfähigkeit	0,19 W/(K·m)
% flüchtige Anteile bei 150 °C, NV-Typ	0,5
Viskositäts-Temperatur-Koeffizient	0,6
Brechungsindex bei 20°	1,40
Dielektrizitätskonstante bei 60 Hz	2,58
Spezifischer Durchgangswiderstand	$7,9 \cdot 10^{14}\ \Omega \cdot cm$
Verlustfaktor bei 60 Hz	0,0002

[a] Aus Wilcock, Gen. Elec. Rev. *49*, Seite 14 (1946).

Wie die anderen Siliconpolymere auch löst Siliconöl Luft auf und ist recht durchlässig für Sauerstoff, ein Effekt, auf den wir bei den Siliconelastomeren zurückkommen. Was die anderen Eigenschaften in Tabelle 6.6 angeht, so sind die Oberflächenspannung und die spezifische Wärme vergleichsweise niedrig, und die elektrischen Eigenschaften sind außergewöhnlich gut. Der Verlustfaktor ist ein Maß für die auftretenden Energieverluste, wenn das Öl als Isoliermaterial eingesetzt wird; er stellt die Energie dar, die von dem Dielektrikum absorbiert wird und ist so ein Maß für die unerwünschten Verluste an elektrische Energie, die eine gleichermaßen unerwünschte Erwärmung des Öls bewirken. Diese Verluste sind bei Siliconöl außerordentlich niedrig, Siliconöl wird deswegen viel in der Elektrotechnik eingesetzt. Der Viskositäts-Temperaturkoeffizient VTC stellt die relative Änderung der Viskosität in Abhängigkeit von der Temperatur dar,

$$VTC = \frac{\text{Visk. bei } 38\,°C - \text{Visk. bei } 100\,°C}{\text{Visk. bei } 38\,°C}$$

und wir haben bereits gesehen, daß diese Änderung ungewöhnlich klein ist.

Die *chemischen* Eigenschaften von Siliconöl gehen nicht aus den Tabellen hervor, sind aber genauso wichtig. Sauerstoff bleibt bis etwa 150 °C ohne Einfluß, bei 200 °C oder darüber findet aber in Luft

Siliconöle 121

Tabelle 6.7. Eigenschaften moderner Siliconöle[a]

Siliconöle AK

Typ: Siliconöle AK werden in Viskositäten von 0,65 bis 500000 mm^2/s angeboten. Sie bestehen aus unverzweigten Dimethylpolysiloxan-Ketten, deren Kettenlänge und Molekulargewicht mit steigenden Viskositäten zunimmt. Zur Einstellung einer gewünschten Viskosität verwendet man Siliconöle AK der Standardviskositäten, die unbegrenzt miteinander mischbar sind.

Eigenschaften: Siliconöle AK sind wasserklare Flüssigkeiten. Sie sind temperaturbeständig, stark wasserabweisend, besitzen ein ausgezeichnetes Viskositäts-Temperaturverhalten, geringe Oberflächenspannung, hohe Kompressibilität, ausgezeichnete elektrische Eigenschaften bei hohen und tiefen Temperaturen und in einem weiten Frequenzbereich und sind ungiftig, geruchs- und geschmackfrei und strahlungsbeständig.

Anwendung: Als Trennmittel, Gleitmittel, Dämpfungsmedien, Hydrauliköle, flüssige Dielektrika, Hydrophobierungsmittel, Antischaummittel, als Zusätze in kosmetischen Präparaten und in Haushaltspflegemitteln.

Physikalische Eigenschaften: Als Beispiel seien die Eigenschaften des Typs Siliconöl AK 30000, eines Siliconöls mittlerer Viskosität, aufgeführt:

Viskosität (25°C):	30000 mm^2/s
	29100 mPa·s
Viskositäts-Temperatur-Koeffizient:	0,61
Dichte (25°C):	0,965–0,975 g/cm^3
Flammpunkt (DIN 51376):	>320°C
Stockpunkt:	−44°C
Flüchtigkeit %:	<1,0
Brechungsindex (25°C):	1,403–1,404
Wärmeleitfähigkeit (50°C):	0,15 W/(K·m)
Wärmeausdehnungskoeffizient (0–150°C), cm^3·10^{-4}/(cm^3·°C):	9,6
Dielektrizitätskonstante (25°C, 100 Hz):	2,76
Durchschlagfestigkeit:	15 kV/mm
Spezifischer Widerstand:	2·10^{14} Ω·cm
Verlustfaktor tan δ (25°C)	
bei 10^2 Hz:	8·10^{-5}
bei 10^5 Hz:	<1·10^{-5}
Oberflächenspannung:	21,5 mN/m

[a] Mit freundlicher Erlaubnis der Wacker-Chemie, München.

im gewissen Umfang Oxidation statt, wenn nicht ein inhibierendes Oxidationsschutzmittel zugesetzt ist. Die thermische Zersetzung beginnt zwischen 350°C und 400°C; bei dieser Zersetzung handelt es sich in Wirklichkeit um eine Depolymerisierung, eine Verkohlung oder Bildung von Ablagerungen findet nicht statt.

Obwohl Flußsäure dieses Öl und jedes andere Siliconpolymer augenblicklich angreift (genauso wie sie Glas und alle Silicate angreift), zeigen verdünnte Säuren wie Salzsäure und Schwefelsäure keine Wirkung. Durch konzentrierte Schwefelsäure wird Siliconöl angegriffen, konzentrierte wäßrige Lösungen von Alkalimetallhydroxiden wie Natrium- und Kaliumhydroxid lösen die Si-O-Bindungen, genauso wie sie Glas angreifen. Siliconöl ist ein sehr schlechtes Lösungsmittel für die meisten uns bekannten Kunststoffe, und diese werden also durch Siliconöl nicht weichgemacht; Naturkautschuk wird durch Siliconöl nicht aufgequollen. Im allgemeinen unterscheiden sich die Siliconpolymere aufgrund ihrer gänzlich anderen molekularen Zusammensetzung und Struktur völlig von den uns

Tabelle 6.8. Dielektrische Kühlflüssigkeit für Transformatoren[a]

Baysilone M 50 EL

Physikalische Eigenschaften:

Viskosität (25°C):	50 mm^2/s
Viskositäts-Temperatur-Koeffizient:	0,60
Dichte (25°C):	0,96 g/cm^3
Brechzahl (25°C, D-Linie):	1,402
Stockpunkt:	−60°C
Oberflächenspannung:	21 mN/m
Wärmeausdehnungskoeffizient:	0,0010 K^{-1}
Verdampfungsverlust (150°C):	<0,5% (g/g)
spezifische Wärme:	1,55 J/(g·K)

Elektrische Eigenschaften:

Durchschlagspannung:	50 kV/2,5 mm
Dielektrizitätszahl (23°C):	2,9 bei 50 Hz
Verlustfaktor (23°C):	1,3·10^{-4} bei 50 Hz
spezif. Durchgangswiderstand (23°C):	8·10^{14} Ω·cm
Einsatztemperatur:	150°C Dauerbetrieb
Wärmebeständigkeit in Luft:	200°C
Wärmebeständigkeit in Inertgasatmosphäre:	300°C

[a] Mit freundlicher Erlaubnis der Bayer AG, Leverkusen.

vertrauten organischen Stoffen wie zum Beispiel Kunststoffen und Ölen, Fetten und Nahrungsstoffen, die wechselseitige Löslichkeit oder Verträglichkeit ist daher sehr klein. Gerade aus diesem Grunde sind Siliconpolymere aber häufig so vorteilhaft.

Seit den Zeiten von Patnode und Wilcock sind die Siliconöle ständig verbessert worden, und heute werden viele verschiedene Typen mit Viskositäten bis zu 600000 mm^2/s angeboten. Zwei Beispiele (Tabelle 6.7 und Tabelle 6.8), ein Siliconöl der Wacker-Chemie und eine dielektrische Flüssigkeit der Bayer AG (ein umweltfreundliches Transformatorenöl), sollen die allgemeinen Eigenschaften solcher Öle vor Augen zu führen.

Siliconelastomere

Bei den Siliconölen ging es darum, die Länge der Polymermoleküle wirksam und dauerhaft zu beschränken, damit das Material flüssig bleibt. Bei den Silicon*harzen* sollten dagegen die Moleküle wachsen und weitgehend zu einem festen starren Stoff vernetzen und Glasfasern und andere Füllstoffe fixieren. Für Silicon*elastomere*, aus denen Silicongummi gemacht wird, muß man lineare Methylsiliconpolymere mit *extrem* hohen Molekülmassen herstellen, die zunächst weitgehend unabhängig voneinander bleiben (und so ein flexibles und elastisches Material liefern), aber zum gewünschten Zeitpunkt gezielt an einigen ausgewählten Stellen vernetzt werden können, damit das flexible elastische Material formbeständig wird. Wie Naturkautschuk und gängige organische Synthesekautschuke, die man vulkanisiert (d. h. mit Hilfe von Schwefel über ungesättigte Stellen in den Molekülen vernetzt), um Festigkeit zu erzielen und das Kriechen zu verhindern, müssen auch Siliconkautschuke mit geeigneten Vernetzungsmitteln „vulkanisiert" werden, damit das ursprüngliche Elastomer (das reine hochmolekulare Siliconpolymer) genügend Festigkeit gewinnt, nicht kriecht und seine Aufgaben erfüllen kann. Wir werden sehen, daß noch viele weitere Stoffe nötig sind, um aus dem reinen Elastomer einen guten Silicongummi herzustellen.

Zunächst einmal, wie macht man eigentlich sehr hochmolekulares lineares Methylsilicon? Zunächst braucht man natürlich einen sehr sauberen Lieferanten für D-Bausteine. Liegen gleichzeitig M-Bausteine vor, brechen diese nämlich das Kettenwachstum schnell und endgültig ab. Liegen trifunktionelle Moleküle vor, führen sie zu unerwünschter vorzeitiger Vernetzung und stören so die Linearität;

das Polymer wäre dann nur teilweise ein Elastomer, außerdem aber ein Harz. Darum muß die difunktionelle Verbindung extrem rein sein. Allerdings haben wir gesehen, daß es wirtschaftlich unvertretbar ist, die angestrebte extreme Reinheit nur durch intensives Destillieren des Chlorsilangemischs zu erreichen, denn die Siedepunkte liegen zu dicht beieinander. Man müßte viele Tage lang destillieren, ein enorm hohes Rücklaufverhältnis einstellen und könnte nur sehr kleine Mengen an $(CH_3)_2SiCl_2$ durchsetzen. Hyde fand einen Weg, der aus diesem Dilemma herausführte. Wenn $(CH_3)_2SiCl_2$ hydrolysiert wird, bilden sich beträchtliche Mengen an D_4, die direkt aus dem Gemisch herausdestilliert werden können (die Siedepunkte der ringförmigen Verbindungen, die in Tabelle 6.2 aufgeführt sind, liegen so weit auseinander, daß ihre destillative Trennung recht einfach ist). Der Rückstand besteht aus flüssigen und halbfesten kondensierten linearen Polymeren. Hyde entdeckte, daß dieser Rückstand durch Erhitzen mit etwas Natriumhydroxid „gecrackt" werden kann. Danach läßt sich der überwiegende Teil als ringförmiges D_4 abdestillieren. Selbst die anderen Ringverbindungen gehen in D_4 über, denn diese ist von allen die stabilste. Eventuelle trifunktionelle Anteile im Hydrolysat bleiben in Form von wenig Siliconharz zurück; monofunktionelle Anteile ergeben flüchtiges MD_xM und M-M, die von D_4 auf einfache Weise destillativ abgetrennt werden können. Als Ergebnis erhält man extrem reines D_4 als alleiniges Ausgangsmaterial für D zur Herstellung von Siliconkautschuk.

Nun muß das reine D_4 in ein Elastomer mit möglichst hoher Molmasse überführt werden. Es gibt mehrere Möglichkeiten, diese Polymerisation auszuführen, die beste ist die, reines D_4 in einem Druckgefäß mit einer winzigen Spur von festem KOH (0,02% bezogen auf die Masse) zu erhitzen. Das Alkali greift ein paar Si-O-Si-Bindungen an und bildet Kaliumsilanolate und Wasser. Diese Salze hydrolysieren bereitwillig in dem entstandenen Wasser, so daß der Vorgang sich unendlich oft wiederholt und eine Umverteilung erfolgt, die ein halbfestes Gleichgewichtsgemisch liefert, aus dem eventuell noch verbleibende niedermolekulare Verunreinigungen abdestilliert werden können. Der erhaltene Rohkautschuk hat keinerlei Ähnlichkeit mit natürlichem Rohkautschuk oder den üblichen synthetischen Rohkautschuken; der Siliconrohkautschuk ist farblos, transparent, klebrig und besitzt keinerlei Festigkeit. Trotz seiner sehr hohen mittleren Molmasse von 2 000 000 bis 5 000 000 hat er nicht einmal die Festigkeit eines organischen Elastomers mit einer Molekülmasse von nur 7000 oder 8000.

Siliconrohkautschuk ist nichts anderes als eine Flüssigkeit sehr hoher Viskosität. Wenn man einen Behälter auf den Kopf stellt, sieht man nach einigen Wochen, daß der Inhalt nach unten geflossen ist. Die Umwandlung der halbfesten Masse in einen brauchbaren Silicongummi mit vernünftiger Festigkeit und elastischer Dehnung ist ein Triumph der Forschung und Entwicklung – oder vielmehr eine lange Reihe von Triumphen. Viele verschiedene Stoffe und Reagenzien waren nötig, um die große Vielfalt von Siliconkautschukrezepturen für hunderte von verschiedenen Anwendungen zu entwickeln.

Für alle Verfahren zur Herstellung von praktisch nutzbarem Gummi aus Methylsiliconrohkautschuk sind zwei Dinge erforderlich: erstens ein *aktiver Füllstoff*, der dem Kautschuk seine Festigkeit gibt, und zweitens ein *Vulkanisiermittel* oder eine Vulkanisiermethode, um das Material an Ort und Stelle durch Vernetzen zu verfestigen und formstabil zu machen. Leser, die sich in der Technologie organischer Kautschuke auskennen[4], zum Beispiel der Herstellung von Reifen, werden diese beiden Voraussetzungen dort wiederfinden. Der Unterschied liegt darin, daß das, was für natürliche und synthetische organische Kautschuke gut ist, sich für Silicongummi nicht eignet und umgekehrt. Zum Beispiel spielt Ruß eine zentrale Rolle bei organischen Gummis und wirkt wahre Wunder als wichtigster aktiver Füllstoff; für Silicongummi ist Ruß dagegen ungeeignet. Andererseits ist Siliciumdioxid extrem großer Oberfläche (wie zum Beispiel Kieselsäure-Aerosol oder pyrogene Kieselsäure, die durch Verbrennen flüchtiger Siliciumverbindungen erhalten wird) ein hervorragender aktiver Füllstoff für Silicongummi, aber so gut wie wirkungslos bei organischem Gummi. Das hat mit Ähnlichkeiten der Zusammensetzung und der Oberfläche zu tun bzw. mit dem Fehlen solcher Ähnlichkeit. SiO_2 besitzt das gleiche Polymergerüst wie polymeres $(CH_3)_2SiO$, mit fast den gleichen Bindungswinkeln und interatomaren Abständen, darum „paßt" das Polymer auf seine Oberfläche. Das heißt, es paßt unter der Voraussetzung, daß es überhaupt bis zur Oberfläche vordringen kann; im allgemeinen befindet sich auf der Oberfläche eine dicke Lage von adsorbiertem Wasserdampf und atmosphärischen Gasen. Diese muß also zunächst entfernt werden, ehe das Siliconpolymer der Oberfläche nahe genug kommen kann, damit die zwischenmolekularen Kräfte wirksam werden. Die Verdrängung der auf der Oberfläche befindlichen Gase erreicht man dadurch, daß man das feinverteilte SiO_2 in einer

---

[4] Siehe *Große Moleküle* von Hans-Georg Elias, Springer, Heidelberg 1985.

126 Typische Siliconpolymere und ihre Eigenschaften

Atmosphäre unseres alten Bekannten D_4 erhitzt. Bei erhöhten Temperaturen werden die nur schwach adsorbierten Gase durch die thermische Bewegung entfernt, und durch die größeren, enger verwandten Moleküle von D_4 ersetzt. Das Polymer kann dann nahe genug an die monomolekulare D_4-Schicht auf dem SiO_2-Gerüst herantreten, und die Teilchen werden an das Polymer gebunden bzw. das Polymer an die Teilchen. Das Prinzip beruht also darauf, daß Gleiches Gleiches benetzt, genau, wie Gleiches sich in Gleichem auflöst. Einmal in dieser Weise gebunden, erhöhen die starren SiO_2-Teilchen die Festigkeit des Materials bedeutend.

Auch andere Pulver, zum Beispiel Metalloxide oder Pigmente, können zur Färbung oder zur Füllung in den Siliconrohkautschuk eingearbeitet werden, es sind aber inaktive Füllstoffe. Nur eine geeignete Form von Kieselsäure erhöht das Spannungs-Dehnungsverhältnis soweit, daß nach der Vulkanisation Reißfestigkeiten von 35 bis 50 kg pro cm^2 bei 300% Dehnung erreicht werden können. Auch hier können die gewohnten Verfahren der Kautschuktechnologie nicht direkt angewandt werden. Ein reiner Siliconrohkautschuk D_x kann nicht mit Schwefel vulkanisiert werden, weil er keine C=C-Doppelbindungen als Ankerstellen für die Vernetzung mit Polysulfid-Brücken besitzt. Man kann zwar einige C=C-Gruppen dadurch einführen, daß in das Polymer etwas Methylvinylsiloxan eingebaut wird, wodurch die Vulkanisation mit Schwefel teilweise möglich wird, aber die Vinylgruppen bringen viele Nachteile mit sich: Der schwerwiegendste ist die ausgesprochenen Oxidationsneigung bei gerade den Temperaturen, für die speziell Methylsiliconkautschuk wegen seiner Eigenschaften ausgewählt wurde. Man bevorzugt daher bei Siliconkautschuk andere Vulkanisationsmethoden für die Herstellung von Formkörpern oder Profilen:

1. Mit Benzoylperoxid, $(C_6H_5COO)_2$ oder Bz_2O_2, werden benachbarte CH_3-Gruppen oxidiert und so $SiCH_2CH_2Si$-Vernetzungen erzeugt. Das Peroxid, ein weißes Pulver, wird in den gefüllten Rohkautschuk bei absichtlich mäßigen Temperaturen eingearbeitet; wenn dann die Masse in der Form für die Vulkanisation hinreichend aufgeheizt wird, zersetzt sich das Peroxid und gibt Sauerstoff für die lokale Oxidation ab. Damit die Vulkanisation gelingt, muß von dem Peroxid sehr spärlich Gebrauch gemacht werden. Eigenschaften eines Silicongummis, der auf diese Weise vulkanisiert wurde, werden in Tabelle 6.9 angegeben.
2. Durch geeignete Wahl der Ausgangsstoffe kann man einige Vinyl- und SiH-Gruppen in die Siloxanstruktur einführen und dann

Tabelle 6.9. Eigenschaften eines peroxidisch vulkanisierten Siliconkautschuks[a]

Elastosil R

Typ: HTV-Siliconkautschuke der Reihe Elastosil R vulkanisieren unter Hitzeeinwirkung mit Hilfe von organischen Peroxiden oder speziellen Katalysatoren.

Eigenschaften: In einem weiten Temperaturbereich anwendbar, hervorragende Dauerbeständigkeit auch unter extremen Bedingungen, gute mechanische und elektrische Eigenschaften, lösemittel- und ölbeständig.

Verwendung: Für Extrusions- und Formartikel, geschäumte Extrusionsartikel, für den Lebensmittelbereich, für die Elektrotechnik, für die Beschichtung von technischen Geweben usw.

Kenndaten von Elastosil R 502/70 S:

Aussehen:	opak
Vulkanisationsbedingungen:	
Vernetzer:	1,5%
Vulkanisation:	10 min bei 135 °C
Temperung:	4 h bei 200 °C
Dichte (DIN 53479 A):	1,19 g/cm^3
Härte Shore A (DIN 53505)[b]:	67
Reißfestigkeit (DIN 53504-S1)[b]:	9,0 N/mm^2
Reißdehnung (DIN 53504-S1)[b]:	330%
Weiterreißwiderstand (ASTM D 624 B)[b]:	18 N/mm
Durchschlagfestigkeit (VDE 0303, 2 mm-Platte)[b]:	20 kV/mm
Spez. Durchgangswiderstand (VDE 03030):	$6 \cdot 10^{15}$ Ω·cm
Viskosität ML (1+4) 25 °C (DIN 53523):	65

---

[a] Mit freundlicher Erlaubnis der Wacker-Chemie GmbH, München.
[b] Mittelwert.

durch katalytische Addition von Si—H an Si—CH=CH$_2$ während der Vulkanisierung SiCH$_2$CH$_2$Si-Vernetzungen ausbilden. Die Eigenschaften eines so vulkanisierten Silicongummis kann man Tabelle 6.10 entnehmen.
3. Vorhandene oder durch Zugabe einer sehr kleinen Menge T absichtlich in die Kette eingeführte SiOH-Endgruppen, können mit Blei- oder Quecksilberoxid vernetzt werden, oder noch besser, mit tris-Trimethylsilylborat, [(CH$_3$)$_3$SiO]$_3$B, das Silicium-Sauerstoff-Bor-Vernetzungen ausbildet.

128 Typische Siliconpolymere und ihre Eigenschaften

Tabelle 6.10. Eigenschaften eines additionsvernetzenden Siliconkautschuks[a]

Silopren LSR

Typ: 2-Komponenten-Flüssigsiliconkautschuke. Die Vulkanisation erfolgt durch eine mit Platinverbindungen katalysierte Addition von an Silicium gebundenem Wasserstoff an Vinylgruppen bei 170–230 °C. Die einzelnen Komponenten werden mit Hilfe von Mehrkomponenten-Misch- und Dosieranlagen einem Spritzgußautomaten zugeführt und in beheizte Formen gespritzt.

Vorteile: Hervorragende Transparenz der Artikel, keine Spaltprodukte – Anwendung im technischen und medizinischen Bereich. Zugelassen zur Herstellung von Babysaugern.

Mechanische Eigenschaften:
Zur Messung dienen Platten, die 10 Minuten bei 175 °C vulkanisiert und anschließend 4 h in Heißluft von 200 °C getempert wurden.

	Silopren LSR 2030	Silopren LSR 2070
Dichte (g/cm^3)	1,10	1,14
Härte (Shore A)	33	68
Zugfestigkeit (N/mm^2) (DIN 53504)	8,0	8,5
Bruchdehnung (%) (DIN 53504)	750	300
Weiterreißfestigkeit (N/mm) (ASTM-D 624 Probe B)	20	20
Rückprallelastizität (%) (DIN 53512)	50	60
Druckverformungsrest 22 h bei 175 °C (%) (DIN 53517)	20	25

[a] Mit freundlicher Erlaubnis der Bayer AG, Leverkusen.

Heißvulkanisierende Siliconkautschuke bezeichnet man auch als HTV-Siliconkautschuke, weil sie bei erhöhter Temperatur vernetzen.

Das bisher Gesagte gilt für Silicongummi, der durch genügend langes Erhitzen in einer Form bei der richtigen Temperatur vulkanisiert wird. Eine völlig andere Klasse von Silicongummis sind die, die nicht durch Erhitzen in einer Form ausgehärtet werden, sondern ohne jede Wärmebehandlung brauchbare Gummieigenschaften annehmen. Das sind die kaltvulkanisierenden RTV-Kautschuke, was „Raum-Temperatur-Vernetzung" bedeutet. Man stellt eine dünnflüssige Paste aus Siliconrohkautschuk, einem verstärkenden Füllstoff und Pigmenten her und bringt diese Mischung durch Gießen, mit einer Spritzpistole oder durch Tauchen auf. Die Aushärtung an Ort und Stelle erfolgt sodann durch geeignete chemische Reaktionen, die bei Raumtemperatur ablaufen. Diese Reaktionen unterscheiden sich sehr weitgehend in Bezug auf den Chemismus und die Vernetzungsmittel. Es kann sich zum Beispiel um ein Zweikomponentensystem handeln (RTV-2), mit zwei verschiedenen Siloxanpolymeren, eines mit SiH-Gruppen und das andere mit SiCH=CH_2-Endgruppen. Zwei Pasten werden unmittelbar vor Gebrauch vermischt, in einer sind winzige Mengen an Hexachloroplatinsäure oder feinverteiltem Platin enthalten, um die Addition von SiH an die Vinylgruppen zu katalysieren. Die Mischung wird sofort aufgetragen oder verbraucht, und anschließend läuft die Additionsreaktion bei Raumtemperatur ab und härtet den Kautschuk aus. Andere Zweikomponentensysteme vernetzen durch Kondensation, das heißt, unter Abgabe eines Spaltprodukts wie Ethylalkohol. RTV-1-Kautschuke sind Einkomponentensysteme mit reaktiven Gruppen oder Reagenzien, die an der Luft durch Reaktion mit Wasserdampf vulkanisieren. So kann zum Beispiel ein ziemlich flüssiger Siliconrohkautschuk mit Essigsäureanhydrid umgesetzt werden, wodurch die SiOH-Gruppen in Acetoxy-Gruppen überführt werden:

$$2SiOH + (CH_3CO)_2O \longrightarrow 2SiOCOCH_3 + H_2O*$$
(* wird von einem Überschuß an Anhydrid abgefangen)

Diese Acetoxy-Gruppen reagieren erst, wenn die Paste an die Luft kommt, sie hydrolysieren dann ab und bilden SiOSi-Vernetzungen aus:

$$2SiOCOCH_3 + H_2O \text{ (aus der Luft)} \longrightarrow SiOSi + 2CH_3COOH$$

Die flüchtige dabei entstehende Essigsäure verdampft allmählich, ist aber an ihrem scharfen Geruch leicht zu erkennen. Diese Methode bewährt sich sehr in Fällen, wo Glas und Stein miteinander verbunden werden müssen oder Fenster abzudichten sind. Sie eignet sich aber wegen der korrosiven Essigsäure nicht für die Einbettung elektronischer Bausteine. In solchen Fällen kann man auf ein neutrales Vernetzungsmittel wie z. B. Ethylsilicat, $Si(OC_2H_5)_4$, ausweichen. Bei Zutritt von Luft werden die vier Ethoxy-Gruppen abhydrolysiert, und die entstandenen SiOH-Gruppen kondensieren mit SiOH-Gruppen die im Polymer enthalten sind, und führen die Vernetzung herbei. Bei der Hydrolyse entsteht chemisch harmloser Ethylalkohol, der verdunstet. Eine weitere Verbesserung stellt die Zugabe von Propenoxysilan dar, aus dem bei der Vernetzung Aceton entsteht. Aceton ist flüchtiger als Alkohol. Bei anderen modernen

130 Typische Siliconpolymere und ihre Eigenschaften

Tabelle 6.11. Eigenschaften typischer RTV-1-Siliconkautschuke[a]

Formflex Silicone 7000, 7210, 7200

Die drei RTV-1-Siliconkautschuke Bayer Silicone 7000, 7210 und 7200 werden vorwiegend am Bau eingesetzt; Typ 7000 vor allem für Verglasungen und Sanitärabdichtungen. Typ 7210 zieht man vor, wenn das Vernetzungsspaltprodukt Essigsäure stört oder wenn ein breites Haftungsspektrum gefragt ist. Der besonders geruchsarm härtende Typ 7200 vernetzt zu einem weichen Vulkanisat, das für Dehnungsfugen im Hoch- und Straßenbau konzipiert wurde.

Eigenschaften:	*7000*	*7210*	*7200*
Dichte der Paste (g/cm^3)	1,02	1,00	1,15
Härte (Shore A)	23	20	14
Zugfestigkeit[b] (N/mm^2)	0,6	0,4	0,3
Zugspannung bei 100% Dehnung[b] (N/mm^2)	0,40	0,36	0,16
Bruchdehnung[b] (%)	250	150	300
Haftung auf:			
Glas/silicatischen Untergründen	ja	ja	ja
Metallen	teilweise	ja	ja
Kunststoffen	nein	ja	ja
Charakteristisches Vernetzerspaltprodukt	Essigsäure	Butanonoxim	N-Methylbenzamid

[a] Mit freundlicher Erlaubnis der Bayer AG, Leverkusen.
[b] Glasprüfkörper nach DIN 52455, Fugendimension 12 mm × 12 mm × 50 mm.

RTV-1-Siliconkautschuken werden bei der Vernetzung zum Beispiel Butanonoxim oder N-Methylbenzamid frei, Tabelle 6.11 informiert über einige RTV-1-Kautschuke der Bayer AG, Tabelle 6.12 über die Eigenschaften eines typischen additionsvernetzenden RTV-2-Siliconkautschuks der Wacker-Chemie.

RTV-Kautschuke erreichen im allgemeinen nicht die Festigkeiten von Gummi, der in einer Form vulkanisiert wurde, aber die Annehmlichkeit, Gummi direkt da machen zu können, wo er gebraucht wird, macht das kleine Minus an mechanischen Eigenschaften mehr als wett. Da so oft unterschiedliche Werkstoffe mit unterschiedlichen Oberflächeneigenschaften und unterschiedlichen Ausdehnungskoeffizienten mit Silicongummi abgedichtet oder verbunden werden müssen, existieren buchstäblich hunderte von RTV-

Tabelle 6.12. Eigenschaften eines typischen additionsvernetzenden RTV-2-Siliconkautschuks[a]

RTV-ME 625

Typ: Additionsvernetzender Siliconkautschuk durch Reaktion einer am Kettenende befindlichen Vinylgruppe mit einer Silicium-Wasserstoffgruppe eines Wasserstoffsiloxans mit Hilfe einer Platinverbindung als Katalysator. Dabei bilden sich keine Nebenprodukte. Die Reaktion ist bei erhöhter Temperatur nicht rückläufig sondern wird im Gegenteil beschleunigt.

Eigenschaften: Das Vulkanisat zeichnet sich durch ausgeprägte Temperaturbeständigkeit, gute Wärmeleitfähigkeit, hohe Witterungs- und Alterungsbeständigkeit, sowie durch gute Wasserdampfstabilität und hohe Gas- und Wasserdampfdurchlässigkeit aus. Die chemische Beständigkeit ist im allgemeinen gut. Die ausgezeichneten elektrischen Eigenschaften ergeben vielseitige Anwendungen im Elektro- und Elektronikbereich. Die Oberfläche des Vulkanisats zeigt eine ausgeprägte Trennwirkung gegenüber anorganischen und organischen Materialien, woraus sich zahlreiche Anwendungsmöglichkeiten im Formenbau ergeben. Schließlich ist noch die lebensmittelrechtliche Unbedenklichkeit zu erwähnen.

Farbe des Vulkanisats:	farblos-transparent
Viskosität der katalysierten Masse:	ca. 35000 mPa·s
Dichte (Tauchwägeverfahren):	1,10 g/cm^3
Härte Shore A (DIN 53505):	25 ± 3
Reißfestigkeit (DIN 53504):	5,0 ± 0,5 N/mm^2
Reißdehnung (DIN 53504-S 3 A):	400 ± 50%
Weiterreißwiderstand (ASTM D 624 Form B):	20,0 ± 2,0 N/mm
Linearer Ausdehnungskoeffizient (im Temperaturbereich 0–15 °C):	2,4·10^{-4} m/m·K
Wärmeleitfähigkeit (im Temperaturbereich 0–90 °C):	0,30 W/K·m
Spezifischer Durchgangswiderstand (DIN 53482, bei 2 mm Schichtdicke)	
Trockenmessung bei 23 °C:	1,0·10^{15} Ω·cm
Naßmessung bei 60 °C:	1,0·10^{14} Ω·cm
Oberflächenwiderstand (DIN 53492 bei 100 V):	7,0·10^{12} Ω
Durchschlagfestigkeit (DIN 53481 bei 1 mm Schichtdicke):	23 ± 2 KV/mm
Dielektrizitätskonstante (Raumtemperatur, 50 Hz–5 MHz)	3,2 – 2,9
Verlustfaktor tan δ bei Raumtemperatur (DIN 53583)	
bei 50 Hz:	50·10^{-4}
bei 5 MHz:	30·10^{-4}
Kriechstromfestigkeit (DIN 53480):	KA 3 c

---

[a] Mit freundlicher Erlaubnis der Wacker-Chemie GmbH, München.

Rezepturen, von denen jede maßgeschneidert ist. Das bedeutet, daß die Siliconindustrie im wesentlichen ein Spezialitätengeschäft ist, mit vielen Chemikern und Ingenieuren, die Erfahrungen in hochspezialisierter Organosiliciumtechnologie besitzen. Alles in allem stellen aber die verschiedenen Siliconkautschuke den größten Teil der Produktion dar.

Methylsilicongummis teilen mit den anderen Siliconpolymeren die Eigenschaften der ganzen Produktfamilie: thermische Stabilität, Oxidationsbeständigkeit und Ozonfestigkeit, Sauerstoffdurchlässigkeit, sowie lange Lebensdauer, selbst bei Einwirkung von ultraviolettem Licht und atmosphärischen Schadstoffen. Und wie die Siliconöle behalten Silicongummis ihre wertvollen Eigenschaften von sehr tiefen bis zu ungewöhnlich hohen Temperaturen. Die Sauerstoffdurchlässigkeit läßt sich eindrucksvoll demonstrieren: Sperrt man eine Maus in einen großen Kasten, dessen Wandungen aus dünnem Silicongummi bestehen, und taucht den Kasten in Wasser ein, lebt die Maus ohne Probleme von dem Sauerstoff, der *aus dem Wasser* durch das Siliconpolymer hindurchdiffundiert und in die im Kasten befindliche Luft gelangt.

Kurz gesagt hat Silicongummi ebenso weit auseinanderliegende Einsatzgrenzen wie Siliconöl und unterscheidet sich in dieser Hinsicht entschieden von den herkömmlichen organischen Gummis.

Wir denken bei „Gummi" meistens, daß dieser stets unter allen Bedingungen gummielastisch ist, das stimmt aber nicht. Alle gummielastischen Materialien versteifen sich, wenn sie genügend abge-

Tabelle 6.13. Glastemperaturen und Erweichungspunkte einiger Elastomere

Elastomer	Glastemperatur [°C]	Erweichungspunkt [°C]
Siliconkautschuk	−110	−63
Polyethylen	−90	+135
Naturkautschuk	−53	36
Guttapercha	−60	70
Polypropylen	−15	176
Polyethylenterephthalat	+69	270
Polyvinylchlorid	90	180
Nylon	50	225
Seide	162	250

kühlt werden, und alle erweichen, wenn sie stark erhitzt werden (ganz abgesehen von Oxidations- oder Zersetzungserscheinungen). Wenn es lange genug auf ausreichend niedrigen Temperaturen gehalten wird, friert *jedes* Elastomer (und damit jeder daraus hergestellter Gummi) zu einem spröden Festkörper ein und verliert vollständig seine gummielastischen Eigenschaften. Die charakteristische Temperatur, bei der dieser Vorgang eintritt, ist die *Glastemperatur* des betreffenden Elastomers. Tabelle 6.13 gibt einen Überblick über die Glastemperaturen und Erweichungspunkte einiger bekannter Elastomere[5].

Wir erkennen, daß der Übergang zum Glaszustand bei viel niedrigerer Temperatur erfolgt als bei den organischen Elastomeren. Bei Raumtemperatur ist der Silikonkautschuk in der Tat eine sehr zähflüssige klebrige Flüssigkeit, genau wie bei 36°C das Koagulat aus dem Saft des Hevea-Baums, der Naturkautschuk-Latex. Durch Füllstoffzusatz, Verstärkung und Vulkanisation eines dieser Elastomere erhält man einen Gummi, der nicht mehr klebrig ist und auch nicht mehr fließt, aber die Glastemperatur bildet die untere Grenze der praktischen Verwendbarkeit, weil es sich bei ihr um eine fundamentale Eigenschaft der Molekülstruktur des Elastomers handelt.

Jetzt verstehen wir endlich, warum die Stiefelsohlen, die ihre Abdrücke auf dem Mond hinterließen, aus Silicongummi waren! Kein anderes Material wäre bei der extremen Kälte der Mondnacht gummielastisch geblieben; Sohlen aus gewöhnlichem Gummi wären eingefroren und bei Biegebeanspruchung gebrochen. Und nur Silicongummi überlebte den heißen Staub und das Geröll der Mondoberfläche unter der an einem wolkenlosen Himmel im Zenit stehenden und im luftleeren Raum scheinenden Sonne. Der Mond ist das ideale Testgelände für Elastomere!

Wir können nicht alle zum Mond reisen, wir können aber alle ein einfaches Experiment auf der Erde ausführen, das die Sachlage verdeutlicht. Durch Mischen von zerstoßenem Trockeneis mit Alkohol oder Aceton stellen wir uns ein Kältebad her und tauchen ein Stück gewöhnlichen Gummischlauch, wie man ihn für einen Bunsenbrenner in einem Schullaboratorium benötigt, dort hinein. Gleichzeitig tauchen wir ein Stück Silicongummischlauch der gleichen Länge und Größe ein. Nachdem wir die beiden Proben zehn

---

[5] Einige Daten wurden mit freundlicher Erlaubnis dem Buch *Große Moleküle* von Hans-Georg Elias, Springer, Heidelberg 1985, entnommen.

Minuten im Kältebad belassen haben, ist der gewöhnliche Gummi hart geworden und hat seine Elastizität verloren, vermutlich ist er nicht einmal mehr biegsam, aber der Silicongummi ist auch jetzt noch biegsam und elastisch[6].

In einem Ofen auf 350 °C erhitzt, entwickelt normaler Gummi bald den wohlbekannten brenzligen Geruch, Silicongummi aber bleibt unverändert und praktisch geruchlos. Beläßt man die Gummiproben wochenlang auf dieser hohen Temperatur, dann wird der Silicongummi langsam härter; Naturgummi wird dagegen zu einer verfärbten Masse abgebaut. Einfache Versuche wie diese zeigen, warum Silicongummi für Problemlösungen in Frage kommt, wo alle anderen Stoffe versagen. Die vielen speziellen Anwendungen werden so verständlich.

---

[6] Der aufmerksame Leser erkennt sofort, daß hieraus Lehren gezogen werden können. Am 28. Januar 1986 wurde in Cape Kennedy die Raumfähre Challenger von ihrer Startrampe aus gestartet und verwandelte sich 73 Sekunden später in einen gigantischen Feuerball, in dem alle sechs Astronauten und die begleitende Schullehrerin ums Leben kamen. Schon bald danach ergaben sich Anhaltspunkte dafür, daß kurz nach der Zündung eine der Dichtungen in einer von den beiden Feststoff-Zusatzraketen leck geworden war und daß daraufhin aus der Dichtung heißes Gas ausströmte, das sich entzündete und den Haupttreibstofftank in Brand setzte. Die Verbindungsstelle war mit zwei schwarzen O-Ringen aus Gummi abgedichtet worden. Die Raketen waren so ausgelegt, daß sie bei Temperaturen unter 10 °C nicht gestartet werden durften (die mittlere Tagestemperatur beträgt in diesem Teil von Florida im Januar etwa 21 °C), aber in der Nacht vor dem Start war die Temperatur auf ein Rekordtief von −4 °C gefallen. Außerdem war der Treibstofftank einem heftigen Nordwind ausgesetzt, er war mit flüssigem Sauerstoff (-183 °C) und flüssigem Wasserstoff (-253 °C) gefüllt. Es wurde eine Außentemperatur von −13 °C *gemessen*. Ein Ingenieur, der vor dem Untersuchungsausschuß am 25. Februar aussagte, bemerkte, er sei über den Start der kalten Rakete „sehr besorgt" gewesen und sagte, daß die O-Ringdichtungen aus Gummi zwischen den Segmenten der Zusatzraketen in kaltem Zustand nicht ordnungsgemäß in ihre Sitze paßten. „Es ist so, als ob man einen Backstein statt eines Schwamms in eine Ritze hineinstopfen will" sagte er. Vor dem Hintergrund der in Tabelle 6.10 aufgeführten Eigenschaften und in Kenntnis des Versteifungsverhaltens von Elastomeren bei niedrigen Temperaturen wäre es sicher klüger gewesen, *vor* der Tragödie für die Dichtungen Silicongummi vorzuschreiben.

Warum verhalten sich Silicone so?

Warum sind Siliconpolymere so andersartig? Warum haben sie so einmalige physikalische Eigenschaften? Die besonderen *chemischen* Eigenschaften können wir mit den —Si—O—Si-Ketten und den gesättigten, besonders kleinen Methyl-Gruppen erklären, aber was ist Besonderes an den Siloxanketten und Methylgruppen, das möglicherweise die einzigartigen *physikalischen* Eigenschaften erklären könnte? Denn schließlich verdanken ja Glas, Porzellan und die Silicatgesteine gerade den Siloxanketten ihre Starrheit und Sprödigkeit; warum sollten diese Ketten die Ursache dafür sein, daß Silicongummi über einen so extrem breiten Temperaturbereich biegsam ist? Wenn aber die mit dem Silicium verbundenen Methylgruppen diese weitgehenden Eigenschaftsänderungen bewirken, dann würden wir gerne wissen, wie sie das anstellen.

In der Tat gibt es Antworten auf diese Fragen, aber die Antworten sind das Ergebnis jahrelanger geduldiger, schwieriger und hochwissenschaftlicher Untersuchungen. Sie können nicht in wenigen oberflächlichen Sätzen heruntergerasselt werden. Die Erklärung kann gegeben werden, zum Verständnis muß man aber etwas weiter ausholen, und der Leser sollte geduldig und ernsthaft versuchen zu folgen. Wer meint, die folgenden Ausführungen seien ihm zu hoch und zu schwierig zu verstehen, der kann den ganzen Abschnitt ohne nachteilige Folgen für die Lektüre des restlichen Buches überblättern. Für die, die bereit sind zu folgen, geht es jetzt los.

Was wir erklären müssen, kann mit folgenden Schlagworten beschrieben werden:

1. Kleiner Viskositätskoeffizient in den flüssigen Polymeren,
2. niedrige Siedepunkte im Vergleich zu analogen organischen Verbindungen mit vergleichbaren Molekülmassen,
3. niedrige Zugfestigkeit des nicht verstärkten elastomeren Polymers, trotz seiner hohen Molekülmasse,
4. mittelmäßige, sogar enttäuschend schlechte Haftung und Festigkeit von Methylsiliconharzen,
5. niedrige dielektrische Verluste über einen breiten Frequenzbereich und die geringe Abhängigkeit dieser Verluste und der Dielektrizitätskonstante von der Temperatur und
6. vergleichsweise hohe Molvolumina und hohe Kompressibilitäten der flüssigen Polymere.

Wenn wir darüber nachdenken, scheinen diese Eigenschaften einhellig dafür zu sprechen (und auch daher zu stammen), daß die intermolekularen Anziehungskräfte ungewöhnlich klein sind, so daß die Zwischenräume zwischen den Polymermolekülen groß sind und die Moleküle selbst keine Neigung zeigen, sich zu einem Kristallgitter anzuordnen. Die Kohäsionskräfte sind einfach zu klein. Die Si-O-Bindung ist aber zu etwa 50% ionisch, wenn man die klassischen Elektronegativitäten zugrundelegt, und die stark ionischen Siloxanketten *sollten* sich eigentlich viel stärker anziehen als das bei C-C-C-C-Ketten der Fall ist, einfach weil die sich abwechselnden positiven Silicium- und negativen Sauerstoff-Atome ihre entgegengesetzt geladenen Partner in Nachbarketten anziehen. In Quarz ist das sicher der Fall; warum nicht in Siliconen? Wir haben hiermit das Problem auf die molekulare Ebene verlagert es aber noch nicht *erklärt*.

Eine Möglichkeit, die bereits 1948 von Roth und Harker auf der Grundlage von Röntgenbeugungsuntersuchungen geäußert wurde, ist, daß die Methylgruppen viel Raum beanspruchen, weil sie sich frei hin und her bewegen können, so, als ob die Kohlenstoff-Silicium-Bindung ein lockeres Kugelgelenk wäre. Und warum besitzen sie diese ungewöhnliche Beweglichkeit? Weil die C-Si-Bindung ebenfalls beträchtlich polar ist und die Methylgruppen daher in gewissem Maße so beweglich sind wie Ionen in einer Flüssigkeit und nicht durch starre kovalente Bindungen wie in rein organischen Verbindungen immobilisiert werden. Aber das sind Vermutungen! Wie kann man diese (oder irgendeine andere) Hypothese überprüfen? Wie können wir zu einem Ergebnis gelangen?

Glücklicherweise machte die Physik, bald nachdem diese Fragen aufgeworfen worden waren, einen großen Schritt nach vorn. Prof. E. M. Purcell von der Harvard Universität entdeckte das Prinzip der *kernmagnetischen Resonanz* und entwickelte ein brauchbares Gerät, das auf diesem Prinzip aufbaute und mit dem die Struktur der Materie untersucht werden konnte, eine Leistung, für die er gemeinsam mit Felix Bloch 1952 mit dem Nobel-Preis ausgezeichnet wurde. Das Instrument ist ein sogenanntes NMR-Spektrometer. Inzwischen sind NMR-Spektrometer zur Untersuchung der chemischen Struktur von Flüssigkeiten erstaunlich vervollkommnet worden.

Ein NMR-Spektrometer aus dem Nichts: Der Autor erinnert sich

In Harvard sind die Beziehungen zwischen Physik und Chemie von jeher eng gewesen. Darum war es nicht ungewöhnlich, daß ich in den Prüfungsausschuß für den ersten Doktoranden von Purcell, der über chemische Anwendungen der NMR-Methode gearbeitet hatte, berufen wurde. Während der Prüfung wurde mir klar, daß die Methode auf einzigartige Weise für die Untersuchung von Siliconen geeignet war, weil die wichtigsten Isotope von Silicium, Sauerstoff und Kohlenstoff g, g-Isotope sind (siehe Kapitel 1) und daher das magnetische Moment Null haben, die einzigen magnetisch wirksamen Atome in der Struktur sind daher die Wasserstoffatome der Methylgruppen. Das bedeutete, daß die relativen Lagen und Bewegungen der Wasserstoffkerne ohne Störung durch andere Elemente beobachtet werden konnten. Damit sollten klare Vorstellungen vom Verhalten der Methylgruppen erhältlich sein. Aber 1950 konnte man noch kein NMR-Gerät kaufen, und selbst wenn es Geräte gegeben hätte, so verfügte ich weder über Forschungsmittel noch über einen Dringlichkeitsvermerk für Kriegszeiten[7] um eine so hochentwickelte und komplizierte Vorrichtung zu kaufen. Mir wurde gesagt, daß NMR-Spektrometer „in fünf oder zehn Jahren" marktreif sein würden, ich brannte aber vor Ungeduld, meine Silicone zu untersuchen. Ich besaß einige Kenntnisse in Elektronik und Radiotechnik und begann, dieses und jenes an verwertbarem Material zusammenzutragen. Ich fand Teile zu Hause und in den Kellern von Harvard (reichlich ausgestattet mit ausrangierten Geräten und Ausrüstungsteilen aus aufgegebenen Forschungsprojekten!), um den benötigten Radiofrequenzoszillator, -modulator und -detektor bauen zu können. Das Herzstück des Geräts war aber ein großer und kräftiger Magnet, und hier kam ich nicht weiter. Ich hätte Jahre gebraucht und viele tausend Dollar, um einen Elektromagneten der erforderlichen Größe, Feldstärke und Feldhomogenität und die erforderliche stabilisierte Gleichstromversorgung zu bauen und zu optimieren, ganz zu schweigen von einem besonderen klimatisierten Raum für seine Unterbringung. Daher folgte ich Purcells Beispiel und entschied mich für einen Permanentmagneten. Ich fand im Keller ein riesiges Joch aus Weicheisen, erbettelte von Freunden bei General Electric große zylindrische Gußstücke aus Alnico (einer Speziallegierung aus Aluminium, Nickel und Cobalt für Permanentmagnete in Lautsprechern) und ließ daraus in unserer eigenen Werkstatt Polschuhe anfertigen. Wie sollten aber die 40 kg Alnico magnetisiert werden? Große Spulen aus dickem Kupferdraht würden für den erforderlichen starken Stromfluß nötig sein, aber während des Korea-Kriegs konnte man nicht einmal Kupferdraht ohne eine Dringlichkeitsbescheinigung der Regierung kaufen. Hektisches Hinundhertelefonieren führte zu einem Händler, der hundert kg eines viel dünneren baumwollumsponnenen Drahts anbieten konnte, die von einer widerrufenen Bestellung übrig geblieben

---

[7] Es herrschte der Korea-Krieg, und alle Güter waren rationiert.

waren. Wir kauften also diesen Draht und ließen aus ihm in unserer Werkstatt **acht** große identische Spulen wickeln. Vier davon wurden für den Nordpol des Magneten parallel geschaltet, die anderen vier für den Südpol. Dann wurde die ganze Anordnung mit einem Lastwagen zum Cyclotron-Gebäude geschafft, und in den frühen Morgenstunden, als das Cyclotron nicht in Betrieb war, wurde die gesamte Gleichstromleistung, die für den Magneten des Cyclotrons zur Verfügung stand, auf einen Schlag durch unsere acht Spulen geschickt. Der resultierende Stromstoß von 100 Ampere lieferte uns ein permanentes Feld von 5050 Gauss: Wir hatten die Polschuhe.

Damit fing unsere Arbeit natürlich erst an. Die Schaltungen mußten ausgearbeitet und zusammengelötet und die benötigten Anzeigegeräte, der Oszillograph und der Schreiber zusammengeschaltet werden. Dann suchte mein studentischer Mitarbeiter Hugh LeClair viele Monate in geduldiger und harter Arbeit ein brauchbares Resonanzsignal. Zu guter Letzt konnte mit der Untersuchung von Methylsiloxanen begonnen werden, und diese Arbeiten führten zu den erstaunlichen Ergebnissen, von denen hier berichtet wird. Noch lange Jahre danach wunderten sich viele, daß es möglich war, ein NMR-Spektrometer selber zu bauen und es dann erfolgreich zu betreiben, seine Existenz war aber nun mal eine Tatsache! Das Gerät lieferte nicht nur die wichtigen Ergebnisse, von denen hier die Rede ist, es gab auch Anlaß zu einer tiefer Genugtuung und Befriedigung, die heutzutage, wo das Geld reichlich fließt, selten geworden ist.

Purcells nächster Beitrag bestand in der Weiterentwicklung der Methode für die Untersuchung von *Festkörpern*. Ein kurzer Einblick in den theoretischen Hintergrund läßt uns verstehen, wie das möglich ist.

Wir betrachten den Kern eines gewöhnlichen Wasserstoffatoms H (Proton). Er hat einen Spin von 1/2; das heißt, er benimmt sich wie ein winziger Magnet und richtet sich in einem Magnetfeld aus. Die Quantenmechanik begrenzt seine Einstellmöglichkeiten auf nur zwei erlaubte Lagen, entweder richtet er sich *mit* dem Feld aus oder *entgegengesetzt* dem Feld, er nimmt aber keine Zwischenlagen ein. Das heißt, nur zwei Energieniveaus sind erlaubt, für die die magnetische Quantenzahl 1/2 ist. Der Energieunterschied zwischen diesen beiden Niveaus ist

$$\Delta E = g \mu H_0$$

mit dem Kern-g-Faktor g, dem Kernmagneton μ und der Feldstärke H_0. In einem Stoff, der viele derartige Kerne enthält, unterscheidet sich die Population auf diesen beiden Niveaus entsprechend dem Boltzmann-Faktor (e$^{-\frac{\Delta E}{kT}}$ mit der absoluten Temperatur T), so daß im Gleichgewicht sich ein kleiner Überschuß an Kernen auf dem niedrigeren Niveau befindet. Wenn wir jetzt ein Radiofrequenzfeld der passenden Frequenz v anlegen, die durch die Beziehung von Planck

$$v = \frac{\Delta E}{h} \quad \text{gegeben ist}$$

(h ist das Plancksche Wirkungsquantum), werden dadurch Übergänge zwischen den beiden Niveaus induziert, die Populationen der beiden Zustände streben den Ausgleich an, und Energie wird aus dem Radiofrequenzfeld aufgenommen. Diese absorbierte Energie wird an die umgebende Materie in Form von Wärme abgegeben, und die Wirksamkeit dieses Wärmeübergangs hängt von der Spin-Gitter-Relaxationszeit T_1 ab. Die resultierende thermische Bewegung der benachbarten Atome führt zu Fluktuationen der örtlichen magnetischen Felder in der Nähe des einzelnen Protons, so daß die Resonanzfrequenz v geringfügig verändert werden muß, um den Resonanzfall aufrecht zu erhalten. Würden wir die Radiofrequenzabsorption gegen die Frequenz der Strahlung auftragen, so erhielten wir eine scharfe Absorptionslinie für ein einzelnes Proton im Spektrum. Sind aber drei Protonen eng benachbart wie in einer Methylgruppe und sind diese von Methylgruppen nächster Nachbarn umgeben, wird das Absorptionsmuster durch die Magnetfelder der Protonen beeinflußt. Man erhält eine Liniengruppe oder eine Bande.

Wenn in einer Polymerprobe die benachbarten Methylgruppen ihre Plätze rasch wechseln wie in einer Flüssigkeit, dann heben sich ihre Einflüsse gegenseitig auf, und das Absorptionsmuster weist die charakteristische Feinstruktur einer isolierten Methylgruppe auf. Wenn andererseits die umgebenden Methylgruppen in ihren Lagen fixiert sind, ist der von ihnen durch ihre örtlichen Magnetfelder ausgeübte Einfluß so groß, daß die Feinstruktur verwischt und das Absorptionsmuster verbreitert wird. Das heißt, die Protonen eines Festkörpers stellen soviele örtliche Magnetfelder dar, die zu dem äußeren Magnetfeld addiert oder von ihm abgezogen werden, daß das resultierende Spektrum nicht länger aus einer Abfolge hoher scharfer Peaks besteht, sondern in eine breite Bande übergeht. In Übereinstimmung damit wies Purcell 1948 nach, daß die Protonenabsorption bei Eis breit und ebenmäßig ist (Abbildung 6.3), während

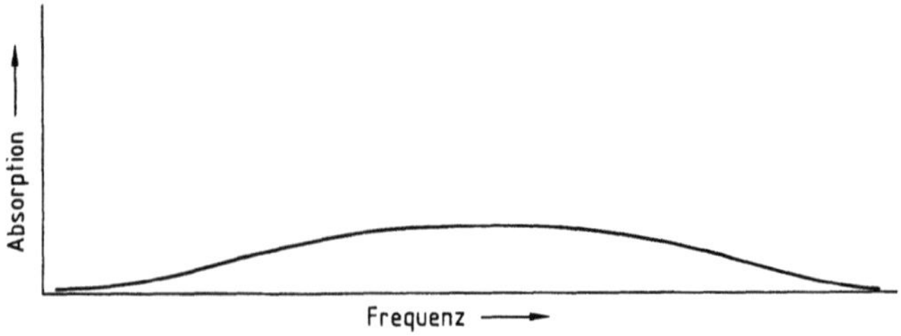

140 Typische Siliconpolymere und ihre Eigenschaften

Abb. 6.3. NMR-Absorptionslinie für einen kristallinen Festkörper (Eis)

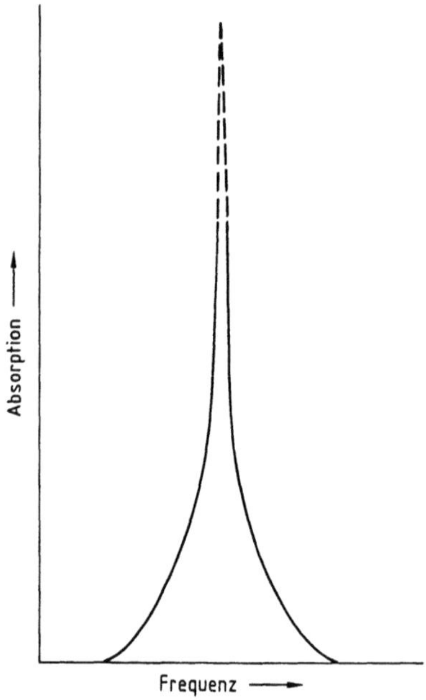

Abb. 6.4. NMR-Absorptionslinie für eine Flüssigkeit (Wasser)

die Absorptionslinie für flüssiges Wasser schmal und spitz ist (Abbildung 6.4), weil die Nachbarmoleküle sich umher bewegen und ihre örtlichen Magnetfelder sich im zeitlichen Mittel gegenseitig aufheben.

Wir können jetzt diese Erkenntnisse auf unser Problem anwenden. Wenn alle Methylgruppen in Methylsilicon starr an Ort und Stelle fixiert sind, wird die Protonlinie sehr verbreitert erscheinen, haben die Methylgruppen aber eine gewisse Beweglichkeit, wird die Absorptionslinie enger. Wenn wir also die Breite der Protonenabsorptionslinie bei verschiedenen Temperaturen messen, haben wir ein Maß für den Grad der Beweglichkeit der Methylgruppen bei

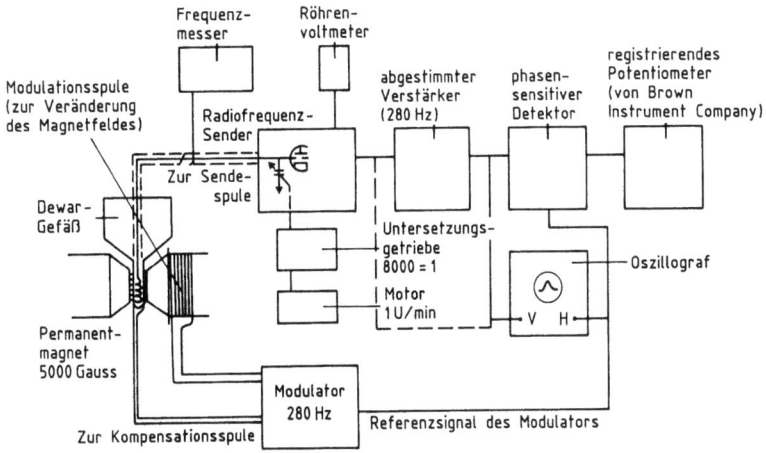

Abb. 6.5. Blockdiagramm unseres NMR-Geräts

diesen Temperaturen. Durch Vergleich der Linienbreite der Protonen in Methylsilicongummi mit der Linienbreite der Protonen in einem organischen Gummi *bei der gleichen Temperatur*, können wir feststellen, ob sich die Methylgruppen in dem Silicon tatsächlich freier bewegen können und daher wesentlich mehr Raum beanspruchen. Wenn das der Fall ist, würde das die Kompressibilität und die niederen intermolekularen Anziehungskräfte erklären, denn die Anziehung nimmt mit der sechsten Potenz des intermolekularen Abstandes ab, und eine geringe Vergrößerung des Abstands genügt, um die intermolekulare Anziehung stark abfallen zu lassen. Dadurch wiederum ließen sich die niedrige Glastemperatur und alle anderen Eigenschaften von Silicongummi und Siliconölen erklären.

Die Theorie mag einem schon kompliziert vorkommen, die Praxis ist noch wesentlich komplizierter. Abbildung 6.5 zeigt das Blockschaltbild des Geräts. Die Probe befindet sich in einem Kühlbad zwischen den Polen eines großen Permanentmagneten und ist von einer winzigen Spule umgeben, durch die der Wechselstrom mit Radiofrequenz fließt. Die Probe durchläuft viele Male pro Sekunde den Resonanzfall mit Hilfe des Modulators, der die Modulationsspulen auf den Magnetpolen speist. Am besten wird die Radiofrequenz sehr langsam verändert. Dazu dreht ein Schrittmotor langsam an einem Drehkondensator. Das verstärkte Radiofrequenzsignal gelangt dann zu einem empfindlichen Detektor, und das Ausgangssignal des Detektors wird grafisch registriert.

142 Typische Siliconpolymere und ihre Eigenschaften

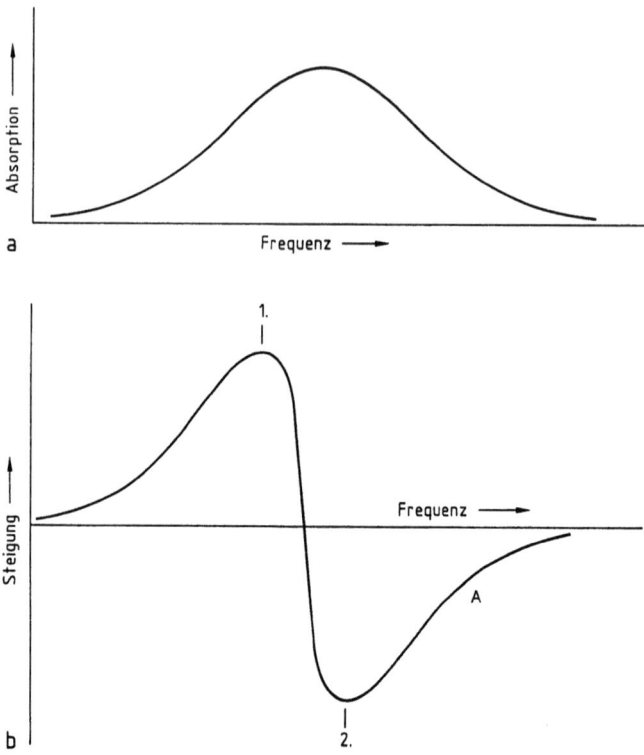

Abb. 6.6. NMR-Linie einer Festsubstanz mit beweglichen Komponenten und die erste Ableitung dieser Absorptionskurve

Wegen der bequemeren Messung wird die Ableitung der NMR-Absorptionslinie aufgezeichnet und nicht die Linie selbst. Warum, ist leicht einzusehen: Die breite Linie selbst hat Glockenform, da die Flanken ganz allmählich in die Grundlinie übergehen (und sie niemals ganz erreichen), hat man bei der Bestimmung der Linienbreite Schwierigkeiten, wenn man wissen will, wo die Linie beginnt und wo sie endet. Man betrachte Abbildung 6.6. Wie breit ist eigentlich die Absorptionslinie für einen Festkörper, in dem ein gewisser Anteil an innerer Bewegung vorliegt? Ohne einen festen Ausgangs- und Endpunkt würde jede Messung strittig sein. Dagegen Abbildung 6.6 b: Hier wurde die *Steigung* der Linie A aufgezeichnet, d. h. die Änderungsrate. Die Steigung von A erreicht, wie wir sehen, ein Maximum und fällt dann auf 0 ab. Die *negative* Steigung von A durchläuft ebenfalls ein Maximum und nähert sich dann allmäh-

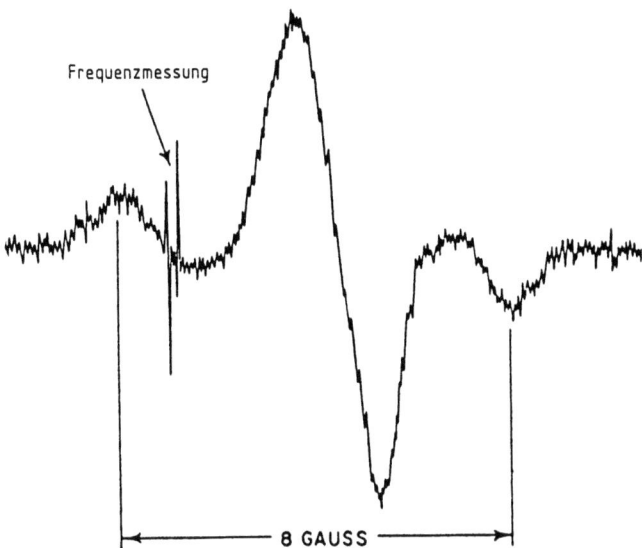

Abb. 6.7. Aufzeichnung der Ableitungskurve für festes Methyltrichlorsilan, CH_3SiCl_3, bei der Temperatur von flüssigem Stickstoff (77 K)

lich 0. *Jetzt* haben wir es leichter mit der Messung! Wir nehmen einfach den Abstand zwischen dem oberen Peak von Abbildung 6.6b und dem unteren Peak von b, wie durch die Zahlen 1 und 2 angedeutet, und erhalten so einen wesentlich besser definierten Zahlenwert. Dieser Abstand zwischen der maximalen positiven und negativen Steigung kann bequem festgelegt werden und ist ein Maß für die Linienbreite.

Nachdem wir jetzt die Methode verstehen, wollen wir uns die Ergebnisse ansehen. Als erstes und einfachstes Beispiel nehmen wir CH_3SiCl_3. Wenn die Methylgruppe überall frei um die C-Si-Bindung rotieren oder schwingen kann, sollte die Beweglichkeit mit der Temperaturerniedrigung kleiner werden. Abbildung 6.7 zeigt die tatsächlich erhaltene Ableitung, wie sie für eine Probe von CH_3SiCl_3 bei der Temperatur von flüssigem Stickstoff, das heißt, bei $-196\,°C$ oder 77 K (absolute Temperatur) aufgezeichnet wurde. Da CH_3SiCl_3 bei $-78\,°C$ erstarrt, befindet sich die Probe um $118\,°C$ unter ihrem Gefrierpunkt und sieht „sehr sehr fest" aus, aber die Linie hat nicht viel Ähnlichkeit mit der eines starren kristallinen Festkörpers; einige Teile der Moleküle sind zweifellos in Bewegung! Und weil die CH_3-Gruppen einen gewissen Abstand von ihren Nachbarn an anderen

144 Typische Siliconpolymere und ihre Eigenschaften

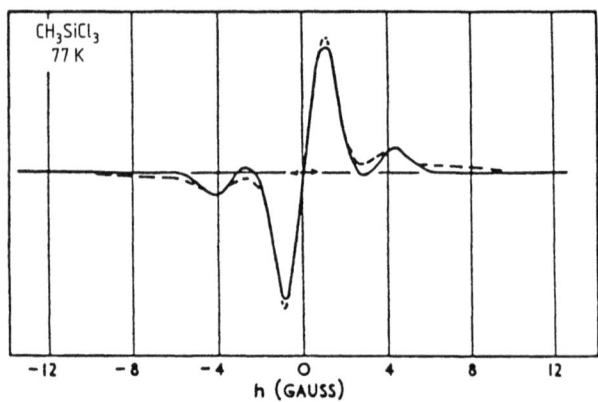

Abb. 6.8. Geglättete Ableitungskurve für Methyltrichlorsilan bei 77 K im Vergleich zur theoretischen Kurve

Molekülen haben, zeigt die Resonanzlinie von CH_3 eine gewisse Feinstruktur, etwa in der Weise, wie wir sie in einer Flüssigkeit wie CH_3OH beobachten würden. Abbildung 6.8 zeigt die geglättete Kurve für CH_3SiCl_3 bei $-196°C$, zusammen mit einer gestrichelten Kurve, die den aus theoretischen Überlegungen der möglichen Bewegungen erhaltenen Kurvenverlauf darstellt[8]. Die enge Übereinstimmung zeigt, daß die internen Bewegungen nicht nur beobachtbar und meßbar sind, sondern daß sie ihrem Wesen nach auch verstanden und in einer mathematischen Formel ausgedrückt werden können.

Für $(CH_3)_2SiCl_2$ bei $-196°C$ finden wir, daß die beiden Methyl-Gruppen am selben Silicium-Atom sich gegenseitig beeinflussen, so daß die Linie fast ihre ganze Feinstruktur verloren hat (Abbildung 6.9).

Die Magnetfelder der sechs Protonen verstärken oder schwächen das angelegte äußere Feld so, daß die Linie verbreitert und geglättet wird. In der Kurve für $(CH_3)_3SiCl$ (Abbildung 6.10) ist keine Feinstruktur mehr zu erkennen, und eine einfache Kurve bleibt übrig. Der Vergleich mit Abbildung 6.11 für $(CH_3)_3Si-O-Si(CH_3)_3$ zeigt uns, daß der Ersatz von Chlor durch $OSi(CH_3)_3$ unter Bildung des Siloxangerüsts kaum eine Änderung bringt; die Methylgruppen und nicht die Siloxanstruktur sind für den größten Teil der

---

[8] Für Einzelheiten der Theorie siehe Rochow und LeClair, J. Inorg. Nucl. Chem., Band 1, S. 92–111, 1955.

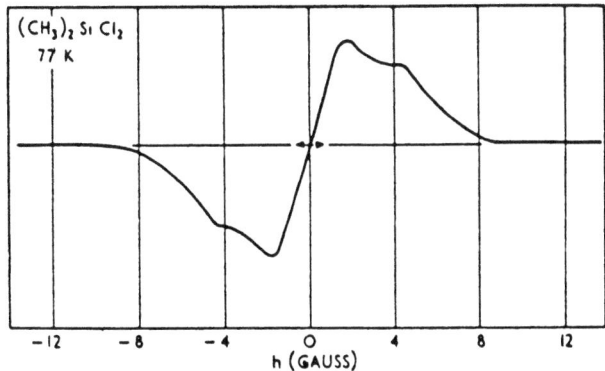

Abb. 6.9. Verlauf der Ableitungskurve für Dimethyldichlorsilan, $(CH_3)_2SiCl_2$, bei 77 K

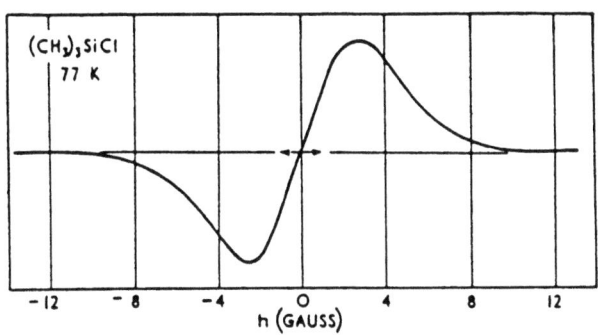

Abb. 6.10. Verlauf der Ableitungskurve für Trimethylchlorsilan, $(CH_3)_3SiCl$, bei 77 K

Bewegung verantwortlich. Die Hypothese der ungehinderteren Bewegung der Methyl-Gruppen (gemeint ist, freier als in vergleichbaren organischen Verbindungen), ist gültig. Sie fliegen nicht unbedingt frei herum aber sie haben wenigstens soviel Freiheit, in gewissem Ausmaß zu rotieren und zu schwingen. NMR-Untersuchungen vergleichbarer organischer Verbindungen bei derselben Temperatur von $-196\,°C$ zeigen Linienbreiten, die zwei- bis viermal so groß sind, was viel größere Wechselwirkung und geringere Beweglichkeit erkennen läßt.

Wir haben diesen Abstecher gemacht, weil wir eine Erklärung dafür suchten, warum Siliconöle und -gummis noch bei Temperatu-

146 Typische Siliconpolymere und ihre Eigenschaften

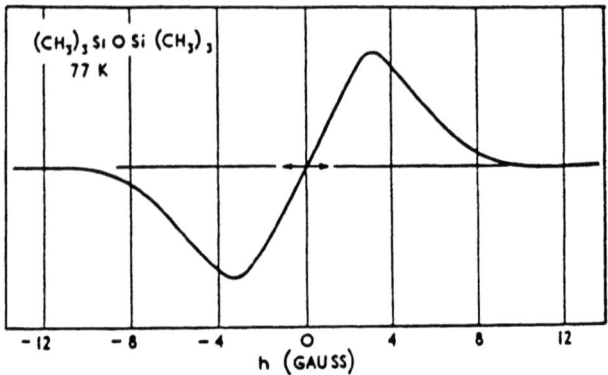

Abb. 6.11. Aussehen der Ableitungskurve für Hexamethyldisiloxan, $(CH_3)_3SiOSi(CH_3)_3$, bei 77 K

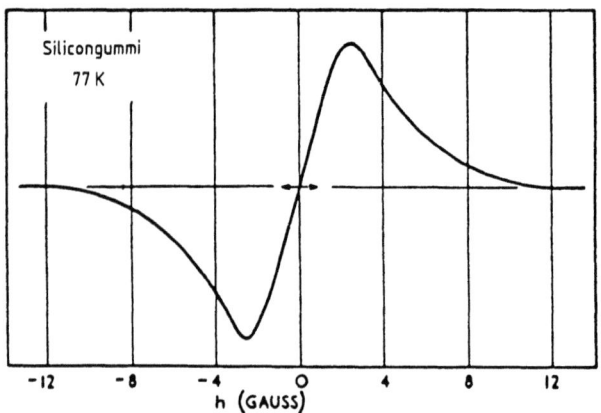

Abb. 6.12. Aussehen der Ableitungskurve für Silicongummi bei 77 K

ren einsatzfähig sind, bei denen Mineralöle und übliche Gummis versagen. Wir wollen uns nun zum Schluß die NMR-Absorptionskurve für einen typischen Dimethylsiloxangummi bei −196 °C ansehen (Abb. 6.12). Dies ist praktisch die gleiche Kurve wie die für Hexamethyldisiloxan, $(CH_3)_3SiOSi(CH_3)_3$, in Abbildung 6.11, was darauf hinweist, daß hier die gleiche Beweglichkeit vorliegt. Die Kurve für unseren alten Freund D_4, das cyclische Tetramer, aus dem der Kautschuk hergestellt wurde (Abbildung 6.13), sieht völlig gleich aus.

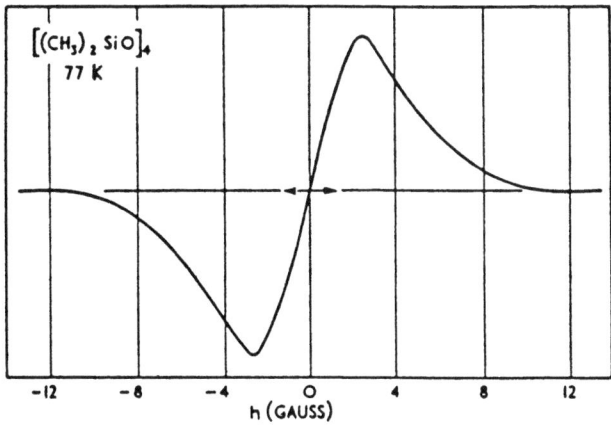

Abb. 6.13. Aussehen der Ableitungskurve für Octamethylcyclotetrasiloxan, $(CH_3)_8Si_4O_4$, bei 77 K

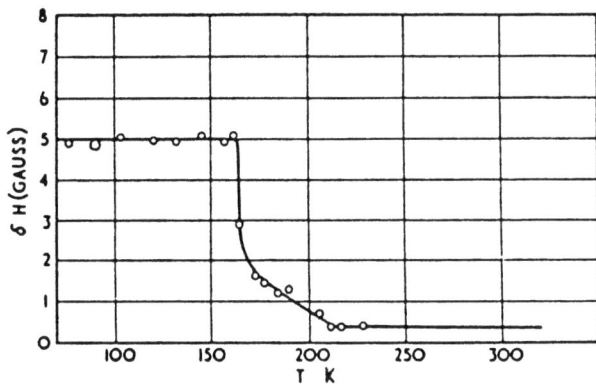

Abb. 6.14. Linienbreite in Abhängigkeit von der Temperatur bei Silicongummi

Beide sind bei $-196\,°C$ eingefroren, aber beide Festkörper weisen eine innere Beweglichkeit auf, die in diesem Umfang in analogen organischen Verbindungen nicht angetroffen wird.

Wir können jetzt ein weiteres aufschlußreiches Experiment machen: Wir lassen die Silicongummiprobe sehr sehr langsam aufwärmen und messen während der Aufwärmphase die NMR-Linienbreite bei vielen aufeinanderfolgenden Temperaturen. Abbildung 6.14 faßt die Ergebnisse zusammen. Wenn wir die Linienbreite gegen die absolute Temperatur auftragen, finden wir, daß die Linienbreite bis 164 K ($-109\,°C$) konstant bleibt und an dieser Stelle abrupt abfällt, was auf ein starkes Anwachsen der inneren Bewegungen hinweist. Dies ist die Glastemperatur; sie entspricht dem Übergangspunkt bei $-110\,°C$, bei dem in dem Gummi ausgeprägte Kristallinität auftritt, die sich durch Röntgenbeugung nachweisen läßt. Ein vergleichbarer Sprung der Linienbreite tritt bei Naturkautschuk bei $-53\,°C$ auf, d. h. $57\,°C$ höher als bei Silicongummi. Dieser Unterschied erklärt die unterschiedliche Verwendbarkeit der beiden Elastomeren bei niederen Temperaturen.

Oberhalb $-109\,°C$ fällt die Linienbreite bei dem Silicongummi von Abbildung 6.14 weniger steil ab und erreicht bei $-63\,°C$ konstante Werte. Das scheint darauf hinzuweisen, daß die freien Rotationen und Schwingungen der Methylgruppen nicht schlagartig bei einer bestimmten Temperatur einsetzen sondern vielmehr bei einer charakteristischen Temperatur, die von der Größe des Polymermoleküls abhängt und damit auch von der Packungsdichte oder dem Ausmaß der Hinderung durch Nachbarmoleküle. Oberhalb von $-63\,°C$ scheinen sich alle Methylgruppen frei bewegen zu können.

Vielleicht möchte man gerne wissen, bei welcher Temperatur *jegliche* Bewegung in Silicongummi und in den Methylsilanen wirklich eingefroren ist. Untersuchungen, die mit flüssigem Helium als Kühlmittel ausgeführt wurden, lassen erkennen, daß selbst bei 4 K ($-269\,°C$) in den einfacheren Verbindungen, nicht aber in Silicongummi, eine gewisse Restbeweglichkeit vorliegt. Es existiert also eine untere Grenze, aber sie liegt bemerkenswert tief!

Die Breitlinien-Kernresonanzspektroskopie ist so wertvoll für die Untersuchung von Festkörpern, daß sie für eine Vielzahl unterschiedlicher siliconanaloger Polymere von Organometalloxiden Verwendung gefunden hat und ebenso für Ferrocen und verwandte Verbindungen[9]. Keine dieser Untersuchungen hat ernsthafte Konkurrenten der Silicone erbracht; Methylsilicone bleiben einzigartig und unangefochten als eine Klasse von Werkstoffen mit gänzlich anderen physikalischen und chemischen Eigenschaften.

---

[9] Siehe Rochow, Mulay und andere, J. Inorg. Nucl. Chem. *4*, 231 (1957), *5*, 201 (1958); Proc. XVII. Intl. Congress Pure & Applied Chem. S. 136 (1960); J. Organomet. Chem. *1*, 273 (1964); J. Polymer Sci., Teil A-1, *4*, 375 und 639 (1966); Allgem. Prakt. Chem. *17*, 43 (1966).

7 Mit Siliconen Probleme lösen

Schutz vor Wasser

Wasser ist auf unserem Planeten allgegenwärtig. Es bedeckt drei Viertel der Erdoberfläche, es ist in der Atmosphäre (bis es als Regen oder Schnee ausgeschieden wird), es durchdringt Felsen und Böden und ist der wichtigste Bestandteil lebender Wesen. Wir könnten nicht ohne Wasser leben, aber es gibt Situationen wo wir uns das Wasser wegwünschen. Wir wollen, daß der Regen draußen bleibt; wir wollen nicht, daß er durch die Wände unserer Häuser sickert. Ebenso wünschen wir, daß unsere Kleidung trocken bleibt, wenn wir von einem Regenguß überrascht werden, aber wir sind nicht bereit, undurchlässige Gummi- oder Plastikkleidung zu tragen, weil Wasserdampf ungehindert von der Haut in die Luft gelangen muß, damit wir uns wohlfühlen. Kurz gesagt brauchen wir gewebte poröse Kleidung und poröse Lederschuhe für unsere Gesundheit und unser Wohlbefinden, und wir müssen unsere Häuser aus porösem Beton, porösen Ziegeln oder porösem Holz bauen, weil alles andere zu teuer ist. Wie können wir also das allgegenwärtige Wasser bändigen?

Die Leser unter Ihnen, die über ein außergewöhnlich gutes Gedächtnis verfügen, werden sich an eine Fußnote in Kapitel 5 zu diesem Thema erinnern. Als Patnode seine kleine Versuchsanlage aufbaute, um Methylchlorsilane kiloweise zu gewinnen, beobachtete er, daß alles Filterpapier, alle Papierhandtücher und selbst das Papier in seinen Büchern wasserabweisend wurden. Auf den ungeschützten Papierhandtüchern stand das Wasser in kleinen Tröpfchen, anstatt wie sonst sich sofort auszubreiten und zu versickern. Es gab keinen Zweifel, daß die Methylchlorsilandämpfe aus seinem Reaktionsrohr die Ursache dafür waren, denn der scharf saure Geruch der Chlorsilane beherrschte den ganzen Raum. Natürlich ist das, was man riecht, eigentlich Chlorwasserstoff; in Gegenwart von Luftfeuchtigkeit oder auf irgendeiner feuchten Oberfläche hydrolysieren die Chlorsilane augenblicklich und setzen HCl frei, und die empfindliche Nase eines Chemikers riecht HCl, lange bevor schädliche Konzentrationen erreicht werden. Neugierig gemacht durch die dramatische Änderung der Oberflächeneigenschaften seiner Papierhandtücher, goß Patnode ein bißchen von dem Rohkondensat aus seinem Reaktionsrohr in ein weithalsiges Glasgefäß und bedeckte die Mündung mit einer Glasplatte. Ungeduldig wartete er ein bis zwei Minuten, damit die Dämpfe das Glas gleichmäßig ausfüllten, dann nahm er den Deckel ab und warf schnell ein Stück Filterpapier aus einer neuen bis dahin ungeöffneten versiegelten Packung hinein. Sofort danach zog er das Papier wieder heraus; es war der Einwirkung der konzentrierten Dämpfe (nicht der Flüssigkeit) nur eine halbe Sekunde lang ausgesetzt gewesen, als er es jedoch unter fließendes Wasser hielt, wurde das Papier nicht naß. Das Wasser stand in winzigen Tröpfchen auf seiner Oberfläche, geradeso, als ob es sich um die Oberfläche eines Blocks aus Paraffinwachs handelte. Patnode fand aber, daß er weiterhin Luft durch das behandelte Papier blasen konnte; die Behandlung hatte nicht die Poren des Papiers verstopft sondern einfach nur die Oberfläche wasserabweisend gemacht. Patnode behandelte Baumwollstoffproben mit dem Dampf und fand, daß auch der Stoff wasserabweisend wurde. Wolle und Leder ließen sich nicht so gut imprägnieren wie Papier; sie wurden nur etwas wasserabstoßend aber nicht besonders ausgeprägt. Unedle Metalle wurden durch HCl korrodiert, wenn sie lange genug dem Dampf ausgesetzt wurden und wurden etwas wasserabstoßend; Platin zeigte keinerlei Wirkung. Aber das Glasgefäß und die Glasplatte fühlten sich augenblicklich schlüpfrig an und überzogen sich mit einer wasserabweisenden Schicht, alle Glasgeräte, die den Dämpfen der Methylchlorsilane ausgesetzt wurden, wurden gleichfalls wasserabweisend und schlüpfrig. Außerdem ließ sich der Oberflächenbelag nicht mit Seife und Wasser entfernen; dies gelang nur mit Scheuermitteln oder sehr starken Alkalilaugen.

Man kann sich leicht vorstellen, was hier abläuft. Wie alle Chlorsilane hydrolysieren auch die Methylchlorsilane schnell, wenn sie mit Wasser zusammentreffen:

$$2(CH_3)_2SiCl_2 + 3H_2O \longrightarrow HO-\underset{\underset{CH_3}{|}}{\overset{\overset{CH_3}{|}}{Si}}-O-\underset{\underset{CH_3}{|}}{\overset{\overset{CH_3}{|}}{Si}}-OH + 4HCl \text{ etc.}$$

In gleicher Weise können *beliebige* OH-Gruppen den zur Freisetzung von HCl nötigen aktiven Wasserstoff liefern; Alkohole reagieren wie Wasser, natürlich verbindet sich dann aber der Rest des Alkoholmoleküls mit dem Silicium:

$$4C_2H_5OH + SiCl_4 \longrightarrow Si(OC_2H_5)_4 + 4HCl$$

Ein Molekül von (CH$_3$)$_3$SiCl reagiert also mit jeder zur Verfügung stehenden OH-Gruppe, wobei HCl freigesetzt wird und die Trimethylsilyl-Gruppe über Sauerstoff mit dem anderen Reaktionspartner, der die OH-Gruppe trug, verknüpft wird.

Filterpapier besteht praktisch aus reiner Cellulose, und Cellulose ist ein natürliches Polymer und die Gerüstsubstanz von Bäumen und Pflanzen. Der größte Teil von Holz, Stroh und abgestorbenen Blättern besteht aus ihr. Papier wird hergestellt, indem aus Holzschnitzeln das leimähnliche Material, das die Cellulosefasern miteinander verklebt, herausgelöst wird, die gewaschenen Fasern auf einem Sieb gesammelt werden und die resultierende Bahn dann getrocknet und aufgewickelt wird. Vom Standpunkt der organischen Strukturchemie aus gesehen ist Cellulose ein Polysaccharid; das heißt, sie besteht aus einer langen Reihe von einfachen Zuckermolekülen, die zu riesigen Aggregaten mit Molekülmassen von 200000 oder mehr verbunden sind. Zucker sind Kohlenhydrate, die aus Kohlenstoff, Wasserstoff und Sauerstoff bestehen. Wasserstoff und Sauerstoff liegen im gleichen Verhältnis wie im Wasser, H$_2$O, vor. Zuckermoleküle strotzen von OH-Gruppen; der einfache Zucker *Glucose* (Abbildung 7.1a) hat 5 OH-Gruppen in jedem Molekül. Zwei davon gehen verloren (als H$_2$O), wenn Glucose-Bausteine unter Bildung der Polymerkette von Cellulose kondensieren (Abbildung 7.1b), aber die Cellulosekette enthält, wie wir sehen, immer noch reichlich, nämlich drei, OH-Gruppen pro Baustein. Darum reagiert Cellulose glatt und schnell mit (CH$_3$)$_3$SiCl-Dampf, wobei HCl entsteht und (CH$_3$)$_3$Si-Gruppen an die Stelle des Wasserstoffs von OH treten:

$$(CH_3)_3SiCl + HO-\overset{/}{\underset{\backslash}{C}}- \longrightarrow (CH_3)_3SiO\overset{/}{\underset{\backslash}{C}}- + HCl$$

Man sehe sich die eintretenden Änderungen an! Die Oberfläche, die ursprünglich mit OH-Gruppen gespickt war, die bereitwillig das ihnen wesensverwandte Wasser aufnahmen (das die Oberfläche benetzte und sich ausbreitete), strotzt jetzt von hydrophoben Methyl-Gruppen, die Wasser *abstoßen*. Aus Abbildung 7.1b geht hervor, daß nach der Behandlung jeder Glucose-Baustein drei (CH$_3$)$_3$Si-Gruppen trägt, jede Glucose-Einheit wiese dann neun sperrige Methylgruppen auf, die den Baustein einhüllen und ihn mit ihrer wasserabweisenden (hydrophoben) paraffinartigen Oberfläche abschirmen. Die so behandelte Cellulose ist also wasserabstoßend.

Diese Beschreibung ist natürlich stark vereinfacht. Nicht nur

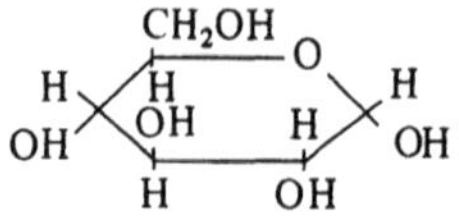

152   Mit Siliconen Probleme lösen

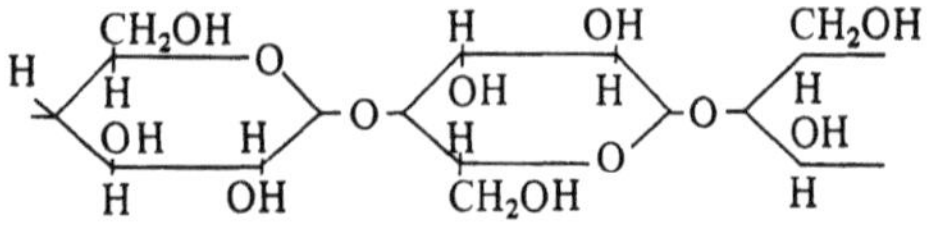

Abb. 7.1. Molekülstruktur von Glucose *(a)* und Cellulose *(b)*

$(CH_3)_3SiCl$ eignet sich als Imprägniermittel; wir können auch $(CH_3)_2SiCl_2$ oder CH_3SiHCl_2 oder CH_3SiCl_3 nehmen. Diese Chlorsilane sind alle in dem Rohprodukt der direkten Synthese enthalten und können ähnliche Reaktionen mit Cellulose eingehen, in allen Reaktionen werden Methyl-Gruppen chemisch mit der Oberfläche verbunden. Außerdem sind im allgemeinen Wassermoleküle durch die Anziehung zwischen H_2O und OH ziemlich fest an die Oberfläche von Cellulose gebunden, und diese adsorbierten oder „chemisorbierten" Wassermoleküle reagieren ebenfalls mit Methylchlorsilandämpfen und bilden Methyl-Gruppen tragende Mono-, Di- oder Trimethylsiloxy-Gruppen, die genauso fest wie vorher das Wasser auf der Oberfläche verankert sind. In allen Fällen ist nur die *Oberfläche* verändert worden; die Poren des Papiers sind nicht mit massiven Mengen an Wachs oder Harz oder Kautschuk gefüllt worden. Luft und Wasserdampf können durch diese Poren genauso ungehindert hindurch wie vorher.

Auch Baumwollstoffe lassen sich so behandeln: Baumwollfasern sind fast reine Cellulose, sie reagieren genauso wie beschrieben, das Gewebe wird wasserabstoßend, die Poren und Zwischenräume werden nicht verstopft, und das Gewebe bleibt atmungsaktiv.

Können Papier und Baumwolle für Produktionszwecke auch kontinuierlich so behandelt werden? Ja, unter der Voraussetzung, daß man dafür sorgt, daß entstandenes HCl nach der Behandlung unverzüglich durch Aufblasen von Heißluft entfernt wird. Ist diese Imprägnierungsmethode weit verbreitet? Eigentlich nicht; die Chlorsilan- und HCl-Dämpfe greifen die Maschinen und Einrichtungen stark an, im Papier oder Gewebe zurückbleibende HCl-Spuren sind höchst schädlich, weil sie das Material auf die Dauer schädigen. Die Technik ist aber schon seit langem über diese primitive Phase hinaus;

heute gibt es andere schonende Organosiliciumverbindungen, die das Gleiche leisten. In der Tat werden heute viele Spezialprodukte der Siliconindustrie eigens zu dem Zweck hergestellt, alltägliche Materialien wie Textilien, Papier und Leder wasserabstoßend auszurüsten. Etwa 30% der Produktion der Siliconanlagen gehen in die Papier- und Textilindustrie sowie in die Chemie.

In diesem Zusammenhang wollen wir ein Streiflicht auf eine andere interessante Anwendung werfen: der schlüpfrige Griff, der Patnode auffiel, kann auch wertvoll sein. Oft soll etwas kleben, aber erst dann, wenn wir es wollen *und nicht vor Gebrauch*. Selbstklebende Etiketten, Tapeten oder Kacheln sind Beispiele dafür; erst bei Anwendung sollen sie fest haften, nicht schon bei Versand oder Lagerung. Die Lösung heißt *nichthaftendes Papier*, jenes sich schlüpfrig anfühlende dünne Papier, das man von der selbstklebenden Oberfläche unmittelbar vor Gebrauch abzieht. Dieses nichthaftende, „abhäsive" Papier läßt sich nach einem Verfahren herstellen, das große Ähnlichkeit mit dem gerade beschriebenen für die Herstellung von wasserabweisendem Papier hat. Nur werden hier ähnliche Organosiliciumverbindungen in wesentlich größeren Mengen eingesetzt. Mitunter verfährt man so, daß man das Papier zunächst wasserabweisend ausrüstet und auf dieser Oberfläche mit chemisch verankerten Methylsilyl-Gruppen eine dickere Schicht eines nichthaftenden Silicons aufbringt. Wie auch immer, die Siliconschicht unterscheidet sich in ihrer Struktur so drastisch von dem angrenzenden Klebstoff, daß die beiden keinerlei Zuneigung zueinander verspüren und sich darum auch kein bißchen anziehen. Genauso, wie sich Siliconöl nicht in Naturkautschuk auflöst und ihn nicht zum Quellen bringt und Silicongummi von mineralischem Schmieröl kaum angegriffen wird, beziehungsweise sich Siliconöl nicht in einem solchen Schmieröl auflöst, so können Oberflächen aus „unnatürlichen" andersgearteten Siliconen unverträglich mit vielen landläufigen Klebstoffen sein und keinerlei Haftung aufweisen, eine Eigenschaft, die in diesem Falle ausdrücklich erwünscht ist.

Von Ziegelsteinen zu Booten

Patnode experimentierte mit vielen verschiedenen Stoffen und vielen Alltagsobjekten. Da Steingut, Terrakotta und Ziegelsteine keramische Produkte sind, chemisch dem Silicatglas ähnlich, schloß er, daß auch Ziegelsteine genau wie seine Glasgeräte durch Einwirkung von

Methylchlorsilandämpfen wasserabstoßend werden müßten. Er probierte die verschiedensten Bau- und Isoliersteine, Porzellan- und keramische Fliesen aus und fand in der Tat, daß sie durch diese Behandlung das Wasser abperlen ließen. Diese Beobachtung führte zu einem verblüffenden Vorlesungsversuch: Es gibt eine Sorte sehr poröser Schamottesteine, die für die thermische Isolierung von Öfen eingesetzt werden und die so weich und bröckelig sind, daß sie im Hörsaal mit einer Stahlsäge zerkleinert werden können. Die eine Hälfte wird in ein mit Wasser gefülltes Becherglas getaucht; das Wasser dringt sofort ein und wird aufgesaugt, der Stein sinkt wie ein Stück Blei zu Boden. Auf die andere Hälfte läßt man einige Sekunden lang Methylchlorsilandämpfe einwirken, dann wird sie in dasselbe Becherglas gebracht. Sie schwimmt! Die Oberfläche ist wasserabstoßend geworden; das Wasser kann nicht in die Poren eindringen, weil es die Porenwandungen nicht benetzt, und deshalb bleibt die Luft in den Poren, und der Stein schwimmt.

Feuchtigkeit im Mauerwerk ist ein jahrhundertealtes Problem. Die Feuchtigkeit hat in alten Schlössern und Kirchen viele unersetzliche Fresken zerstört und auf ungezählten Wänden ihre Spuren hinterlassen. Was kann man tun, um Steine und Mauerwerk dauerhaft gegen das Eindringen von Wasser zu imprägnieren? Methylchlorsilane können in der Hand unwissender nicht ausgebildeter Leute sehr gefährlich sein, Patnodes einfache Methode ist daher auf das Laboratorium beschränkt. Man kann auch nicht die Steine bereits in der Fabrik mit Methylchlorsilandämpfen imprägnieren, weil kein Mörtel auf ihnen halten würde. Man kann aber vorhydrolysierte Siliconrezepturen in geeigneten Lösemitteln auflösen oder mittels eines zeitlich nur begrenzt wirksamen oder flüchtigen Emulgators mit Wasser emulgieren. Diese Lösungen oder Emulsionen kann man auf Mauerwerk aufsprühen oder damit anstreichen. Solche Imprägniermittel gibt es zu kaufen. In der Tat haben Silicone dazu beigetragen, gemauerte Bauwerke trockener und wohnlicher zu machen und Kunstdenkmäler zu erhalten. Es ist ein Jammer, daß die Menschen es jahrhundertelang in feuchten Behausungen aushalten mußten, weil Silicone erst so spät entdeckt und zu Industrieprodukten entwickelt wurden. Warum gerade Glas und keramische Stoffe so leicht von Wasser benetzt werden, ist nicht schwer zu erklären. Die interatomaren Si-O-Bindungsabstände und -Bindungswinkel ähneln sehr den Bindungsabständen H-O-H und dem Bindungswinkel in Wasser, und das ionische Si-O-Si-O-Netzwerk keramischer Strukturen scheint wie geschaffen dafür, daß Wassermoleküle sich durch polare Anziehungskräfte anlagern:

```
    H
    |
    O—H
    ↓  ↓
—Si—O—Si—O—
```

Der negativ geladene Partner in der OH-Gruppe wird von dem positiv geladenen Silicium der Si-O-Bindung angezogen; gleichzeitig wird der positiv geladene Wasserstoff vom negativ geladenen Sauerstoff in Si-O angezogen. Dieses „chemisorbierte" Wasser wird sehr festgehalten und läßt sich nur sehr schwierig von einer Glasoberfläche entfernen: bei der Herstellung von Glühbirnen müssen beispielsweise die Glaskolben im Vakuum fast bis zum Erweichungspunkt aufgeheizt werden, damit der im Kolbeninneren adsorbierte Wasserfilm restlos entfernt werden kann. Bei den üblichen Raumtemperaturen und Luftfeuchtigkeiten befindet sich auf jeder Glasoberfläche eine mehrere Moleküle dicke Haut aus chemisorbiertem Wasser, die Wassermoleküle werden nämlich nicht nur wie beschrieben von der Silicatoberfläche gebunden sondern lagern sich aus den gleichen Ursachen auch untereinander zusammen. Wenn wir jetzt das Glas den Dämpfen gemischter Methylchlorsilane aussetzen, reagieren diese Dämpfe augenblicklich mit allen OH-Gruppen auf der mit Wasser bedeckten Oberfläche:

```
                            CH₃
                            |
                        H₃C—Si—CH₃
(CH₃)₃SiCl +   H                \
               |                
               O—H              O—H              + HCl
               ↓  ↓             ↓  ↓
            —Si—O—Si—O—  ——▶  —Si—O—Si—O—
```

Die Oberfläche bedeckt sich so mit Methylgruppen und benimmt sich daher nach außen hin wie ein Kohlenwasserstoff oder Paraffin. Sie stößt daher Wasser ab, wird aber durch organische Lösemittel benetzt. In dem Schema haben wir nur die Reaktion von chemisorbiertem Wasser mit $(CH_3)_3SiCl$ dargestellt, jedes andere Methylchlorsilan reagiert aber genauso und fixiert nach außen ragende Methylgruppen auf der Oberfläche. Merkwürdig ist, daß ein Gemisch von Methylchlorsilanen wirksamer ist als die reinen Verbindungen für sich allein (mit Ausnahme von CH_3SiHCl_2, das wirksamer als jedes der Methylchlorsilane ist).

Es ist ziemlich einerlei, ob die Oberfläche aus reinem SiO_2 oder aus irgendeinem der in Kapitel 1 behandelten Silicatgläser besteht oder ob die Oberfläche zu Ziegeln, Terrakotta oder Porzellan gehört. Alle Silicate reagieren gleich, und alle werden durch Behandlung mit Methylchlorsilanen oder irgendeiner anderen reaktionsfähigen Methylverbindung des Siliciums wasserabstoßend.

Es scheint zwar weit hergeholt, aber die Verstärkung organischer Kunststoffe mit Glasfasern ist in der Tat mit der Imprägnierung von Ziegeln eng verwandt. Die Vorzüge von Verbundwerkstoffen sind bereits hervorgehoben worden. Wir haben gesehen, daß Elastomere verstärkt werden müssen, wenn man widerstandsfähigen und dauerhaften Gummi machen will, genau wie auch Aluminium durch Ausscheidung von Siliciden verstärkt werden muß und Weicheisen durch Carbide, wenn man feste und dauerhafte Konstruktionsmetalle erhalten will. Bei den harzartigen organischen Polymeren – Phenolharzen, Kohlenwasserstoffpolymeren, Methacrylaten, Polyestern, Polyamiden und Polyurethanen – ist es ebenso. Schön mögen sie sein, diese transparenten farblosen oder eingefärbten Feststoffe, aber wie alle homogenen Festkörper sind sie anfällig gegenüber Kratzern und Rissen. In der Alltagspraxis können sie mit heterogenen verstärkten Verbundwerkstoffen nicht mithalten. Das erkannte Leo H. Baekeland, der Begründer des Kunststoffzeitalters, gleich zu Beginn. Er verstärkte seine Bakelitwerkstoffe mit Holzmehl und gemahlenen Walnußschalen. Faserige Verstärkungsmaterialien führen zu festeren Verbundwerkstoffen als pulverförmige, darum wurden lange Zeit für Bakelit mit Vorliebe Baumwollgewebe oder zerkleinerte Lumpen eingesetzt. Sie nehmen allerdings Wasser auf, und die Festigkeit und elektrischen Eigenschaften der Werkstoffe sind nicht optimal. Glasfasern haben von allen gewöhnlichen Fasern die höchste Festigkeit. Sie besitzen extrem hohe Zugfestigkeiten, vorausgesetzt, sie bekommen keine Kratzer; man schützt sie am besten vor Kratzern und Kerben dadurch, daß man sie mit einem flexiblen organischen Polymer überzieht oder sie darin einbettet. Wir haben es daher hier mit einer nahezu idealen Ausgangssituation zu tun: die festen und unangreifbaren Glasfasern müssen zu ihrem Schutz eingebettet werden, das Polymerharz andererseits bedarf der Verstärkungswirkung der Glasfasern, soll es in einen widerstandsfähigen und dauerhaften Verbundwerkstoff umgewandelt werden. Das einzige Hindernis, das sich einer glücklichen Ehe von Harz und Glasfasern in den Weg stellt, ist die grundsätzliche Unverträglichkeit von zwei Stoffen, die sich so grundsätzlich in ihrer chemischen Natur unterscheiden. Das Silicatglas wird ohne weiteres von Wasser benetzt, hat aber keine Affinität zu organischen Flüssigkeiten wie Polymerschmelzen oder unvernetzten Polymeren. Gleichzeitig ist offenbar die Benetzung der Oberfläche die Vorbedingung für den Erhalt einer festen Bindung zwischen den beiden Stoffen. Hier nun betreten Silicone die Arena. Nach dem oben beschriebenen Schema vermögen Organosiliciumverbindungen einen sehr dünnen Organosiloxanfilm auf Glas zu bilden, so daß die Faser nach außen hin *organischer* Natur ist und darum von organischen Monomeren oder Polymeren benetzt werden kann. Das Benetzungsproblem ist behoben, und es resultiert ein fester Verbundwerkstoff.

Obwohl zunächst Methylchlorsilane für die Behandlung von Glasfasern für Verbundwerkstoffe eingesetzt wurden, sind sie hierfür nicht die am besten geeigneten Substanzen. Wie wir gerade gesehen haben, spielen Methylsilicone eine führende Rolle bei nichthaftenden Überzügen, also genau das Gegenteil von dem, was wir brauchen. Wir suchen organische Gruppen, die eine größere chemische Verwandtschaft zu der Harzmatrix haben. Haben wir es zum Beispiel mit einem Polymer zu tun, das durch Additionspolymerisation von C=C-Doppelbindungen gebildet wird, wäre es vorteilhaft, wenn die Organosiliciumverbindung einige Vinylgruppen, $H_2C=CH-$, enthielte. Diese können mit den C=C-Bindungen des wachsenden Polymers copolymerisieren. Auf diese Weise würde der Siliconüberzug des Glases ganz automatisch bei der Aushärtung in das organische Polymer eingebaut, und weil er bereits chemisch mit der Siloxanstruktur des Glases verknüpft ist, wird so eine wirklich feste Bindung zwischen den Fasern und der Matrix möglich. Das läßt sich auch in der Praxis durchführen. Die aus der Glasschmelze austretenden Glasfasern werden unmittelbar nach dem Verspinnen mit Organosiliciumverbindungen behandelt, die Vinylgruppen enthalten. Die so ausgerüsteten Fasern werden dann verwebt, gehäckselt oder es werden Glasmatten daraus gemacht, je nach Einsatzzweck. Um beispielsweise einen Bootsrumpf herzustellen, wird Glasgewebe aus vorbehandelten Fasern mit reichlichen Mengen an vorvernetztem flüssigen Polymer und Katalysator bestrichen, und von dem getränkten Gewebe werden soviele Lagen übereinandergebracht, bis die gewünschte Wandstärke erreicht ist (siehe Abbildung 7.2). Das Verbundmaterial wird dann bei Raumtemperatur ausgehärtet oder in eine beheizte Form gepreßt, bis die Polymerisationsreaktion abgeschlossen ist. Dieses Verfahren eignet sich besonders gut für den Bootsbau. Jahrhundertelang wurden Schiffe durch Sägen, Hobeln, Dämpfen und Biegen von Holzteilen (die anschließend miteinander fest verbunden werden mußten) gebaut. Heute kann man den Bootsrumpf mit all seinen komplizierten Rundungen und Biegungen durch bloße chemische Vereinigung von Glasfasern und klebrigem Polymer in der gewünschten Gestalt *formen*. Wie einfach! Dieser geformte glasfaserverstärkte Rumpf ist dem Bootskörper aus Holz hinsichtlich des Verhältnisses von Festigkeit zu Gewicht und der Wasserdichtigkeit haushoch überlegen. Er braucht auch nicht regelmäßig angestrichen zu werden. Es nimmt daher nicht wunder, daß Verbundmaterialien aus Glasfaser + Harz den Bootsbau fast vollständig revolutioniert haben.

Die Vorteile, die die Imprägnierung von Glasfasern bietet, die in eine Harzmatrix eingebettet werden sollen, erschöpfen sich nicht in einer verbesserten Haftung und damit einhergehend einer verbesserten Festigkeit des Verbundmaterials. Verbundwerkstoffe, die unbehandelte Fasern enthalten und der Einwirkung von Wasser und besonders Seewasser lange ausgesetzt sind, erleiden starke Festigkeitsverluste, weil Wasser durch das Harz diffundiert und mit Vorliebe die Glasoberfläche benetzt. Wenn das geschieht, wird die schon geringe Haftung zwischen Glas und Harz völlig aufgehoben, und es bleibt nur noch die geringe Eigenfestigkeit des Harzes übrig. Darum ist die Vorbehandlung von Glasfasern für den Schiffsbau obligatorisch und ist zweifellos für alle Bootskörper aus Verbundmaterialien anzuraten.

Organosiliciumverbindungen für die Ausrüstung von Glasfasern nennt man treffend *Haftvermittler*. Da es sehr viele verschiedene Polymertypen und etliche unterschiedliche Polymerisierungsmechanismen gibt, benötigt man eine große Zahl ganz unterschiedlicher Haftvermittler. Damit hat man für jedes Monomer die passende Organosiliciumgruppe zur Verfügung. Das Beispiel von oben, in dem Si—CH=CH$_2$-Gruppen mit C=C-Doppelbindungen des Monomers copolymerisieren, kommt offensichtlich nicht für ein Polyesterharz in Frage, das durch Kondensation einer mehrwertigen Säure mit einem mehrwertigen Alkohol entsteht oder für ein Polyamid. Darum hat sich die Entwicklung und Produktion von Haftvermittlern zu einem eigenständigen Geschäftszweig auf dem Silicongebiet entwickelt. Da ständig neue Fasermaterialien angewandt werden (man denke an Kohlenstoffasern, Borfasern und die neuen Siliciumcarbidfasern), muß die Suche nach neuen Haftvermittlern ständig weitergehen.

Strukturell gesehen, ist es nur ein kleiner Schritt von Booten zu Autokarosserien, zu Flugzeugteilen und selbst zu Haushaltsgeräten und Möbeln; immer bieten die festen, leichten, einfach zu formenden Teile aus mit Haftvermittlern ausgerüsteten faserverstärkten Verbundmaterialien Vorteile. Die Verbundwerkstoffe sind nur scheinbar starr, in Wirklichkeit können sie sich bei Belastung durchbiegen

Von Ziegelsteinen zu Booten 159

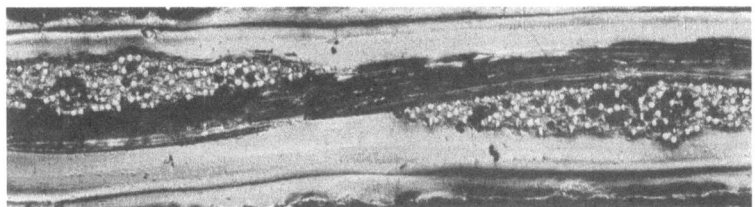

Abb. 7.2. Mikrofotografie von Glasgewebe, das mit Harz getränkt wurde. (Es handelt sich hier um eine polierte Querschnittprobe, die die einfache Würfelbindung des Gewebes erkennen läßt. Bei den weißen Punkten handelt es sich um die Enden von Glasfasern in einem Kettfaden. Der Schußfaden verläuft links unterhalb des Kettfadens und rechts oberhalb. Die homogene Matrix rundherum ist das Polymerharz

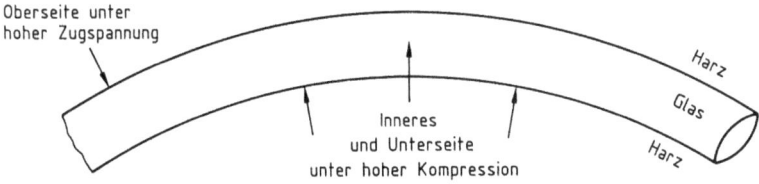

Abb. 7.3. Teil einer durchgebogenen eingebetteten Glasfaser

oder verdrillen ohne dabei zu Bruch zu gehen. Sie sind steif aber nicht spröde. Innerhalb vorgegebener Grenzen sind sie elastisch und nehmen nach Verformen wieder ihre ursprüngliche Gestalt an, weil die Glasfasern biegsam sind und das Verbundmaterial so konzipiert wurde, daß es den richtigen Elastizitätsmodul hat. Die Verformung kann extrem sein, wie man an den glasfaserverstärkten Angelruten und den Fiberglasstäben der Stabhochspringer sieht. In diesen beiden Fällen soll das Verbundmaterial unter Belastung bei der Durchbiegung Energie speichern und sie beim Zurückschnellen in die alte Form wieder freisetzen. Dabei soll möglichst wenig Energie in Wärmeenergie umgewandelt werden. Glasfasern sind dazu in der Lage, weil Glas (und besonders kieselsäurereiches Glas) bei Kompression fast ideales elastisches Verhalten zeigt. Darum springt eine Glaskugel oder eine Murmel höher als ein Gummiball, wenn sie auf eine Steinfläche geworfen wird. Schauen Sie sich das Verhalten einer einzelnen Glasfaser bei Durchbiegung an. Bei starker Vergrößerung sieht sie wie ein gebogener Stab aus, siehe Abb. 7.3. Die Oberseite des Stabes gerät unter eine hohe Zugspannung, wenn das Stabinnere komprimiert wird. Glas hat aber eine sehr hohe Zugfestigkeit, wenn es nicht angeritzt wird. Die Oberseite des Stabes hält daher die Belastung aus. Das Innere des Stabes, besonders an der Unterseite, steht unter hoher Kompression, darum nimmt dieser Bereich fast ideal elastisch wieder seine ursprüngliche Gestalt an, wenn die Belastung aufgehoben wird. Dabei wird die während des Kompressionsvorgangs gespeicherte Energie wieder freigesetzt. Währenddessen bleibt die Faser dank des Haftvermittlers fest in der umgebenden schützenden Matrix verankert. Und die Polymerharzmatrix schützt die Glasoberfläche vor Beschädigung.

Da in der Praxis Verbundwerkstoffe vorherrschen, gelten unsere Überlegungen nicht nur für Glasfasern in irgendeiner organischen Matrix sondern auch für anorganische Pulver, „Füllstoffe" und Pigmente, die in eine harzartige oder elastomere Matrix eingebettet sind. Das bedeutet, daß Kieselsäure, Talk, Calciumcarbonat (Schlämmkreide oder Kreide), Titandioxid, Eisenoxid und unterschiedliche farbige Silicate, die in verstärkten organischen Kunststoffen und Kautschuken eingesetzt werden, allesamt von einer geeigneten Oberflächenbehandlung mit Haftvermittlern auf der Basis von Organosiliciumverbindungen profitieren. Durch diese Behandlung wird das homogene Einmischen des Pulvers (keine leichte Aufgabe!) einfacher, weil die Oberfläche besser von dem organischen Material benetzt wird, und bei späterem Einsatz wird der Verbundwerkstoff durch Wasser oder feuchte Luft weniger leicht geschädigt. Natürlich biegen sich die Feststoffpartikel nicht in der Weise durch, wie es in Abbildung 7.3 dargestellt wird, andererseits sind sie aber auch nicht ideal kugelförmig; meistens haben sie eine unregelmäßige Form und sind länglich, ja nadelig, mit schartigen Kanten. Unter Belastung deformieren sie sich etwas, das Wichtigste ist aber, daß sie wegen ihrer Vorbehandlung auch unter Belastung mit der Matrix verbunden bleiben.

Rette die Oberfläche!

Rette die Oberfläche und Du rettest den Rest! So lautet ein berühmter Werbeslogan für Anstrichfarbe. Eine Anstrichfarbe besteht aus einem Pigment (oder mehreren), die in einem Bindemittel fein verteilt sind. Normalerweise wird noch ein flüchtiges Lösemittel zugesetzt, um die Mischung dünnflüssiger zu machen, damit sie mit dem Pinsel, einem Roller oder der Spritzpistole aufgebracht werden kann. Das Bindemittel kann ein trocknendes Öl sein wie zum Beispiel Leinöl oder Tungöl oder ein Polymerharz wie ein Polyester oder ein Phenolharz, das in dem Lösemittel aufgelöst ist. Trocknende Öle sind natürlich vorkommende Glycerinester ungesättigter Fettsäuren, und diese „trocknen" durch Oxidation der Doppel- oder Dreifachbindungen in den Kohlenstoffketten der Fettsäuren. Jede Farbe enthält ein Pigment (fast immer ein anorganisches Pulver wie Titandioxid plus Abtönfarben wie farbige Silicate oder eingefärbtes Aluminiumoxid), das in der nach dem Trocknen des Bindemittels zurückbleibenden organischen Matrix eingebettet ist. Darum ist dieser Anstrichfilm in Wirklichkeit auch ein Verbundmaterial der vorhin beschriebenen Art. Er braucht sich natürlich nicht zu biegen wie eine Angelrute, muß aber flexibel und sogar etwas elastisch sein, damit er bei der thermisch bedingten Ausdehnung und Schrumpfung der darunter liegenden Oberfläche nicht reißt. Er muß auch widerstandsfähig gegen Abrieb sein und vor allen Dingen gut haften. Seltener kommt es vor, daß er sich dauernd unter Wasser befindet (wenn man von Booten und Schiffen absieht), aber häufig wird er durch Regen und Hagel und – an der Küste – durch salzhaltiges Sprühwasser arg strapaziert. Diese Überlegungen machen die Vorteile verständlich, die eine Vorbehandlung der Pigmente mit Silanen als Haftvermittlern bietet: das Abmischen der Pulver mit dem organischen Bindemittel wird einfacher, weil das Pulver nicht klumpt, und der fertige Überzug ist haltbarer und wasserbeständiger.

Ein besonderer Fall ist der Anstrich von Stahloberflächen im Freien, die hohe Temperaturen aushalten müssen. Beispiele dafür sind ein stählerner Kamin oder ein Entlüftungsrohr oder Rohrleitungen, in denen hochgespannter Dampf oder heißes Öl oder heiße Luft zirkulieren; alle brauchen sie einen speziellen Schutz. Hier haben wir es mit demselben Problem zu tun wie bei elektrischen Isolationsmaterialien, die bei hohen Temperaturen eingesetzt werden sollen. Bei Dauerbelastung von 200 bis 300 °C und gelegentlichen Spitzen von 350 °C oder sogar 400 °C brauchen wir ein Bindemittel auf der Basis von Methyl- oder Methylphenylsiliconen und eine Vorbehandlung des Pigments (Aluminiumpulver, Titandioxid, Eisenoxid und dergleichen) mit einem methylgruppenhaltigen Haftvermittler. (Aluminiumpulver eignet sich für diese Vorbehandlung, weil es oberflächlich mit Aluminiumoxid bedeckt ist, das ganz ähnlich wie Kieselsäu-

162 Mit Siliconen Probleme lösen

Abb. 7.4. Dana Palmer Haus der Harvard-Universität, im frühen 18. Jahrhundert gebaut

re Wassermoleküle chemisorbiert, die mit dem Haftvermittler reagieren). Dadurch werden Hochtemperaturanstriche mit zufriedenstellenden Eigenschaften möglich, die die Oberfläche schützen und Stahlkonstruktionen vor Schaden bewahren.

Ein weiterer Sonderfall sind Anstrichfarben für Holzhäuser. Bei angemessener Pflege überdauern hölzerne Gebäude nicht nur Jahrhunderte sondern bleiben auch wohnlich und bieten gewisse Vorteile hinsichtlich der Lebensqualität, weil sie warm und trocken sind. Zum Beispiel wurde Wadsworth House im Harvard Yard 1726 als Wohnsitz[1] gebaut, ist aber heute das Quartier der Vereinigung ehemaliger Harvardstudenten; das Dana Palmer Haus (Abbildung 7.4) in Harvard ist ein weiteres schönes architektonisches Beispiel aus dem 18. Jahrhundert, für das ausschließlich Holz als Baumate-

---

[1] Im Wadsworth House residierten 150 Jahre lang die Präsidenten des Harvard College, 1775 lebte dort George Washington, als er Oberbefehlshaber der Kontinentalarmee in Cambridge wurde.

rial verwendet wurde. Entscheidend für diese lange Nutzbarkeit ist natürlich der Schutz der Holz*oberfläche*, damit das Holz nicht feucht wird und fault. Das bedeutet anstreichen, wieder anstreichen und regelmäßig den alten Anstrich abkratzen. Für die beiden angeführten Beispiele belaufen sich die bisher aufgebrachten Wartungskosten auf ein Vielfaches der ursprünglichen Kosten des Hauses. Wirtschaftlich gesehen wäre es von ungeheurer Bedeutung, wenn man über einen Holzanstrich verfügte, der 20, 30 oder 50 Jahre hielte, anstatt der üblichen fünf oder sechs Jahre, die Anstrichfarben mit trocknenden Ölen auf Latexbasis halten. Dazu kommt, daß die Handwerkerkosten für den Neuanstrich eines Hauses inzwischen so gestiegen sind, daß ungefähr 80% der Hausbesitzer in den Vereinigten Staaten ihr Haus selbst anstreichen – eine zeitaufwendige und mühsame Arbeit! Alle Betroffenen, Hausverwalter, Hausbesitzer oder Investoren, hätten Vorteile, wenn es einen praktisch nicht verwitternden Anstrich für Holzhäuser gäbe, der sich die Stabilität und Langlebigkeit von Siliconpolymeren nutzbar macht. Gewöhnlich wird eingewandt, daß Siliconpolymere dafür zu teuer sind. Ein Bindemittel auf Siliconbasis wäre fünf- bis zehnmal teurer als die üblichen organischen Bindemittel. Das Anstrichmaterial macht aber nur etwa 6% der Gesamtkosten der von einer Firma ausgeführten Anstrichsarbeiten aus, so daß die Materialkosten eigentlich keine so große Rolle spielen. Für den Hausbesitzer mit Heimwerkerneigungen, der selber anstreicht, würden die Kosten- und Zeiteinsparungen eine enorme Erleichterung bedeuten. Ein guter Siliconanstrich wäre sehr willkommen.

Aus früheren Überlegungen in diesem Kapitel wissen wir, daß ein Siliconanstrich auf einer Unterlage aus organischer Anstrichfarbe seine Vorzüge nicht ausspielen kann. Die beiden Stoffe sind zu unverträglich. Ausnutzen kann man die Fähigkeiten eines Siliconanstrichs nur, wenn man ihn auf das *nackte Holz* aufbringt. Man kann zum Beispiel ein wasserabstoßendes Methylsiliconharz nehmen, das in einem organischen Lösemittel sehr niedriger Viskosität aufgelöst wird; die verdünnte Lösung dringt in das trockene unbehandelte Holz ein und hinterläßt auf der Oberfläche einen wasserabweisenden Film (Abb. 7.5). Anschließend kann man eine schmückende Anstrichfarbe oder einen Lack auf Siliconbasis aufbringen (Abb. 7.6). Es hat sich gezeigt, daß der so erreichte Schutz der Oberfläche mindestens 30 Jahre wirksam ist. In dieser Zeit hätte man mit herkömmlicher Farbe den Anstrich fünfmal erneuern müssen. In der Tat eine gewaltige Einsparung!

164 Mit Siliconen Probleme lösen

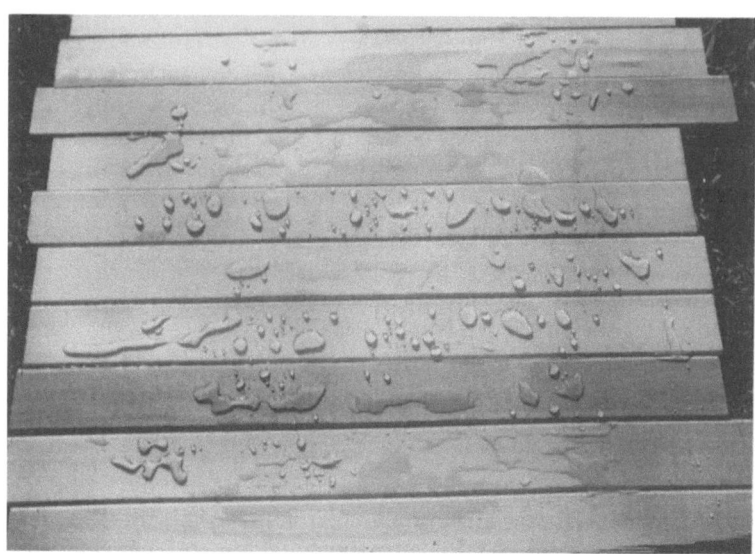

Abb. 7.5. Holz, das durch Behandlung mit einer penetrierenden Methylsiliconlösung wasserabstoßend gemacht wurde

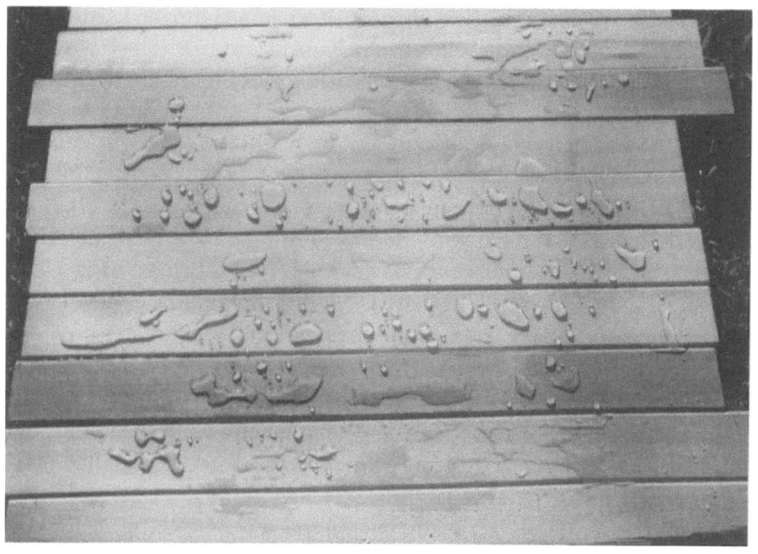

Abb. 7.6. Siliconversiegeltes Haus aus dem Jahre 1950. Der ursprüngliche Anstrich ist noch intakt

Eine persönliche Vignette

Als ich mir 1958 ein neues Haus baute, wollte ich es unbedingt mit einem Siliconanstrich versehen. Zwanzig Jahre lang hatte ich immer wieder mit den üblichen Anstrichfarben angestrichen und dafür viel Zeit aufgewandt. Ich war dieses ständige Anstreichen leid. Ich entschied mich für eine Außenverkleidung aus Zedernholzbrettern mit Nut und Feder und behandelte diese zunächst einzeln von allen Seiten mit Siliconharz, damit sie wasserabweisend wurden. Abbildung 7.5 zeigt das erhaltene Ergebnis. Nachdem die Wände hochgezogen worden waren, behandelte ich anschließend die eine Hälfte des Hauses mit einem siliconverstärkten Acrylanstrich (der 10 % Methylphenylsiliconharz enthielt) und die andere Hälfte mit einem reinen 100 %igen Methylphenylsilicon-Firnis. Ich wollte die beiden vergleichen und sehen, wie lange der Schutz mit diesen unpigmentierten Anstrichstoffen halten würde.

Der auf die Methylsilicongrundierung aufgebrachte siliconverstärkte Acrylanstrich hielt sich sehr gut auf der Nordseite des Hauses und dort, wo es schattig war. Nach 28 Jahren im rauhen Wetter Neuenglands haftete er noch gut und tat seinen Dienst, obwohl das Holz darunter durch Oxidation dunkel geworden war. Dort, wo der helle Morgensonnenschein eingewirkt hatte, war das Acrylharz fotochemisch oxidiert worden (das hätte sich durch kräftige Pigmentierung vermutlich vermeiden lassen). Der reine Siliconüberzug hatte sich aber praktisch nicht verändert; er hatte Sonnenschein und alle Wetterunbilden überstanden. Er hält wahrscheinlich weitere zwanzig Jahre. Das darunter liegende Holz sieht zwar nicht mehr neu aus, weist aber keine Spuren von Verfall oder Abbau auf. Ich hege keinerlei Zweifel, daß ein dauerhafter Siliconanstrich hergestellt werden kann und daß er in der Tat Holz dreißig Jahre lang schützt, ohne daß ein Neuanstrich nötig ist. Mir hat so ein Anstrich viel Arbeit erspart!

Schaum nur im Bierglas

Bier ohne Schaum schmeckt schal; es muß eine Schaumkrone haben, damit es gefällt. Schaum kann auch erwünscht und geradezu notwendig sein, man denke an Schlagsahne und Rasierschaum. Schaum läßt auch den Kuchen im Ofen gehen. Manchmal allerdings ist Schaum sehr unerwünscht. Schaum stört viele Industrieverfahren, er kann einen Heizkessel oder Dieselmotor ruinieren und verursacht Blähsucht bei Rindern und Pferden. Es wäre gut, wenn man die Bildung von Schaum nach Wunsch kontrollieren könnte: ihn da bildet, wo er erwünscht ist und da unterdrückt, wo er Schaden anrichten kann.

Überraschenderweise können das Silicone. Das richtige Silicon am richtigen Ort kann unerwünschte Schaumbildung vermindern oder verhindern und so viel Zeit und Geld sparen (und das Leben von Rind und Pferd retten). Diese Fähigkeit läßt sich auf keine der bisher erwähnten Eigenschaften von Siliconen zurückführen, weder auf die thermische Stabilität von Methylsiloxanen, noch auf die Oxidationsbeständigkeit oder auf den niedrigen Viskositätskoeffizienten. Sie ist vielmehr eine unerwartete Dreingabe, eine unvorhergesehene Eigenschaft, die zufällig entdeckt wurde, als diese neue Klasse von Stoffen synthetisiert und untersucht wurde.

Es gibt selbstverständlich viele andere Substanzen, die Schaumbildung vermindern können. Ein Fettfilm oder die Haut, die sich durch Seifenrückstände in hartem Wasser bildet, läßt den Schaum auf einem Glas Bier in ein bis zwei Minuten zusammenfallen. Deswegen spülen Gastwirte oder Hausfrauen Biergläser getrennt von anderem Geschirr. Um die Schaumbildung in Heizkesseln zu verringern, wurden schon so unterschiedliche Mittel wie Kleie, Sägemehl, Leinöl und Kuhdung eingesetzt. Kein Stoff ist universell anwendbar. Das Problem ist auf ein kompliziertes Wechselspiel von Oberflächenspannung, Kontaktwinkel, Benetzungsenergien und Temperatur zurückzuführen; für eine gründliche theoretische Behandlung würde der Umfang dieses Buchs nicht ausreichen. Wir schauen uns nur ein aufschlußreiches Experiment an und danach ein paar praktische Anwendungen.

Das Experiment kann man zuhause machen. Man braucht nur ein Päckchen Nähnadeln, etwas flüssige Seife oder Seifenblasenflüssigkeit, eine Tonpfeife oder Drahtschlaufe für das Blasen der Seifenblasen, und ein, zwei Tropfen Siliconöl. Man nimmt eine frische Nadel aus dem Päckchen und reibt sie sorgfältig mit der Seifenflüssigkeit ein. Dann bläst man eine kleine Seifenblase, löst sie aber nicht ab sondern läßt sie an der Pfeife hängen und sticht sie mit der feuchten Nadel an. Die Nadel dringt in die Seifenblase ein, ohne daß diese platzt; wenn die Nadel lang genug ist, kann sie ganz durch die Blase geschoben und an der Rückseite herausgezogen werden. Der benetzte Stahl bringt die Blase nicht zum Platzen. Ebenso kann man große Blasen auf eine Tischfläche herabschweben lassen, die mit der Seife benetzt ist, ohne daß die Blasen beim Berühren des Tisches zerplatzen. Jetzt nimmt man eine zweite frische Nadel und reibt ihre Spitze mit etwas Siliconöl ein. Man bläst wieder eine kleine

Seifenblase und sticht sie mit dieser Nadel an. Die Blase platzt! Alle Blasen, die auf der feuchten Tischfläche lagern, platzen ebenfalls, wenn man sie mit dieser Nadel ansticht. Auch mit dem Finger kann man sie platzen lassen, wenn er vorher mit etwas Siliconöl benetzt wurde.

Dieser Versuch zeigt, daß der bloße Kontakt mit einem festen Gegenstand nicht ausreicht, um eine Blase zu zerstören; eine mit Seife überzogene Nadel geht glatt durch die Wandung der Blase, ohne diese zu zerstören. Daraus folgt, daß durch die Zugabe von festen Stoffen allein Schaum nicht unbedingt zerstört wird. Entscheidend ist die *Oberflächen*eigenschaft der Festsubstanz oder die *Oberfläche* einer nichtmischbaren Flüssigkeit, die mit dem Schaum in Berührung kommt. Sowohl die *Art* der Oberfläche als auch ihre Größe sind wichtig. Ein winziges Tröpfchen Siliconöl zerstört 500 cm^3 Seifenschaum in wenigen Minuten, das Zerstörungswerk geht von dem Tröpfchen aus und erfaßt nach und nach die tiefer liegenden Schaumblasen. Die gleiche Menge Siliconöl vollbringt aber das Gleiche in ein paar Sekunden, wenn sie auf Kieselsäure mit großer Oberfläche, zum Beispiel Aerosil, verteilt ist. Jedes winzige Kieselsäureteilchen, das in einen hauchdünnen Siliconölfilm eingehüllt ist, wirkt genauso zerstörerisch auf Schaumblasen wie die siliconbehandelte Nadel. Und ein Kubikzentimeter vorbehandeltes Aerosil enthält unzählige Millionen dieser Teilchen. Daraus lernen wir, daß es nur auf die *Oberfläche* des Siliconöls ankommt, weniger auf die Menge, wenn wir Schaum zerstören wollen. Außerdem brauchen wir zur Ausbildung der Siliconoberfläche nicht unbedingt das teure Siliconöl, wir können dasselbe erreichen, wenn wir die feinverteilte Kieselsäure großer Oberfläche den Dämpfen des Methylchlorsilangemischs aussetzen oder mit irgendeinem billigen oder als Abfall auftretenden Organosiliciumprodukt behandeln. Diese Wahlfreiheit hat zu Dutzenden von Antischaummitteln auf dem Markt geführt: vorbehandelte Pulver, Suspensionen vorbehandelter Pulver in Kerosin, Emulsionen von verdünntem Siliconöl in Wasser und so weiter. Wir wollen uns nicht mit der Chemie jedes einzelnen Produkts beschäftigen sondern lieber überlegen, was ein gutes Entschäumungsmittel auf Siliconbasis bei Anwendung im großen Maßstab leisten kann und welche Vorteile man davon hat. Das vielleicht beste Beispiel für diese Vorteile liefert die Papierindustrie, ein riesiges Arbeitsfeld, das damit befaßt ist, die Cellulosefasern aus Holz zu isolieren, diese dann miteinander zu Papierbahnen zu verbinden und zu trocknen.

Holz besteht aus Cellulose-Gerüstfasern (siehe Seite 151), die durch verschiedene harzartige und fettige Pflanzenstoffe zusammengehalten werden, die man unter der Bezeichnung *Lignin* zusammenfaßt. Die Cellulose wird vom Lignin getrennt, indem man Holzschnitzel in einer sehr heißen Lösung von Natriumsulfit (Na_2SO_3) oder Natriumhydroxid plus Natriumsulfid ($NaOH + Na_2S$) in einem riesigen Druckgefäß, dem „Kocher", erhitzt. Das Sulfitverfahren verwendet gewöhnlich auch Schwefeldioxid und ergibt einen hellgefärbten Papierbrei, der leicht zu bleichen ist und weißes Papier ergibt. Das andere Verfahren ist das Kraft- oder Sulfatverfahren. Bei ihm wird mit stark alkalischen Lösungen das Lignin herausgelöst, und man erhält einen braunen Papierbrei, aus dem festes Packpapier gemacht werden kann. Das Natriumhydroxid greift die Harze und Fettstoffe an und wandelt die langkettigen Fettsäuren in Natriumsalze um; das Natriumhydroxid verseift diese also in praktisch der gleichen Weise wie es Speiseöle und -fette bei der Seifenfabrikation in „Seifen" überführt. Wir müssen uns deshalb den riesigen Druckkessel als Seifenkessel vorstellen und erwarten, daß die kochende wäßrige Lösung *schäumt.* Das tut sie auch. Die Leistung einer Papierfabrik wird durch den vielen Schaum erheblich eingeschränkt, denn er blockiert nutzbaren Raum in der Produktionsanlage. Es liegt auf der Hand, daß ein Hersteller, der die Produktionsleistung seiner Papierfabrik verdoppeln will, normalerweise die Zahl seiner Kocher verdoppeln muß, was mit hohen Investitionskosten verbunden ist. Könnte er aber den Schaum, der soviel Platz wegnimmt, beseitigen, könnte er die Tagesleistung seiner Anlage erheblich erhöhen (vielleicht verdoppeln), ohne neue Apparate installieren zu müssen! Natürlich wählt er das Entschäumungsmittel auf Siliconbasis. Es verrichtet wahre Wunderdinge und kostet ihn nur wenig.

Von all den Antischaumrezepturen mit Siliconen, die heute auf dem Markt sind, basiert eine der in der Papierherstellung wirksamsten auf vorbehandelter lockerer Kieselsäure großer Oberfläche. Die Vorbehandlung des Pulvers erfolgt durch Erhitzen in einem Autoklaven unter Zusatz von ganz wenig billigem Siliconöl, so daß die Dämpfe des Methylsiloxangemischs das lockere Pulver ganz durchdringen und auf jedem Teilchen ein Methylsiliconfilm chemisorbiert wird. Das so modifizierte Pulver wird dann unverzüglich in Kerosin dispergiert, und diese Dispersion wird danach mit Hilfe eines nichtschäumenden Emulgators in viel Wasser emulgiert. Die verdünnte Emulsion wird zur Regulierung der Schaumbildung in die riesigen Kocher eingegeben, in denen der Papierbrei gekocht wird, und bewährt sich dort bestens.

Ein grundsätzlich ähnliches Problem ist die bei Kühen vorkommende Krankheit, die von den Tierärzten *Blähsucht* genannt wird. Es handelt sich um eine Enteritis oder ein Auftreiben des Bauchs, das durch übermäßige Schaumbildung verursacht wird. Auf der Weide grasende Tiere fressen manchmal bestimmte saponinhaltige Pflanzen. Saponine sind Glycoside, die mit Wasser und dem Darmgas eine Art Seifenschaum bilden, der sich im Pansen und Magen ansammelt, dem Tier äußerste Pein bereitet und zum Tod führen kann. Früher halfen sich die Tierärzte so, daß sie mit einer großen Hohlnadel den Pansen von der Flanke aus punktierten, um die Gase abzulassen. Heute kann man aber diese Störung sehr viel wirksamer beheben, indem man ein spezielles siliconhaltiges Entschäumungsmittel injiziert oder verabreicht. Ist der Schaum erst einmal gebrochen, wird das eingeschlossene Gas ohne Schwierigkeit abgelassen.

Von der Blähsucht bei Wiederkäuern zu dem gelegentlichen Mißbefinden beim Menschen, das durch Blähungen und Völlegefühl verursacht wird, ist es nur ein kleiner Schritt. Die Abhilfe ist praktisch die gleiche und besteht in der Verabreichung eines speziellen von der FDA[2] zugelassenen Siliconentschäumungsmittels, das in flüssiger Form eingenommen oder säurebindenden Magentabletten zugesetzt wird. Wenn in den Angaben zur Zusammensetzung das Wort „Simethicon" vorkommt, ist damit ein Methylsilicon gemeint, das speziell für diesen Zweck gereinigt wurde. Damit ist das Potential von „Simethicon" noch nicht erschöpft; mittlerweile ist es auch ein beliebter Bestandteil von Lotionen und kosmetischen Präparaten, weil es die Haut glättet und wasserabweisend macht, ohne Allergien hervorzurufen.

Die Th. Goldschmidt AG in Essen hat sich stark im Spezialitätengeschäft engagiert und stellt zum Beispiel Siliconöle her, die chemisch so verändert wurden, daß sie partiell verträglich mit solchen Medien werden, in denen reines Polydimethylsilicon völlig unlöslich ist. Dies versetzt den Anwender in die Lage, die besondere Grenzflächenaktivität der Silicone in viel breiterem Rahmen zu nutzen. Die sogenannten Silicontenside sind nämlich auch dort noch aktiv, wo organische Tenside nicht mehr wirken.

Derzeit werden am häufigsten Siliconpolyether-Blockcopolymere eingesetzt. Man verwendet sie als Schaumstoffstabilisatoren bei der Produktion von Polyurethanschaum, als Netz-, Verlauf- und

---

[2] Die Food and Drug Administration in den USA, eine Behörde, die Lebensmittel und andere für den Verzehr vorgesehene Stoffe überwacht und Arzneistoffe zuläßt.

Gleitmittel für Lacke, als Entschäumer für verschiedene Medien, als Gleitmittel für die Faserherstellung und -verarbeitung und als hydrophile Weichmacher und Emulgatoren bei der Textilausrüstung. Interessant sind sie auch als pflegende Additive in Haarwaschmitteln und kosmetischen Produkten. Ihr chemischer Aufbau geht aus der folgenden Strukturformel hervor:

$$(CH_3)_3Si-O-\left[\begin{array}{c}CH_3\\|\\Si-O\\|\\CH_3\end{array}\right]_n-\left[\begin{array}{c}CH_3\\|\\Si-O\\|\\(CH_2)_3-O-(C_2H_4O)_p-(C_3H_6O)_q-R\end{array}\right]_m-Si(CH_3)_3$$

($R = H, CH_3, COCH_3$)

Die Polyetherseitenketten enthalten Ethylenoxidbausteine, C_2H_4O, und Propylenoxidbausteine, C_3H_6O. Von deren relativen Anteilen hängen ganz wesentlich die Eigenschaften des Silicontensids ab. Tabelle 7.1 faßt die Eigenschaften von Tegopren® 5851, einem Silicontensid der Th. Goldschmidt AG, zusammen (s. S. 171).

Silicontenside mit höherem Propylenoxidanteil sind besonders grenzflächenaktiv in Mineralöl und Esterölen. Solche mit kleiner Molekülmasse eignen sich als Netzmittel in Wasser und ergeben darin Oberflächenspannungen bis zu 20 mN/m.

Sherlock Holmes und der Fall der verschwundenen Rasierklinge

Eine der merkwürdigsten Dividenden[3] aus der praktischen Beschäftigung mit Siliconpolymeren ist die Behandlung von stählernen Klingen mit diesen Polymeren, wodurch diese besser schneiden. Es erscheint paradox und entgegen aller Logik, daß durch Auftragen eines beliebigen festen Stoffes auf die Schneide irgendeines Schneidewerkzeugs das Werkzeug glatter oder besser schneidet. Denn besteht nicht das eigentliche Schärfen eines Messers oder eines Rasiermessers darin, Material *abzutragen* und dadurch die höchstmögliche Schärfe zu erzielen? Abbildung 7.7 illustriert das: der Schneide wird

---

[3] Gemeint sind jene vollkommen unerwarteten Entdeckungen, die in der industriellen Forschung anfallen und mit denen sich ein Forschungsleiter gern schmückt.

Sherlock Holmes und der Fall der verschwundenen Rasierklinge   171

Tabelle 7.1. Eigenschaften eines Silicontensids[a]

Tegopren 5851

Polyetheranteil im Molekül:	69% (g/g)
Propylenoxidanteil der Polyetherblöcke:	25% (g/g)
Viskosität bei 25°C:	450 mPa·s
Brechungsindex (20°C):	1,450
Trübungspunkt einer 1%igen Lösung in Wasser:	64°C
Oberflächenspannung 0,1%ig in einem Polyether der Basisoberflächenspannung von 32 mN/m (25°C):	22 mN/m

[a] Mit freundlicher Erlaubnis der Th. Goldschmidt AG, Essen.

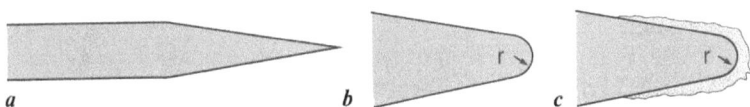

Abb. 7.7a–c. Die Schneide einer Rasierklinge. *a* Profil einer Rasierklinge bei hundertfacher Vergrößerung. *b* Die schließlich erhaltene Schneide mit dem Krümmungsradius *r* bei etwa achthundertfacher Vergrößerung. *c* Die Schneide mit dem Radius *r* und auf der Oberfläche haftendem Silicon-Gel

durch Schleifen ein schlankes Profil gegeben, und der resultierende Radius r wird durch „Abziehen" immer kleiner gemacht, bis zum absoluten Minimum, das von der Festigkeit des Metalls her gerade noch zulässig ist (Abb. 7.7b). Anschließend aufgetragener Stoff muß notwendigerweise den Radius wieder vergrößern und so die Schärfe der Schneide verschlechtern (Abb. 7.7c). Dadurch wird die Klinge stumpfer, sie schneidet schlechter und rasiert nicht so gut, stimmt's? Falsch! Falsch zumindest dann, wenn das aufgetragene Material in Abbildung 7.7c ein polymeres Silicon-Gel von der richtigen Konsistenz ist, das chemisch an die Metalloberfläche gebunden ist. Die Klinge schneidet Barthaare wesentlich besser, „rupft" weniger und irritiert die Haut nicht so stark. Wie es zu dieser Entdeckung kam und wie bemerkenswert der Effekt ist, ist eine interessante kleine Geschichte.

Die tägliche Rasur mit Rasierseife und Wasser ist ein Ritual, das die meisten Männer genießen, denn es gibt ihnen das Gefühl der

Sauberkeit und intensiver persönlicher Befriedigung. Außerdem bietet diese heilige Handlung Gelegenheit zu einigen Minuten gesammelten Nachdenkens, zur Planung der Tagesaktivitäten, der gedanklichen Organisation der vor einem liegenden Probleme. Früher wurde das Rasieren oft von Barbieren besorgt. Sie waren geschickt und pflegten ihr Handwerkszeug – natürlich diskutierte die Männerwelt beim Barbier auch gesellschaftliche und politische Tagesfragen. Die Erfindung des Sicherheitsrasierapparats mit auswechselbaren Klingen durch King Gillette um die Jahrhundertwende änderte das. Die Selbstrasur wurde nun sicher und einfach, und man konnte jederzeit neue scharfe Klingen kaufen. Trotz der zunehmenden Verbreitung von elektrischen Trockenrasierern ab 1940 behauptet sich die Naßrasur und beschäftigt einen bedeutenden Industriezweig, der in hohem Maße wettbewerbsorientiert und ständig auf der Suche nach Designverbesserungen und neuen Materialien ist und hierfür zahlreiche Forscher und Ingenieure beschäftigt.

In der Praxis ergibt feinkörniger Kohlenstoffstahl Rasiermesser und Rasierklingen mit den schärfsten Schneiden. Sie korrodieren aber sehr leicht und werden schnell schartig. Da man eine Rasierklinge nicht mit einem Handtuch abtrocknen kann, weil dabei die empfindliche Schneide leidet, und sie rostet, wenn sie naß bleibt, wurde mit großem Einsatz nach einem Schutz für die Schneiden während Lagerung, Versand und Gebrauch gesucht. Das Laboratorium von Gillette in Boston testete viele Überzüge, die meisten machten die Schneide aber stumpfer (wie auch die Logik und Abb. 7.7 vorhersagen). In der Gillette-Fabrik mußten alle Mitarbeiter in Forschung und Produktion unrasiert ihre Arbeit antreten. Sie rasierten sich während der Arbeit unter Aufsicht als Teil eines laufenden Produkt-Bewertungsprogramms[4]. Diese Tests bestanden aus sorgfältig geplanten Blindversuchen mit einer statistisch signifikanten Anzahl von Probanden. Jeder bekam einen nichtgekennzeichneten Rasierapparat und mußte sich nach einer vorgeschriebenen Prozedur rasieren. Die nichtgekennzeichneten, mit unterschiedlichen korrosionshemmenden Materialien beschichteten Stahlklingen wurden selbstverständlich in diesen Blindversuchen eingesetzt

---

[4] Wegen der ganz besonderen Verhältnisse, unter denen Haare aus der menschlichen Haut wachsen, ist es nicht möglich, eine Rasur mechanisch zu simulieren, die dabei erhaltenen Meßergebnisse korrelieren nicht mit dem Rasierkomfort. Nur die statistische Auswertung vieler Rasuren ergibt zuverlässige Resultate.

und ordnungsgemäß beurteilt. Nur die siliconbeschichteten Klingen erzielten ungewöhnliche Kommentare und Bewertungen: die Rasur war viel angenehmer, glatter und schneller! Einige Versuchspersonen waren so erstaunt, daß sie den Rasierapparat auseinandernahmen, um zu sehen, ob überhaupt eine Klinge eingespannt war, denn der Apparat glitt über das Kinn, als ob gar keine Klinge drin wäre. Ein völlig unerwartetes Ergebnis, wie es das Kennzeichen einer bahnbrechenden Erfindung ist, so wird oft behauptet.

Ein Verfahren für die Serienproduktion siliconbeschichteter Klingen wurde ausgearbeitet, und die in Großserie gefertigten Klingen erwiesen sich als genau so wirksam wie die im Labormaßstab hergestellten. Nun war es an der Zeit, ein Patent zu beantragen. Die Anwälte von Gillette begaben sich dieses Mal höchstpersönlich zum amerikanischen Patentamt und übergaben ein kleines Päckchen mit behandelten Klingen und ein ungewöhnliches Anschreiben für die Prüfer: „Bevor Sie diese Anmeldung lesen, besser noch, bevor Sie sie öffnen, rasieren Sie sich bitte zunächst einige Tage mit diesen Klingen!" Die Prüfer waren, wie die Testrasierer auch, über die entscheidende Verbesserung des Rasierkomforts überrascht, und das Patent wurde sofort erteilt.

Andere Substanzen, insbesondere bestimmte Fluorkohlenstoff-Polymere, zeigten eine ähnliche Wirkung, wenn die Schneiden von Rasierklingen mit ihnen beschichtet wurden, und heute werden fast alle Rasierklingen nach der grundlegenden Erfindung behandelt. Es versteht sich, daß die Wirkung anderer Schneidewerkzeuge, zum Beispiel chirurgischer Instrumente, in der gleichen Weise verbessert werden kann. Die Erfindung hat also einen breiten Anwendungsbereich.

In Sachen Transformatoren gegen Menschen

Das Stromnetz benötigt eine Menge großer Anlagen und Apparaturen, angefangen bei riesigen Transformatoren und Kondensatoren für Umspannwerke und die Versorgung der Industrie bis zum vertrauten Endtransformator im Stahlgehäuse. Diese großen und kleinen Transformatoren und Kondensatoren brauchen allesamt im Innern eine dielektrische Flüssigkeit, die die Hohlräume ausfüllt und mehrere wichtige Aufgaben versieht:

1. verhindert sie das Überspringen von Funken oder die Entstehung von Lichtbögen zwischen unter Hochspannung stehenden Anla-

genteilen (das heißt, daß diese Flüssigkeit eine viel höhere Durchschlagfestigkeit besitzt als Luft),
2. verhindert sie das Eindringen von Feuchtigkeit, die sonst eventuell im Gehäuse kondensieren könnte, und
3. führt sie die aus Hystereseverlusten im Eisen stammende Wärme und die Widerstandswärme im Kupfer durch Zirkulation im Gehäuse ab (oder auch außerhalb des Gehäuses, wovon man sich in jeder Umspannstation überzeugen kann, wo die großen Transformatoren von oben bis unten mit einem Käfig von Kühlröhren umgeben sind).

Früher verwendete man ein Mineralöl, ähnlich dem Motorenöl, aber immer, wenn durch Blitzschlag oder eine Panne im Gehäuseinnern ein Lichtbogen auftrat, ereigneten sich Brände oder Explosionen, und das Gehäuse barst, weil das brennbare Öl verdampfte. Gesucht wurde eine nichtbrennbare Flüssigkeit, die möglichst eine höhere Dielektrizitätskonstante und eine höhere Wärmekapazität haben sollte als das Mineralöl (um bei Zirkulation mehr Wärme pro Liter abführen zu können). Man fand, daß chlorierte Arylverbindungen diese Anforderungen vorzüglich erfüllten, insbesondere polychlorierte Biphenyle[5], denn während zum Beispiel die polychlorierten Naphtaline wachsartige Konsistenz haben und die polychlorierten Benzole kristallin sind, ist ein Gemisch der polychlorierten Biphenyle gerade im richtigen Bereich flüssig. Außerdem hat dieses Gemisch eine hohe Dielektrizitätskonstante (was gut ist für Kondensatoren), ist unentflammbar und hat eine hohe Wärmekapazität. Die Probleme waren damit gelöst; PCB wurde zum bevorzugten flüssigen Dielektrikum und wurde besonders ab 1950 im Tausendtonnenmaßstab eingesetzt. Unzählige Transformatoren sind immer noch mit diesem Zeug gefüllt.

Seit langem ist bekannt, daß alle chlorierten Kohlenwasserstoffe mehr oder weniger toxisch sind, man denke an Chloroform oder Tetrachlorkohlenstoff. Aber PCB ist nicht flüchtig, weshalb auch keine Gefährdung durch Einatmen besteht wie etwa bei Tetrachlorkohlenstoff. Es war auch nicht zu erwarten, daß jemand vom Inhalt eines Transformators trinken oder etwas essen würde, auf das PCB geraten war. Niemand wußte, wie gefährlich PCB in Wirklichkeit war, bis in den siebziger Jahren die inzwischen stark gestiegene Sorge

---

[5] Biphenyl besteht aus zwei miteinander verbundenen Benzolringen: $C_6H_5-C_6H_5$. „Polychloriert" bedeutet, daß mindestens vier bis fünf Wasserstoffatome durch Chlor ersetzt sind.

um die Umwelt *alle* in der Industrie verwendeten Stoffe verdächtigte. Als Teil eines riesigen Prüfprogramms zeigten Tests mit Versuchstieren, daß PCB nicht nur sehr giftig ist sondern auch carcinogen. Die Sorge wuchs noch, als ahnungslose Laien, die die Eigenschaften von PCB nicht kannten, in PCB, das aus Transformatoren oder Wärmetauschersystemen stammte, ganz ordinäres Altöl sahen und es zur Bindung von Staub auf Straßen aufbrachten. Außerdem gab es bedauerliche Vorfälle, in denen PCB aus Versehen mit Tierfutter vermischt und dieses an Hühner und Vieh verfüttert wurde. Es bestand die Gefahr, daß PCB in die menschliche Nahrung gelangte.

Allmählich wurde immer deutlicher, daß PCB viel zu gefährlich war, um es in dem bisher geübten Ausmaß in der Umwelt zu verteilen. Es mußte vielmehr ersetzt werden. Dies ist eine gewaltige Aufgabe, bei der man schier mutlos werden kann. Man muß nämlich zunächst einmal herausfinden, wo PCB vorkommt, gelagert oder verwendet wird und dann das Zeug austauschen und es vorsichtig entsorgen. Es muß aber unbedingt gemacht werden. Angefangen werden muß mit einem Produktionsverbot für PCB, dann muß die Verwendung von PCB in neuen Anlagen verboten werden, und schließlich muß das PCB in alten Geräten, die noch in Gebrauch sind, ausgetauscht werden.

Aus den in den Tabellen 6.6, 6.7 und 6.8 angegebenen Eigenschaften geht klar hervor, daß Siliconöl ein guter Kandidat ist. In verschiedener Hinsicht eignet es sich nicht ganz so gut für diese Aufgabe: es *ist* entflammbar, allerdings viel schwerer als Mineralöl; seine Dielektrizitätskonstante ist niedriger als die von PCB, und es hat eine kleinere Wärmekapazität, so daß man größere Flüssigkeitsmengen braucht, um die gleiche Wärmemenge abzuführen. Es gilt aber als unbedenklich für Mensch und Tier und birgt langfristig gesehen viel geringere Gefahren als PCB. Der langwierige Austauschprozess hat daher in den meisten Industrieländern eingesetzt. Es wird lange dauern, und gewaltige Mengen an Siliconöl werden benötigt werden, bis alles PCB ersetzt sein wird. Es ist schwer zu sagen, wie Siliconöl in 30 Jahren beurteilt werden wird, nur soviel sei bemerkt, daß heutzutage viel eingehendere Prüfungen angestellt werden als zu der Zeit, als PCB in Mode kam, und es gibt bereits sorgfältige Studien über das Schicksal von Siliconen in der Natur. Eine äußerst empfindliche Methode für den Nachweis und die quantitative Bestimmung von Organosiliciumverbindungen in Wasser wurde ersonnen[6], so daß der Abbau und der Verbleib beliebiger

---

[6] Siehe Seite 176.

in die Umwelt gelangender Silicone verfolgt werden kann. Zudem wird jegliche Sorge über eine Wiederholung des PCB-Problems durch den Einsatz von Silikonöl in Transformatoren gleich dadurch gemildert, daß erstens schon vor langer Zeit (bald nach der Produktionsaufnahme) die physiologischen Wirkungen von Dimethylsiloxan sorgfältig untersucht wurden, und daß zweitens seit 30 Jahren solche Methylsilicone in Haarwaschmitteln, kosmetischen Lotionen, Hautschutzcremes und Lippenstiften verwandt werden. Dazu kommen natürlich auch die siliconhaltigen Entschäumungsmittel in rezeptfreien Medikamenten bei Magenbeschwerden. Die orale Toxizität linearer und cyclischer Dimethylsiloxane ist extrem klein: die Dosis, bei der die Hälfte der verwendeten Albinoratten stirbt (der LD_{50}-Wert), beläuft sich auf 34 g pro kg Körpergewicht. Auf den Menschen übertragen bedeutet das, daß ein 80 kg schwerer Mensch 2720 g davon einnehmen müßte, um sich mit einiger Aussicht auf Erfolg umzubringen!

Siliconöl hat besonders in Japan noch eine weitere Anwendung gefunden: es ist ein ausgezeichnetes Schmiermittel für das Magnetband in Videocassetten. Durch Abänderungen der Dimethylsiloxanstruktur ist man zu einem speziellen Öl gelangt, das den Bandabrieb beseitigt und die winzigen magnetisierbaren Teilchen schützt. Höhere Auflösung und klarere Bilder sind das Ergebnis, auch nach häufigem Abspielen. Das Öl verbessert auch die Eigenschaften von hochwertigen Audiobändern.

Silicongummi scheint endlos abwandelbar zu sein und hat mehrere interessante neuartige Anwendungen gefunden. Eine der letzten ist *leitfähiger* Siliconkautschuk für „soft-touch"-Kontakte. Kleine Schalter für Tastaturen von Computern und TV-Fernbedienungen bestanden bisher aus komplizierten Anordnungen von Metallfassungen, Federn und Kontakten; jetzt wird das alles durch nichtmetallische, direkt bei der Formgebung an der vorgesehenen Stelle gebildete Schalter überflüssig. Die Schalter verwenden stromleitenden Siliconkautschuk, der durch Einarbeiten eines leitfähigen Füllstoffs in einen speziellen für diesen Zweck entwickelten Kautschuk hergestellt wird. Ein ähnlicher leitfähiger Siliconkautschuk wird heute für die Fassungen von Flüssigkristallanzeigen in Digital-

---

[6] (zu S. 175) Siehe „A Method for the Qualitative and Quantitative Characterization of Water-borne Organosilicon Substances" von Mahone, Garner, Buch, Lane, Tatera, Smith und Frye in *Environmental Toxicology and Chemistry*, Band 2, S. 307, 1983.

uhren eingesetzt und führt auch hier zu großen Einsparungen bei den Herstellungskosten.

Andere Siliconkautschuke erniedrigen die Kosten und verbessern die Leistungen von Normalpapierkopierern. Solche Kopierer haben einen beheizten Gummizylinder (die Fixierwalze), der das von einem Toner auf der Halbleiterwalze elektrostatisch erzeugte Bild auf das Kopierpapier überträgt und dort thermisch fixiert. Eine Andruckwalze presst das Papier gegen die Fixierwalze. Walzen aus den herkömmlichen rein organischen Elastomeren hatten eine Lebensdauer von rund 2000 Kopien, Walzen aus dem neuen hitzestabilen Silicongummi halten dagegen 300000 Kopien aus.

Die meisten Leute wissen nicht, daß viel Siliconkautschuk in japanischen Autos verwendet wird. Eine Innovation sind zum Beispiel am Bestimmungsort aufgebrachte Dichtungen. Anstatt vorfabrizierte Dichtungen aus Kork oder Fasermaterial für Öl-, Wasser- oder hydraulische Leitungen zu verwenden, taucht man die zu verbindenden Metallteile in flüssigen RTV-Siliconkautschuk, der rasch abbindet und an dem Metall haftet. Bei der Montage erhält man so dichte Verbindungen. Die vom Motor abgestrahlte Wärme macht die Vernetzung nur noch besser.

Besonders gern wird Siliconkautschuk auch für Öldichtungen angewandt, die rotierende Wellen abdichten. Dabei hat man mit Wärmebelastung, Verschleiß und dem aggressiven Löseverhalten von heißem Öl oder Hydraulikflüssigkeit zu kämpfen; spezielle Siliconkautschukformulierungen sorgen hier für Abhilfe und längere Betriebszeiten.

Als Einbett- und Vergußmassen für den Schutz und die Isolation von integrierten Schaltkreisen nimmt man am besten auch Silicone. Glasfasern für die Übertragung von optischen Signalen oder digitalen Informationen benötigen ebenfalls einen Schutzüberzug, und die naturbedingte Affinität der Siliconharze macht sie für diesen Zweck geeignet.

Wie teilt sich die Gesamtproduktion an Siliconen auf die verschiedenen Anwendungsgebiete auf? Zumindest für Japan gelten folgende Angaben: 25% für die elektrotechnische und Elektronikindustrie, 15% für den Bausektor, 10% für den Automobilbau, 10% für die Bürotechnik, 10% für medizinische Anwendungen und den Lebensmittelbereich und 30% für die Papier- und Textilindustrie[7]. Die Verteilung kann in anderen Ländern etwas davon abweichen.

---

[7] Angaben von Tadashi Wada auf dem 7. Internationalen Symposium für Organosiliciumchemie in Kyoto, September 1984.

8 Bioorganosiliciumchemie und verwandte Gebiete

Wir kommen wieder zum Ausgangspunkt zurück, dem Traum von Friedrich Wöhler aus dem Jahre 1851: ein neues Gebiet ähnlich der organischen Chemie aufzutun, in dem nicht Kohlenstoff sondern Silicium das Schlüsselelement darstellt. Wir sollten hierbei auch Frederic Stanley Kippings gedenken, der ein halbes Jahrhundert später wissen wollte, wie weit er mit der Substitution von Kohlenstoff durch Silicium in gängigen organischen Verbindungen gehen könnte und welche Eigenschaften diese Siliciumanaloga haben würden. Wenn diese beiden Unternehmungen, an den ursprünglichen Erwartungen gemessen, auch wenig einbrachten, Wöhler und Kipping entledigten sich ihrer selbstgestellten Aufgabe in bewundernswerter Weise. Es mangelte vielmehr an der Anerkennung durch das chemische Establishment an den Universitäten und in der Industrie, und die begonnenen Forschungen brachen einfach ab. So gut wie niemand zeigte Interesse. Erst nach dem Aufkommen der Siliconpolymere lebte das Interesse wieder auf, und es gab nun Forschungsmittel. Das lange vernachlässigte Gebiet siliciumsubstituierter Farbstoffe, Riechstoffe und Arzneimittel kam zu neuer Blüte. Dieses Kapitel handelt in erster Linie von der Rolle von Silicium in Lebewesen und der Synthese und den Eigenschaften biologisch aktiver Organosiliciumverbindungen, aber auf diesem Weg wollen wir uns auch mit einigen siliciumsubstituierten Farb- und Riechstoffen beschäftigen.

Die wirkliche Renaissance der Bioorganosiliciumchemie wurde durch die sorgfältigen Untersuchungen der Forschungsgruppe um Michail Voronkov ausgelöst, die den Gehalt aller möglichen Siliciumverbindungen in Pflanzen und Tieren bestimmte und dann das physiologische Verhalten neuer Organosiliciumverbindungen untersuchte. Voronkovs monumentales Werk wurde ins Englische übersetzt[1] und ist eine gute Einführung für jeden, der sich für dieses faszinierende Gebiet ernsthaft interessiert. Seither sind andere Organosilicium-Forscher dazugestoßen. Besonders zu erwähnen ist

---

[1] „Silicon and Life" von M. G. Voronkov, G. I. Zelchan und E. Lukevitz, Plenum Publishing Corp., New York 1971.

hier Ulrich Wannagat in Braunschweig, dessen ausgezeichnete Arbeiten, die Frucht zehnjähriger Anstrengungen[2], den Stoff zu vielem von dem, was hier behandelt wird, geliefert haben.

Wieviel Silicium ist im Organismus?

Wir nehmen die uns umgebenden Gesteine oder Mauersteine als gegeben hin und wissen wenig oder nichts von der möglichen Bedeutung von Silicium in lebenden Organismen. Das wird durch die traditionelle Unterscheidung zwischen anorganischer und organischer Chemie begünstigt und die veralteten vitalistischen Theorien. So glaubte man zum Beispiel lange Zeit, die rund 12% SiO_2 in der Asche von Weizenstroh seien auf versehentliche Verschmutzung durch Silicate aus dem Boden zurückzuführen. In Wirklichkeit spielt Silicium eine bedeutende Rolle bei der Entwicklung von Pflanzen und Tieren. Wannagat weist darauf hin, daß der Siliciumgehalt lebender Organismen in dem Maße abnimmt, wie die Komplexität des Organismus zunimmt: das Verhältnis von Silicium zu Kohlenstoff beläuft sich auf 250:1 in der Erdrinde, 15:1 in Humusboden, 1:1 in Plankton, 1:100 in Farnen und 1:5000 in Säugetieren. Das scheint auf den ersten Blick nicht viel Silicium zu sein, wenn man aber die *Gesamtmenge* des Siliciums, das in den 10^{12} Tonnen belebter irdischer Materie vorkommt, in Sand umwandeln und damit Güterwagen füllen würde, erhielte man einen Zug von der fünffachen Länge des Erdumfangs! Das sollten wir nicht vergessen.

Im menschlichen Körper sind gewöhnlich nur 5 bis 10 g Silicium enthalten, die vermutlich tatsächlich aus der zufälligen Einnahme von im Trinkwasser gelöster Kieselsäure und Silicatstaub in der eingeatmeten Luft stammen. Das vermehrte Vorkommen von Silicium in Haaren und Nägeln ließ aber vermuten, daß Silicium etwas mit deren Wachstum zu tun hat; das hat sich als richtig herausgestellt. Wie wir noch sehen werden, bewirkt eine in Rußland entwickelte Salbe, die einen stickstoffhaltigen cyclischen organischen Siliciumester enthält, bei jungen Menschen, die ihr Haar durch

---

[2] Siehe insbesondere U. Wannagat „Sila-Substitutionen", Rheinisch-Westfälische Akademie der Wissenschaften, Vorträge N 302 (1981) und R. Tacke & U. Wannagat „Synthesis & Properties of Bioactive Organosilicon Compounds", *Topics in Current Chemistry,* Band 84, Springer, Heidelberg 1979.

chronische Krankheiten verloren haben, ein kräftiges Haarwachstum. Verfüttert man ein ähnliches Präparat an Meerschweinchen, wachsen diesen normalerweise kurzhaarigen Nagern 13 cm lange Haare. Man beobachtet auch, daß in Gefangenschaft gehaltene Affen im Winter ihr Haar verlieren und im Frühling begierig Ton oder Lehm fressen: vielleicht damit ihr Haar wieder wächst; vielleicht fressen deshalb Hunde manchmal Gras. Diese Beobachtungen bedürfen aber noch einer rundherum befriedigenden Erklärung. Der Zusammenhang zwischen Silicium, Knochenwachstum und Bildung von neuem Knochengewebe ist ebenfalls mysteriös. Tatsache ist aber, daß das Kollagen, das sich rund um einen Knochenbruch bildet, fünfzigfach erhöhte Siliciumgehalte aufweist. Die vielen Fragen nach dem *Warum* und *Wie* werden vermutlich nicht so bald geklärt werden, aber es liegt auf der Hand, daß Silicium in der Tat am Stoffwechsel von Lebewesen, auch dem des Menschen, auf aktive Weise teilnimmt und das Wachstum beeinflußt.

Angesichts dieser komplexen, offensichtlich so schwierig zu beantwortenden Fragen besteht eine sinnvolle auf eine Erkenntnis gerichtete Strategie darin, die Auswirkungen der Einführung von Silicium in biochemische Verbindungen ganz allgemein, aber besonders in solche, die für ihre biologische Aktivität bekannt sind, zu untersuchen. Wir beginnen mit der Einführung von Silicium in einfache nichtpharmazeutische Verbindungen und wenden uns dann der Pharmakologie von Sila-Verbindungen zu.

Siliciumsubstituierte Farbstoffe

Seit der Zeit, als William Henry Perkin durch Oxidation von Anilin das *Mauvein* fand, den ersten synthetischen Farbstoff (und damit die Ära der „Anilinfarben" einleitete), haben geschickte organische Chemiker durch Abwandlung der Molekülstrukturen von Chromophoren und Auxochromen neue und noch brillantere Farbstoffe hergestellt und so unsere Welt farbiger gemacht. Es kommt dabei darauf an, das Absorptionsspektrum eines resonanzfähigen Atomverbandes in der Grundstruktur (dem Chromophor) durch Substitution oder Einführung ausgewählter Gruppen so zu verändern, daß der gewünschte Farbton entsteht. Beispiele für Gruppen mit solchen Eigenschaften sind die Aminogruppe ($-NH_2$), die Nitrogruppe ($-NO_2$) und Halogen ($-Cl$, $-Br$). Es müssen noch viele andere

Gesichtspunkte berücksichtigt werden, zum Beispiel die Löslichkeit und die jeweilige Art der Verankerung auf der zu färbenden Faser. Das soll uns aber nicht weiter beschäftigen. Die Farbenforschung ist ein lukratives Geschäft, denn es besteht ein großer Bedarf an neuen und besseren Farbstoffen, und die Konkurrenz ist groß[3]. Der Farbenchemiker kann für seine Arbeit auf ein großes Angebot an elektronegativen (elektronenabziehenden) Gruppen zurückgreifen, aber nur auf sehr wenige elektropositive (elektronenspendende) Gruppen. Silicium, das elektropositiver ist als Kohlenstoff und wesentlich elektropositiver als Stickstoff, Sauerstoff und die Halogene, ist daher ein sehr interessanter Kandidat. Als erstes wurde Kohlenstoff im Inneren eines Triphenylmethanfarbstoffs, dem Kristallviolett, durch Silicium ersetzt. Leider war das erhaltene Produkt farblos. Der Ersatz eines wichtigen Kohlenstoffatoms durch Silicium in dem intensiv gelben Farbstoff Flavyliumchlorid führte ebenfalls zu einem farblosen Produkt. Nur bei Azofarbstoffen war man teilweise erfolgreich. In einem dieser Farbstoffe, einer Verbindung, die intensiv gelb-orange ist, ist die Azogruppe −N=N− an dem einen Ende mit einer Methylphenyl-Gruppe (Tolyl) und am anderen mit einer −C(CH$_3$)$_3$-Gruppe verknüpft. Es gelang verhältnismäßig leicht, die −C(CH$_3$)$_3$-Gruppe durch eine Trimethyl*silyl*-Gruppe, −Si(CH$_3$)$_3$, zu ersetzen. Und siehe, die Azosilylverbindung war tiefblau! Das damit verwandte trimethylsilylsubstituierte Tolylhydrazin, in dem die Azogruppe −N=N− durch die Gruppe −NH−NH− ersetzt ist, war ebenfalls tiefgefärbt, was einigen Anlaß dazu gab, sich Hoffnungen auf eine neue Familie siliciumhaltiger Farbstoffe zu machen. Bisher hat es aber hier noch keine durchschlagenden kommerziellen Erfolge gegeben. Hinderlich ist das Fehlen eines resonanzfähigen Systems mit Silicium, das mit den konjugierten Systemen C=C−C=C und C=C−N=N in rein organischen Farbstoffen zu vergleichen ist. Die bisher bekannten Siliciumverbindungen mit echten Doppelbindungen sind viel zu unbeständig und reaktionsfähig, um hier Verwendung finden zu können. Noch gibt es aber enorm viel zu erforschen, und man kann auf neue Entdeckungen gespannt sein.

---

[3] Eine vorzügliche Einführung findet man in: Ebner, Schelz „Textilfärberei und Farbstoffe", Springer, 1989.

Sila-Riechstoffe und Parfüms

Die Parfümindustrie ist ein weiterer kommerziell wichtiger Gewerbezweig. Sie ist gekennzeichnet durch einen harten Wettbewerb auf der Suche nach neuen Produkten und neuartigen Wirkungen und deshalb sehr forschungsorientiert. Dieses Gebiet ist zugleich voller Fallstricke, denn solide physikalische Messungen wie Schwingungsfrequenzen und Absorptionsspektren helfen hier meist nicht weiter. Die Wissenschaft von den Geruchsempfindungen basiert auf einer bisher unvollkommenen Theorie, nach der die Riechstoffmoleküle und die Rezeptoren der Riechnerven wie Schlüssel und Schloß zusammenpassen. Die Theorie versagt sofort, wenn zwei Verbindungen praktisch identisch hinsichtlich Molekülstruktur, Gestalt und Abmessungen sind und dennoch die eine ausgeprägt duftet während die andere nach nichts riecht. Andererseits können zwei Verbindungen sehr ähnlich riechen und sich doch vollständig in Zusammensetzung und Struktur unterscheiden. Das macht verständlich, warum der Chemiker auf der Suche nach neuen Riechstoffen häufig im Dunkeln tappt. Es passiert oft, daß man am Ende einer langwierigen arbeitsreichen Synthese absolut nichts Interessantes oder Brauchbares in Händen hält.

Aber damit noch nicht genug der Schwierigkeiten. Die Komposition eines Parfüms ist eine *Kunst*[4] und hat nichts mit Wissenschaft zu tun. Hier gelten das fachkundige Urteil und die Erfahrung und nicht chemische Argumente. Allgemein läßt sich nur sagen, daß ein erfolgreiches Parfüm aus mindestens vier Teilen besteht: zu 75% bis 90% aus Alkohol als Lösemittel für die restlichen Komponenten und als Vehikel, das die Penetration der Haut erleichtert, zweitens einem Riechstoff als „Kopfnote", einer flüchtigen Substanz, die bald nach Auftragen des Parfüms den vorherrschenden Duft des Parfüms entwickelt, drittens einer „Mittelnote", gewöhnlich einer aus Blüten gewonnenen Essenz, die länger anhält als die „Kopfnote", und viertens einer „Endnote", einer wenig flüchtigen wachsartigen Substanz, die lange auf der Haut haftet und durch ihr Lösevermögen die anderen Komponenten festhält oder „fixiert" und im allgemeinen einen schweren fast animalischen Eigengeruch hat wie zum Beispiel Moschus. Die drei letztgenannten Komponenten (insbesondere die vierte) machen aus einem Parfüm „die Geheimwaffe des schönen Geschlechts".

---

[4] In die Parfümherstellung führt Ohloff ein: „Riechstoffe und Geruchssinn", Springer, 1990.

Viele Blütenessenzen wurden schon vor langer Zeit isoliert und analysiert. Ihre Zusammensetzung ist bekannt, und man kann sie aus verhältnismäßig einfachen Ausgangsstoffen synthetisieren. Die synthetischen Produkte zeichnen sich durch gleichbleibende Qualität, zuverlässige Stärke und auch durch niedrigere Herstellungskosten aus, deswegen gibt man ihnen gegenüber den natürlichen Essenzen den Vorzug. Viele Blütendüfte sind Ester komplizierter höherer Alkohole und einfacher organischer Säuren oder damit verwandte Ketone. Zum Beispiel duftet Geranylformiat aus Ameisensäure und dem ungesättigten Alkohol *Geraniol* intensiv nach Rosen. Es hat die Struktur

$$(CH_3)_2C=CH(CH_2)_2\underset{\underset{CH_3}{|}}{C}=CHCH_2O\underset{\underset{O}{\|}}{C}H$$

in der das Molekülende rechts (CH mit zwei Sauerstoff-Atomen verbunden) der Ameisensäure HCOOH entstammt.

Was passiert, wenn bei der Synthese Kohlenstoff durch Silicium ersetzt wird? Als Ausgangsstoff nehmen wir einen Alkohol, der mit Geraniol verwandt ist. Abbildung 8.1a zeigt die Struktur von Linalool. einem zweifach ungesättigten aliphatischen Alkohol wie Geraniol. Das Atom rechts, das als schwarzer fetter Punkt hervorgehoben ist, soll in der Synthese ersetzt werden. Handelt es sich um Kohlenstoff, dann riecht die Verbindung intensiv nach Maiglöckchen, wird der Kohlenstoff durch Silicium ersetzt, duftet die Sila-Verbindung nach Hyazinthen. Ähnlich duftet in Abbildung 8.1b das Keton nach Veilchen, wenn der schwarze Punkt Kohlenstoff ist, aber

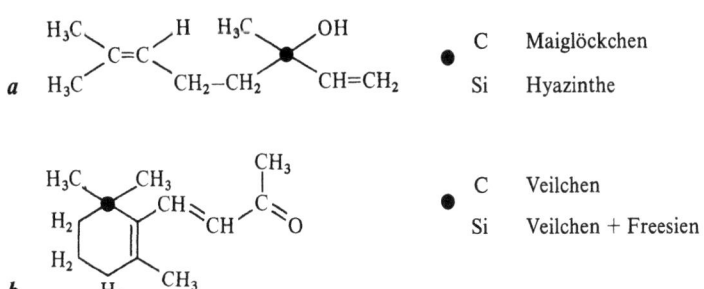

Abb. 8.1 a, b. Siliciumsubstituierte Blütenduftstoffe. *a* Sila-linalool, *b* Sila-β-jonon

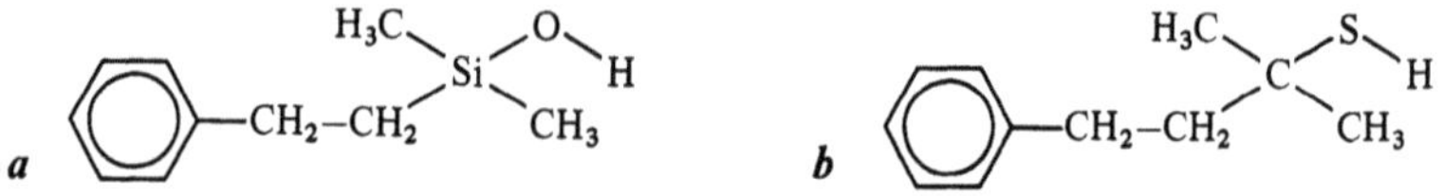

Abb. 8.2a, b. Zusammenhang zwischen Duft und Zusammensetzung. *a* Rosen/Hyazinthen, *b* Katzenurin

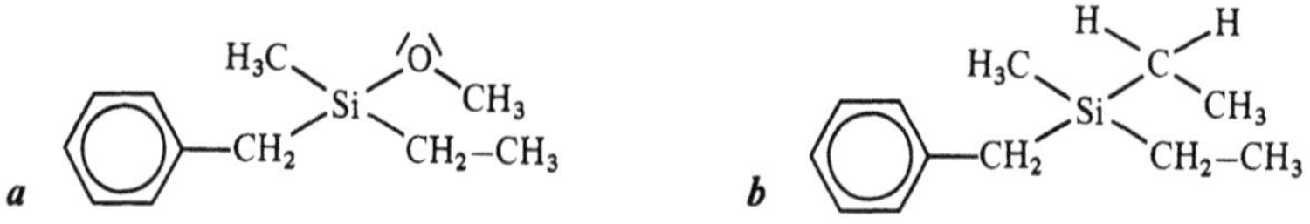

Abb. 8.3a, b. Duft aromatischer Organosiliciumverbindungen. *a* Blumenduft mit Eukalyptusnote, *b* campherartiger Duft

wunderbar nach einem Gemisch von Veilchen und Freesien, wenn es sich um Silicium handelt.

Jetzt befassen wir uns mit Abbildung 8.2 und den dort gezeigten beiden Strukturen des gleichen Typs, der gleichen Gestalt und genau gleicher Molekülmasse (Silicium hat die Atommasse 28, Sauerstoff hat 16, was zusammen 44 ergibt; Kohlenstoff der Masse 12 und Schwefel mit 32 ergeben zusammen ebenfalls 44). Verbindung *a* mit SiOH duftet nach Rosen und Hyazinthen, Verbindung *b*, der gleichen Masse und Größe, stinkt nach Katzenurin!

Viele Organosiliciumverbindungen haben einen frischen sauberen Duft nach Pfefferminz oder Wintergrün. Methylsilicat, $Si(OCH_3)$, ist ein Beispiel dafür, aber die Experten warnen mit Nachdruck davor, daran zu riechen, weil das sich bei seiner Hydrolyse bildende Methanol den Sehnerv schädigen kann. Die Verbindungen der in Abbildung 8.3 angegebenen Strukturen sind nicht so gefährlich. Verbindung *a* duftet blumig und erinnert an Maiglöckchen, allerdings mit einer eher harzartigen aromatischen Note wie Eukalyptus. Verbindung *b*, ohne die Estergruppierung $SiOCH_3$, riecht ausgesprochen nach Campher.

Die Möglichkeiten siliciumsubstituierter Verbindungen beschränken sich keineswegs auf die Blumendüfte. Wannagat und seine Mitarbeiter interessierten sich auch für den vierten und „schwersten" Bestandteil von Parfüms, die moschusähnlich, fast animalisch duftenden Riechstoffe. Sie synthetisierten die in Abbildung 8.4a gezeigten Arylketonverbindungen, einmal mit Kohlenstoff in den markierten Positionen, zum anderen mit Silicium. Von diesen

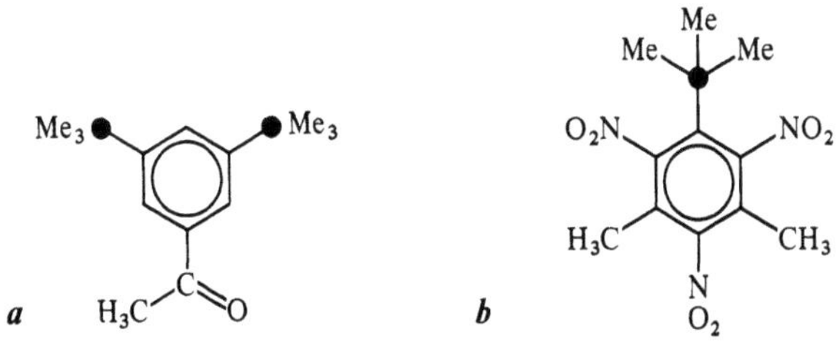

Abb. 8.4a, b. Auf der Suche nach Moschusriechstoffen. *a* Mit C: Ketonmoschus; mit Si: geruchlos. *b* Mit C: „Xylolmoschus"; mit Si: „brillanter und für Parfums geeignet"

beiden Verbindungen duftet die mit Kohlenstoff-Atomen ausgesprochen nach dem Moschus, der vom Moschusochsen stammt; die Verbindung mit Silicium riecht dagegen nach nichts. Andererseits hatten sie Glück mit der Abwandlung der in Abbildung 8.4b gezeigten Trinitroverbindung: Handelt es sich bei dem markierten Atom um Kohlenstoff, liegt der moschusähnlich duftende „Xylolmoschus" vor. die Sila-Verbindung dagegen weist einen „brillanteren, angenehmeren, für den Aufbau von Parfüms geeigneten Duft" auf. Man weiß also nie, was einen erwartet.

Die Verwendung synthetischer Riechstoffe beschränkt sich keineswegs auf Parfüms oder die kosmetische Industrie. Heute ist es meistens üblich, Massenprodukten wie Waschmitteln, Reinigern, Polituren und Papiererzeugnissen angenehm duftende Stoffe zuzusetzen. Die Nachfrage nach neuen, billigen synthetischen Riechstoffen, die im großen Maßstab herstellbar sind und in abgepackten Produkten lange stabil bleiben, ist daher groß. Es gibt genügend Gründe, die Suche nach neuen angenehm duftenden Organosiliciumverbindungen fortzusetzen, um diesen Bedarf befriedigen zu können.

Pharmakologie im Organosiliciumstil

Wir kommen jetzt zu dem größten und am schnellsten wachsenden Gebiet: es behandelt die Stoffwechselprodukte lebender Organismen und die in diesen ablaufenden Vorgänge, insbesondere die Wirkung von Organosiliciumverbindungen auf die Funktionsweise des lebenden Organismus. Uns interessiert dabei die Möglichkeit, ob, wie zu hoffen ist, siliciumsubstituierte Pharmaka (oder völlig neuartige Organosiliciumverbindungen) Krankheiten lindern oder heilen können. Es ist ein kompliziertes Gebiet und umfaßt routinemäßige biochemische Tests und Folgetests *in vivo* an Versuchstieren; dafür muß man viele medizinische Fachausdrücke und Konzepte kennen. Dieser Abschnitt gibt deshalb nur einen vereinfachten und verkürzten Überblick. Für eingehendere Informationen wird der Leser an mehrere Übersichtsartikel und Literaturstellen verwiesen.

Zunächst sei gesagt, daß aus der Tatsache, daß Methylsiliconpolymere harmlos und ungiftig sind und wir seit hunderttausenden von Jahren ohne nachteilige Folgen im Trinkwasser gelöste Kieselsäure aufnehmen, nicht geschlossen werden darf, daß alle Siliciumverbindungen harmlos sind. Das wäre so, als ob man aus dem Umstand, daß Naturkautschuk harmlos ist, folgerte, alle natürlich vorkommenden Kohlenstoffverbindungen seien gutartig oder harmlos. Es genügt, an Schlangengifte und Bakterientoxine zu denken, um die Haltlosigkeit solcher Verallgemeinerungen zu erkennen. Es hat lange gebraucht, die Giftigkeit bestimmter Organosiliciumstrukturen zu erkennen, aber heute sind wir im Bilde. Noch länger hat es sogar gedauert, bis brauchbare Organosiliciumarzneien gefunden wurden. Inzwischen stehen uns aber einige zur Verfügung. Wie stets, gilt auch hier, daß jede giftige Substanz auch ein nützliches Arzneimittel oder Antiseptikum sein kann, wenn es in der richtigen Weise in strikt begrenzten Mengen eingesetzt wird, und daß jedes Medikament ein Gift ist, wenn mit ihm nicht mit der gebotenen Vorsicht hinsichtlich der angewandten Menge und der Art und Weise der Applikation umgegangen wird.

Wir können unsere Überlegungen dreiteilen:

1. Welche Verbindungen sind toxisch und welchen Nutzen kann man aus dieser Erkenntnis ziehen?
2. Wie reagieren lebende Organismen, wenn man ihnen gängige Mittel verabreicht, in denen eines oder mehrere Kohlenstoff-Atome durch Silicium ersetzt worden sind?
3. Organosiliciumverbindungen mit pharmakologischer Aktivität, zu denen es aber kein organisches Gegenstück gibt.

Gift für wen oder was?

Die Behaglichkeit im Umgang mit Organosiliciumverbindungen, auch noch unentdeckten, war dahin, als Voronkov *Silatrane* synthetisierte, eine Reihe tricyclischer Verbindungen mit der in Abbildung 8.5 gezeigten allgemeinen Struktur. Sie lassen sich ohne Schwierigkeiten aus Triethanolamin, $N(C_2H_4OH)_3$, einer Trihydroxyverbindung, die in Fußbodenpflegemitteln enthalten ist, und Triethoxysilanen des Typs $RSi(OC_2H_5)_3$ (R = Alkyl oder Aryl wie Methyl, Ethyl oder Phenyl) herstellen. Die Ethoxygruppen hydrolysieren gewissermaßen durch die Einwirkung der OH-Gruppen des Triethanolamins, Ethanol spaltet ab, und der Silanrest wird mit dem Triethanolaminrest verknüpft:

$$N(C_2H_4OH)_3 + RSi(OC_2H_5)_3 \longrightarrow N(C_2H_4O)_3SiR + 3C_2H_5OH$$

Wie aus Abbildung 8.5 hervorgeht, weist das resultierende Silatran drei geschlossene Ringe in verschiedenen Ebenen auf, das Stickstoff-Atom ist mit dem Silicium-Atom koordiniert. Abbildung 8.5 enthält nicht nur die dreiflügelige Käfigstruktur der Silatrane sondern außerdem Angaben zu einer Reihe von sechs Einzelverbindungen, die von der Forschungsgruppe von Voronkov synthetisiert wurden

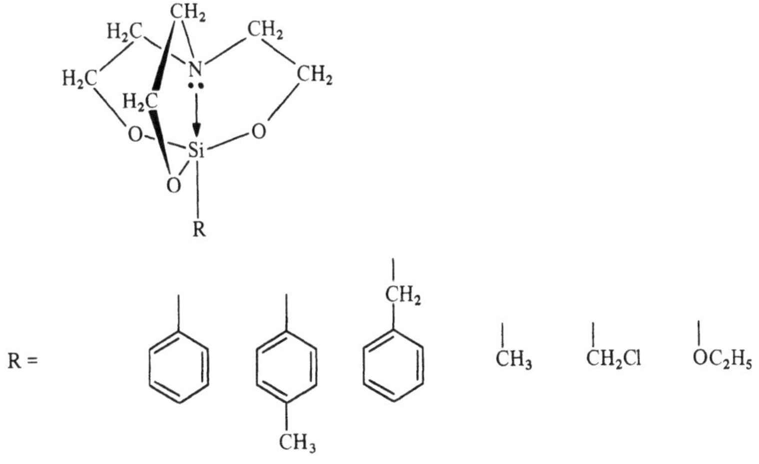

R =	phenyl	4-methylphenyl	benzyl	CH_3	CH_2Cl	OC_2H_5
$LD_{50}=$ [mg/kg]	0.33	0.17	1115	>5000	2800	3000
					Mival	Migugen

Abb. 8.5. Silatrane und ihre Toxizität

und in denen R variiert wird. In den ersten drei Verbindungen ist R ein ringförmiger aromatischer Rest (Aryl); in den übrigen Verbindungen ist R Methyl, Chlormethyl und Ethoxy. Unter der jeweiligen R-Gruppe ist als ein Maß für die Toxizität gegenüber Säugetieren der jeweilige LD_{50}-Wert aufgeführt. Zunächst fällt die erstaunliche Tatsache auf, daß die beiden ersten Silatrane (R = Phenyl und Tolyl) eine *extrem* hohe Warmblütertoxizität aufweisen und toxischer sind als Blausäure oder Strychnin. Die Toxizität der dritten Verbindung mit einer Benzylgruppe für R ist jedoch nur 1/6559 so groß wie die ihrer Vorgängerin – nicht giftiger als Kochsalz! Die übrigen drei Silatrane mit R = Alkyl sind sogar noch weniger giftig als die Benzylverbindung. Die letzten beiden, Mival und Migugen, dienten Voronkov als pharmazeutisch wirksame Mittel, mit denen sich schnell Silicium zu den Stellen im Körper transportieren läßt, die das Wachstum von Knochen und Haar regulieren. Sie sind für diese Aufgabe in besonderer Weise geeignet, weil sie wasserlöslich, geschmack- und geruchlos sind, leicht resorbiert werden, aber im Körper rasch zerfallen, weil die Si-O-Bindungen durch die Körperflüssigkeiten schnell hydrolysiert werden. Mival regt das Wachstum der Haare an; ein junges Mädchen, das sein gesamtes Haar durch eine langwierige Krankheit verloren hatte, bekam mit Mival in sechs Monaten wieder schulterlanges Haar. Auch bei einem jungen Mann, der seine Haare im Verlauf einer drei Jahre dauernden Krankheit verloren hatte, stellte sich innerhalb von sechs Monaten wieder üppiger Haarwuchs ein. Mival ist die Substanz, die, dem normalen Futter beigegeben, bei den schon erwähnten Meerschweinchen 13 cm lange Haare sprießen ließ. Der genaue Mechanismus dieser Wirkung ist unbekannt; man weiß nur, daß Mival eine aktivierte Form des Siliciums schnell zu den Haarfollikeln transportiert und dann verschwindet. Es ist nicht zu übersehen, daß Silicium unentbehrlich für das ungestörte Wachstum von Haaren, Federn und Knochen ist, denn Hühner, die mit völlig siliciumfreien Futter aufgezogen werden, leiden nicht nur an verkümmertem Knochenwachstum, auch das Federkleid ist nicht richtig ausgebildet. Migugen wird im Zusammenhang mit der Untersuchung des Tumorwachstums bei Mäusen eingesetzt, denn es scheint die Ausbildung von Kollagengewebe oder einer Kollagentasche rund um den Tumor zu beschleunigen und so das Tumorwachstum zu inhibieren. Diese Ergebnisse haben allerdings einen äußerst vorläufigen Charakter. Die bisher gemachten Erfahrungen sind ermutigend und geben Anlaß zur Synthese vieler weiterer Silatranderivate, die ausgedehntere Untersuchungen möglich machen. Abbildung 8.6 aus Reinhold Tackes

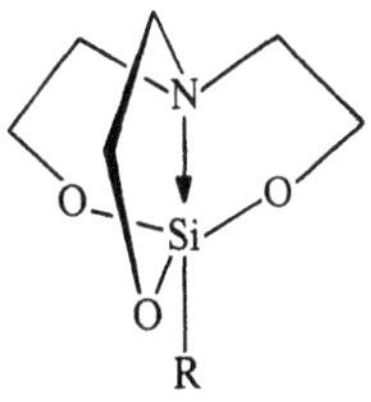

Nr.	R	LD$_{50}$ [mg/kg]	Nr.	R	LD$_{50}$ [mg/kg]
9:	C$_6$H$_5$	0.33	15:	ClCH$_2$	2800
10:	p-CH$_3$—C$_6$H$_4$	0.20	16:	CH$_2$=CH	3000
11:	p-Cl—C$_6$H$_4$	1.7	17:	HC≡C	3000
12:	cyclo-C$_6$H$_{11}$	150	18:	C$_2$H$_5$O	3000
13:	C$_6$H$_5$—CH$_2$	1115	19:	C$_6$H$_5$O	200
14:	CH$_3$	3000			

Abb. 8.6. Synthese und Eigenschaften bioaktiver Organosiliciumverbindungen. LD$_{50}$-Werte[a] einiger 1-substituierter Silatrane (intraperitoneal, weiße Mäuse)

[a] Siehe Tacke Ref. [10] für 9, 10 und 13; Ref. [6] für 11, 14, 16, 18 und 19; Ref. [38] für 12, 15 und 17

ausgezeichneter englischer Übersichtsarbeit[5] faßt die LD$_{50}$-Werte für einige von diesen zusammen.

Die am Fuß der Tabelle angegebenen Zitate entstammen Tackes wertvoller 132 Literaturstellen umfassender Bibliographie.

Phenylsilatran ist noch in einer anderen Hinsicht bemerkenswert: für Warmblüter, zum Beispiel Säuger, ist es wesentlich toxischer als für Kaltblüter, zum Beispiel Frösche! Wie läßt sich das nun erklären?

Trojanische Pferde und andere Merkwürdigkeiten

Den Umstand, daß Organosiloxy-Reste durch Hydrolyse in Körperflüssigkeiten abgespalten werden, macht man sich noch in einer ganz anderen Weise zunutze. Gewisse organische Verbindungen, besonders Hydroxyverbindungen wie Glycerin und Salicylsäure, können nicht durch eine Zellwandung treten, weil ihre Löslichkeit in den Lipiden der Membran zu gering ist. Durch Veresterung mit einer Organosiliciumverbindung wie Dimethyldiethoxysilan, $(CH_3)_2Si(OC_2H_5)_2$, wird die Löslichkeit der polaren Verbindungen

---

[5] R. Tacke und U. Wannagat „Syntheses and Properties of Bioactive Organosilicon Compounds" in *Topics in Current Chemistry*, Band 84, Springer, Heidelberg 1979.

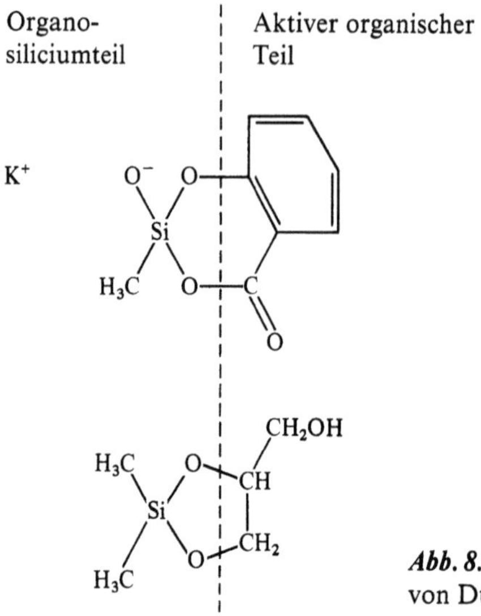

Abb. 8.7. Zwei „Trojanische Pferde" von Duffaut

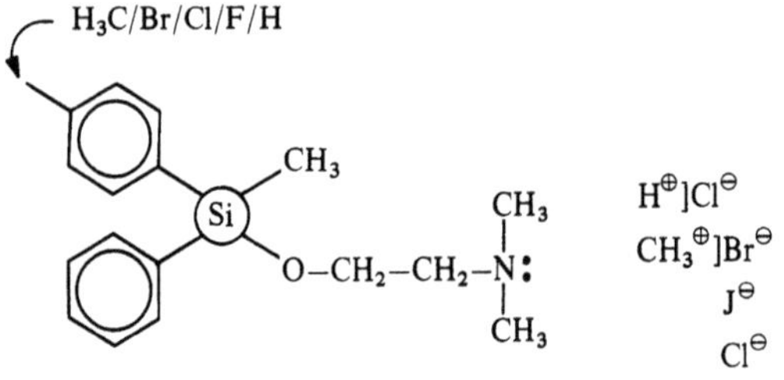

Abb. 8.8. Siliciumsubstituierte Benzhydrylether

in Fettgewebe bedeutend erhöht, und die modifizierte Verbindung kann wie ein Trojanisches Pferd durch die Zellwand hindurch das Zellinnere erreichen. Dort wird hydrolytisch der Organosiliciumteil abgespalten, und die freie Hydroxyverbindung kann ihre Wirkung entfalten. Dieser Trick ist Norbert Duffaut in Bordeaux eingefallen; zwei von ihm entwickelte Pharmaka sind in Abbildung 8.7 dargestellt. In beiden Fällen wird, nachdem die veresterte Verbindung in das Innere der Zelle gelangt ist, der Organosiliciumteil abgespalten, und das physiologisch wirksame freie organische Molekül kann *in situ* wirken.

Ein Vorteil, der sich aus der Substitution durch Silicium ergibt, ist von Wannagat und seinen Mitarbeitern in Braunschweig ausgenutzt worden. Sie argumentieren, daß der Ersatz eines einzelnen Kohlenstoff-Atoms in der komplexen Struktur eines Arzneimittels dessen Eigenschaften nicht unbedingt sehr verändert aber einen tiefgreifenden Einfluß auf das Schicksal des Medikaments nach der Verabreichung ausüben kann. Wir wählen als Beispiel eine von mehreren Reihen von Antihistaminica, die von ihnen untersucht worden sind. Antihistaminica sind eine sehr wichtige Stoffklasse des Arzneibuchs, weil sie sehr wirksam bei Heuschnupfen, Krämpfen, Herzarrhythmien und der Parkinsonschen Krankheit sind. Das Antihistaminicum wirkt dabei in der Weise, daß es das Histamin, das durch bestimmte chemische Substanzen bei Heuschnupfen, Allergien und anderen Beschwerden freigesetzt wird, an den empfindlichen Nervenendungen kompetitiv verdrängt. Nach getaner Arbeit sollte das Antihistaminicum möglichst innerhalb weniger Minuten verschwinden, damit es nicht die normalen Körperfunktionen stört. (Nachdem zum Beispiel der normale Atem- oder Herzrhythmus wieder hergestellt ist, sollte das Medikament Platz machen). Einige häufig verordnete Antihistaminica aus der Verbindungsklasse der Benzhydrylether bleiben aber fast zwei Tage im Körper und verursachen dort unerwünschte Nebenwirkungen, zum Beispiel Benommenheit. Dagegen verlieren die von Wannagat (siehe Abbildung 8.8) synthetisierten siliciumsubstituierten Benzhydrylether ihre Wirksamkeit nach 15 bis 30 Minuten, wenn der Organosiloxy-Rest hydrolysiert und das Molekül gespalten wird. Der siliciumhaltige Rest wird ausgeschieden, er akkumuliert nicht.

Sila-chlorphenoxamin (ein weiteres von Wannagat hergestelltes Antihistaminicum) besitzt als zusätzlichen unverhofften Vorzug nur ein Viertel der Toxizität der nicht siliciumsubstituierten Verbindung. Dieser viel niedrigere LD_{50}-Wert ermöglicht den Einsatz höherer Dosen im Herzmuskel – außerdem ruft Sila-chlorphenoxamin stärkere Herzkontraktionen hervor. Die Sila-Substitution hat ihre Vorteile!

Nicht alles, was glänzt ...

„Not all that tempts your wandering eyes
And heedless hearts, is lawful prize;
Nor all that glisters, gold."
So schrieb der englische Lyriker Thomas Gray.

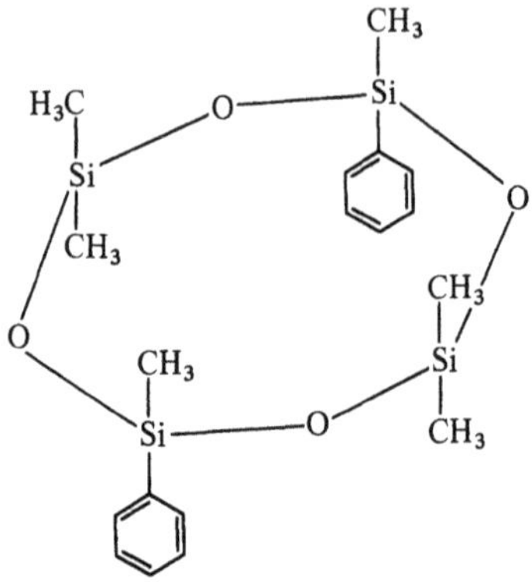

Abb. 8.9. *cis*-2,6-Diphenylhexamethyl-
cyclotetrasiloxan, eine physiologisch
aktive Verbindung

Nicht alles was glänzt ist Gold! Darum ist nicht zu erwarten, daß in dem Maße, wie unser Wissen anwächst, die schon früh aufgestellten Verallgemeinerungen über Silicone wahr sind oder wahr bleiben. Die Entdeckung der extremen Giftigkeit von Phenyl- und Tolylsilatran löste eine sorgfältige Neubewertung aller gebräuchlichen Organosiliciumverbindungen und -zwischenprodukte hinsichtlich eventueller Gesundheitsrisiken für Verbraucher und Arbeiter aus. Die von der Dow Corning Corporation angestellten Untersuchungen waren besonders umfassend und gründlich. Dort fand man heraus, daß ein bestimmtes für die Herstellung ihrer speziellen Siliconformulierungen wichtiges Zwischenprodukt, das *cis*-2,6-Diphenylhexamethylcyclotetrasiloxan[6] physiologisch wirksam ist: es stört die Fruchtbarkeit von Ratten, und zwar beeinträchtigt es offensichtlich die Spermienproduktion der Männchen. Die Verbindung mit diesem zungenzerbrechenden Namen aus 38 Buchstaben und zwei Ziffern hat die in Abbildung 8.9 dargestellte Struktur. Die Konfiguration der beiden Phenylgruppen scheint besonders wichtig zu sein; sie befinden sich an entgegengesetzten Stellen des achtgliedrigen Rings, und *beide* stehen auf der selben Seite der Ringebene (darum die Bezeichnung *cis*; würde die eine Phenylgruppe auf der Oberseite der Ringebene nach oben zeigen und die andere unterhalb der Ringebene nach unten, spräche man von *trans*). Mit dieser speziellen Konfigura-

---

[6] Verbindungen, in denen eine Phenyl- und eine Methylgruppe am selben Siliciumatom stehen, lassen einen an Hyde und Kipping denken, die derlei Verbindungen mit Hilfe von Grignard-Reagenzien gewannen. Bei der direkten Synthese würde Silicium entweder nur mit Methyl- oder nur mit Phenylgruppen verbunden sein.

tion besitzt das Tetrasiloxan die maximale physiologische Aktivität: männliche Kaninchen, denen die Verbindung täglich auf die Haut appliziert wurde, reagierten mit erheblicher Testikelatrophie und verminderter Spermatogenese. Bei oraler Verabreichung ist die Verbindung bei Ratten und Affen in gleicher Weise wirksam. Sie wirkte aber nicht auf Affen, wenn diesen die Verbindung über einen längeren Zeitraum täglich auf die Haut aufgebracht wurde.

Anhand dieser Ergebnisse wurden verwandte Verbindungen gründlich untersucht. Man fand, daß bei Anwesenheit nur eines Phenylrings am Tetrasiloxanring die Wirkung auf männliche Tiere geringer war. Bei zwei Phenylgruppen auf *verschiedenen* Seiten der Ringebene (*trans*-Konfiguration) war die Aktivität ebenfalls herabgesetzt. Die Molekülgeometrien der beiden Isomere unterscheiden sich noch in anderer Weise: Röntgenbeugungsuntersuchungen zeigen, daß der gewellte Siloxanring im *cis*-Isomer an beiden Enden hochgezogen ist, so daß er einer Wanne gleicht, im *trans*-Isomer ist der Ring dagegen so geknickt, daß er in etwa wie ein Sessel aussieht. Es ist sehr wahrscheinlich, daß diese unterschiedlichen geometrischen Gestalten die Ursache für die abweichenden Aktivitäten sind, denn der lebende Organismus spricht bekanntlich sehr empfindlich auf solche Strukturdetails an.

Neben anderen Methylphenylsiloxanen setzen die linearen Disiloxane und Trisiloxane (mit OH-Gruppen an den Molekülenden) ebenfalls die Fortpflanzungsfunktion bei männlichen Ratten und Kaninchen herab. Desgleichen auch Methylphenylcyclo*tri*siloxane. Diese Verbindungen sind aber allesamt weniger wirksam als die beiden oben beschriebenen Diphenylhexamethylcyclo*tetra*siloxane. Niemand weiß, warum und wie diese Verbindungen bei männlichen Säugern so wirken. Noch nicht.

Wat dem enen sin Uhl is dem andern sin Nachtigall, sagt man in Norddeutschland. Wenn die ringförmigen Methyldiphenyltetrasiloxane in so starkem Maße die Wirkung der Androgene, der männlichen Geschlechtshormone also, aufheben, dann müßten sie, so argumentierte man, wie weibliche Geschlechtshormone (Östrogene) wirken, und das tun sie in der Tat. In juvenilen weiblichen Ratten, die noch nicht geschlechtsreif sind, lösen sie die gleichen Symptome aus, die man bei weiblichen Tieren während der Brunst beobachtet. Wiederum ist das *cis*-Isomer etwa hundertmal wirksamer als das *trans*-Isomer. Durch orale Verabreichung von 3,0 mg pro kg Körpergewicht am ersten Tag der Trächtigkeit und 0,33 mg pro kg an den vier darauffolgenden Tagen gelangt bei erwachsenen weiblichen Ratten das Ei schneller in die Gebärmutter, Eier im Eileiter werden zerstört. Es ist also ein „wirksames postkoitales Kontrazeptivum", wie Tacke sagt, mit anderen Worten „die Pille danach".

Wenn das *cis*-Isomer so stark als Antiandrogen und andererseits als Östrogen wirkt, sollte es noch in anderer Hinsicht interessant sein: Es könnte das unkontrollierte Wachstum von Hoden- und Prostatakrebs verlangsamen. Unter der Bezeichnung „Cisobitan" wurde es in Schweden an männlichen Patienten mit gering differenziertem Prostatakarzinom erprobt, das nur schwierig mit anderen Methoden zu behandeln ist. Die Verabreichung erfolgte oral in Form einer Lösung des Präparats in Sojaöl in einer Dosierung von dreimal täglich 100 mg. Nach drei Monaten oder länger „hatte sich der Allgemeinzustand bedeutend gebessert, und die meisten Patienten waren schmerzfrei", berichtet Tacke. Nebenwirkungen auf Leber, Nieren und Blutbild blieben aus. Besonders willkommen war sicher die erzielte Schmerzlinderung, die Patienten mit dieser Krankheit aufrichtig zu wünschen ist.

Viele andere Organosiliciumverbindungen sind auf ihre physiologische Aktivität untersucht worden, einige scheinen Aussichten als Muskelrelaxantien, Antikonvulsiva und Sedativa zu bieten. Die größten Anstrengungen sind aber im Hinblick auf die Schaffung von organosiliciummodifizierten oder sila-substituierten Präparaten unternommen worden. Es wird versucht, Kohlenstoffverbindungen mit bekannten physiologischen Wirkungen und erwiesenem therapeutischen Wert in diesem Sinne abzuändern und zu verbessern. Das reicht von sila-substituierten bekannten Schmerzmitteln bis zu sehr komplizierten, schwierig herzustellenden siliciumsubstituierten Steroiden wie den in der Anästhesie eingesetzten Curare-Analoga und den Steroidhormonen wie Cortison. Zum jetzigen Zeitpunkt sind die erhaltenen Ergebnisse noch sehr vorläufig; einige Stoffe sind wirksamer als die entsprechenden Kohlenstoffverbindungen, andere sind völlig wirkungslos. Auch hier bildet bei der Synthese die richtige Stereospezifität, die so häufig für die pharmakologische Wirkung nötig ist, die Hauptschwierigkeit. Tacke erwähnt in diesem Zusammenhang die Möglichkeit, mikrobiologisch komplizierte, sila-substituierte Verbindungen mit hohen Ausbeuten in optisch aktive umzuwandeln[7]. Was für den Chemiker im Labor so schwierig und umständlich ist, gelingt Mikroorganismen mühelos.

---

[7] R. Tacke „Novel Sila-Drugs", vorgetragen auf dem 7. International Symposium on Organosilicon Chemistry in Kyoto, 1984 und veröffentlicht in *Organosilicon & Bioorganosilicon Chem.*, 1985, S. 251.

Schlußbemerkung

Wir haben die Spur des Siliciums im menschlichen Leben vom Feuerstein steinzeitlicher Werkzeuge und Waffen über antike und moderne keramische Produkte bis zu den Eigenschaften und Anwendungen des Elements in Medikamenten verfolgt. Wir haben die lange verborgen gebliebene andere Hälfte der Siliciumchemie dargestellt, nämlich die im Laboratorium dargestellten flüchtigen kovalenten Verbindungen des Elements. Aus Hydriden und Halogeniden wurden vor 120 Jahren Organosiliciumverbindungen gewonnen, aus diesen entwickelte sich dann sehr allmählich die Chemie und Technologie der Siliconpolymere. Durch die Entdeckung einer wirtschaftlichen Methode zur großtechnischen Herstellung gelangte die neue Siliconindustrie zu ungeahnter Blüte. Zahlreiche wertvolle Produkte entstanden, die meisten konnten hier nur ganz allgemein beschrieben werden. Nebenprodukte aus dieser neuen Industrie werden wieder in elementares Silicium zurückverwandelt, das in der Elektronik Verwendung findet. Hier ist die Geschichte noch nicht zu Ende: neue Entdeckungen wurden und werden gemacht, neue Anwendungen wirken sich täglich auf unser Leben aus. Ein neuer Weg führte uns zu dem ein Jahrhundert alten Traum zurück, in bekannte organische Farbstoffe, Riechstoffe und Medikamente Silicium einzubauen und diese neuen Derivate auf ihre Eigenschaften zu untersuchen. Wir sahen, daß Silicium durchaus eine Wirkung auf lebende Organismen hat; in Pflanzen und niederen Tieren ist es unentbehrlich für das Wachstum und die Struktur, in Säugern zeigt es Wirkungen, die bis jetzt rätselhaft sind. Bestimmte Krankheiten lassen sich durch Gaben geeigneter Organosiliciumpharmaka lindern. Wer weiß, ob sich nicht dereinst gerade dieses neue Gebiet der Sila-Medikamente als der wichtigste Beitrag des Siliciums zum Wohlergehen des Menschen entpuppt. Wöhler und Kipping hätten diese Entwicklungen genossen!

Nachwort

Professor Rochow gehört zu den Wissenschaftlern, die unser technisches Zeitalter mitgeprägt haben. Am 10. Mai 1990 jährte sich zum fünfzigsten Mal der Tag, an dem ihm in den Forschungslaboratorien der General Electric Company die entscheidende Entdeckung der direkten Synthese von Organohalogensilanen gelang, der Ausgangsstoffe für die Herstellung von Siliconen. Als Hochschullehrer und Buchautor ist er gleichermaßen erfolgreich gewesen. Für seine Leistungen hat Professor Rochow zahlreiche Auszeichnungen erhalten. Eine eingehende Würdigung erfährt Professor Rochow in dem ausgezeichneten Werk von Hermann A. Liebhafsky „Silicones under the Monogram", das auch in dem vorliegenden Buch zitiert wird (siehe beispielsweise die Fußnote auf Seite 92).

Ende Mai 1989 trafen sich in Hořovičky in der Nähe von Prag ehemalige Mitarbeiter aus Professor Rochows Arbeitskreis, auch ich gehörte dazu. Das Foto zeigt Professor Rochow und seine Gattin mit seinen Postdocs von einst, zum Teil mit ihren Ehefrauen. Vor fünfundzwanzig Jahren hatten wir uns an der Harvard Universität kennengelernt und waren über all die Jahre einander freundschaftlich verbunden geblieben. Seine besondere Bedeutung erhielt dieses Treffen durch die Teilnahme Professor Rochows und seiner Gattin. Uns allen, die wir das Glück hatten, in seiner Forschungsgruppe arbeiten zu dürfen, bleibt Professor Rochow als Vorbild und als Mensch unvergessen.

Professor Rochow schenkte jedem von uns ein Exemplar seines neuen Buches „Silicon and Silicones" mit einer persönlichen Widmung. Für mich war es eine Freude und Auszeichnung, daß er mich bat, dieses Buch für die geplante deutsche Ausgabe zu übersetzen.

Für den deutschsprachigen Leser sind die Tabellen der amerikanischen Ausgabe durch Produktbeispiele der drei großen deutschen Hersteller Bayer, Goldschmidt und Wacker ersetzt worden. Die wichtige Rolle, die die deutsche Siliconindustrie weltweit spielt, findet auch sonst ihre Würdigung in der deutschen Bearbeitung. Den Herren Dr. V. Damrath von der Bayer AG in Leverkusen, Dr. G. Koerner und Dr. G. Schmidt von der Th. Goldschmidt AG in Essen und Dr. Tomanek von der Wacker-Chemie GmbH in München bin ich für die Überlassung von Produktinformationen und für die Genehmigung der Veröffentlichung sehr zu Dank verpflichtet.

Sehr herzlich danke ich auch Dr. R. Stumpe vom Springer-Verlag für die verständnisvolle und wirksame Unterstützung meiner Übersetzungsarbeit.

Metelen, im September 1990   Eduard Krahé

Von rechts nach links: Prof. Rainer Mattes, Universität Münster; Gastgeber Dr. Jan Schraml von der Tschechoslowakischen Akademie der Wissenschaften in Prag; Dr. Jana Schramlová, seine Frau; Ursula Krahé; Professor Rochow und Gattin; dahinter Dr. Peter Geymayer, Hoechst AG; Barbara Geymayer; Dr. George Redl und Prof. Eduard Krahé

Namenverzeichnis

Allis-Chalmers 71
American Chemical Society 59
Andrianov, Kuzma A. 80

Baekeland, Leo H. 156
Bayer AG 96, 109, 122f, 128, 130
Bažant, Vladimír 102
Bednorz, J. G. 45
Bell Laboratories 37
Berzelius, Jöns Jakob 32, 45
Bloch, Felix 136
Burkhard, Charles A. 81

Cape Kennedy 134
Cellini, Benvenuto 29
Challenger 134
Chvalovský, Václav 102
Coolidge, William D. 65
Cornell-Universität 87ff.
Corning Glass Werke 64, 71f., 80
Crafts, James Mason 49f.

Dana Palmer House 162
Dennis, L. M. 73, 88f.
Disney, Walt 44
Doan, Leland 67
Dolgov, B. N. 80
Dow Chemical Company 67, 71
Dow Corning Corp. 59, 71, 86, 95, 192
Duffaut, Norbert 190
Du Pont Company 71

Ebelmen, Jacques-Joseph 49
Edison, Thomas 61f., 72
Einstein, Albert 8
Elias, Hans-Georg 70, 125, 133
EPCOT 44

Faraday, Michael 61
Food and Drug Administration 169
Friedel, Charles 49f.

General Electric Comp. 65, 71, 73, 80f., 86, 93, 95f.
Gesellschaft Deutscher Chemiker 60
Gillette, King 172f.
Gilliam, William F. 80
Gray, Thomas 191
Grignard, François A. V. 66, 84, 95, 102

Harker, David 136
Harvard House 162
Harvard College 162
Hendrick, Elwood 46
Henry, Joseph 61
Hill, A. V. 88f.
Holland, Schwestern 51
Holmes, Sherlock 170
Hyde, James Franklin 64, 66, 69ff., 124, 192

Kipping, Frederic Stanley 51ff., 65ff., 84, 95, 102, 178, 192, 195
Krieble, Robert H. 81

Ladenburg, Albert 50
Lapworth, Arthur 51
Le Clair, Hugh 138, 144
Liebhafsky, Herman A. 92, 96

Marsden, James 107
Marshall, A. L. 92
Moissan, Henri 55

Müller, K. A.   45
Müller, Richard   102

Napier, John   3
Navias, Louis   87
Niagara Falls Smelting Co.   90

Owens-Corning Fiberglas Inc.   64

Paine, John   65
Patnode, Winton I,   72ff., 93, 123, 149ff.
Pennsylvania State University   81
Perkin Jr., William Henry   51
Perkin, William Henry   51, 180
Pietrusza, E. W.   81
Purcell, E. M.   136ff.

Rathouský, Jiří   102
Reed, Charles E.   94
Rochow, Eugene G.   92, 144, 148
Roth, Walter L.   136

Sainte-Claire Deville, M. H.   32
Scheele, Carl Wilhelm   45
Scheiber, William   93

Somieski, C.   57
Sommer, Leo H.   81
Steuben Glass   64
Stock, Alfred   55ff., 87ff., 100

Tacke, Reinhold   179, 188f., 194
Th. Goldschmidt AG   96, 169ff.
Tutanchamun   28f.

U.S. Court of Patent Appeals   80
Union Carbide Company   81ff., 95f.

Voronkov, Michail   178, 187f.

Wacker-Chemie GmbH   96, 111, 121, 123, 127, 131
Wada, Tadashi   177
Wadsworth House   162
Wannagat, Ulrich   179, 189f.
Washington, George   162
Westinghouse   71
Wilcock, D. F.   119f., 123
Wöhler, Friedrich   46, 178, 195
Wurtz, Adolphe   86, 102

Sachverzeichnis

Actinoide 33
Aktivierungsenergie 100
Aluminiumpulver, Pigment 160, 161
Alumosilicate 16
Amethyst 3
Amphibol 15
Androgene 193
Anstrichfarbe 160
Antihistaminika, Si-substituierte
–, benzhydrylether 191
Antischaummittel 167
Äquilibrierung 116
Asbest 15
Atomare Masseneinheit 8
Atomkern 6ff.
–, Bindungsenergie 8
–, Massendefekt 7
Azeotrop 79

Bakelit (Phenol-Formaldehyd) 70
Benitoit 15
Bentonit 18
Benzoylperoxid 126
Bergkristall 3
Beton 30f.
Bindemittel 161
Bindungsenergie (Atomkern) 8
Bioorganosiliciumverbindungen 178
Biphenyle, polychlorierte 174f.
Blähsucht, Rinder/Pferde 165, 169
Bleiglasur 22
Blütenessenzen 183
Boltzmann-Faktor 139
Borfasern 158
Borhydride 56

Calciumoxid 5
Cellulose 151
Chemiesorption 152
Cisobitan 194
Cokatalysator 104
Cristobalit 14

Diamant 38
Diamantstruktur 38
Dibenzolchrom 75
Dichlordisilan 58
Dichlorsilan 58
Dielektrische Flüssigkeit 173
Dimethylsiloxane 176
cis-2,6-Diphenylhexamethylcyclotetrasiloxan 192
Direktsynthese 86
–, Lenkung 103
Disilan 58
Disiloxan 58
Dodecamethylcyclohexasiloxan 111
Dolomit 5
Dotierung 39

Eisenoxid, Pigment 160, 161
Elektronenloch 40
Elemente, Häufigkeit 10–13
Email 28
Energieband 39
Enteritis 169
Entschäumungsmittel 169
Ethylphenylsilicon 66
Ethylsilicat 14
–, Vernetzungsmittel 129
Ethylsilicon 66, 82
Eutektikum 19

Farbstoffe, Si-substituierte 180
Fasern, Bor- 158
–, Kohlenstoff- 158
–, Siliciumcarbid- 158
Faseroptik 28
Feldstärke 138
Fensterglas 25
Ferrocen 75, 148
Ferrosilicate 16
Ferrosilicium 35
Feuchtigkeit, Mauerwerk 154
Feuerstein (Flint) 2, 6
Fiberglas 28
Firnis 70, 107
Flachglas 25
Flaschenglas 24
Flint (Feuerstein) 2, 6
Fluorkohlenstoffpolymere 173
freie Energie 67, 84, 99
Fritte 30
Füllstoff, aktiver 125

Geraniol 183
Geranylformiat 183
Geschichtliches 1ff.
Glas, Eigenschaften 27
–, Färbung 27
–, organisches 24
Gläser 25
Glasfasern 26, 156, 157
–, Imprägnierung 158
Glasmacherpfeife 26
Glasmatten 157
Glassorten 25
Glastemperatur 133, 148
Glasur 20
Glaswanne 26
Glaszustand 133
Gleichrichter 41
Gleitmittel 170
Glimmer 15
Grignard-Reagenzien 52
Grignard-Synthese 52

Haftvermittler 158
Halbleiter, n-Typ/p-Typ 37, 40

Halloysit 18
Hartporzellan 22ff.
Häufigkeit der Elemente 10
– –, irdische 11
– –, kosmische 12
Hauptgruppenelemente 33
Hexamethylcyclotrisiloxan 111
Hexamethyldisiloxan 146
Hohlglas 25
Holzanstrich 163
HTV-Siliconkautschuke 128

Imprägnierung, Glasfasern 150, 158
Irdenware 20
Isolatoren 37
Isolierstoffe 61ff.

Kacheln 22
Kalk, gebrannter 5
Kalkstein 5
Kaolinit 18
Katalysator, Kupfer 103
–, Silber 105
Keramik 17f.
Kern-g-Faktor 138
Kernmagnetische Resonanz 136
Kernmagneton 138
Kieselglas 14
Kieselsäure (Siliciumdioxid) 4, 6, 160
Klinker 31
Kohlendioxid 5
Kohlenstoffasern 158
Kontrazeptivum postkoitales 194
Kreide 160
Kristallglas 25
Kristallinität, Gummi 148
Kupferkatalysator 103

Laborglas 25
Lanthanoide 33
Latex-Naturkautschuk 133
LD$_{50}$-Werte 176, 189
Leiter, metallische 37
Leitfähigkeit 39

Leitungsband 39
Linalool 183

Magnesium 66ff.
–, technische Gewinnung 67
Magnesiumoxid 5
Massendefekt 7
Masseneinheit, atomare 8
Metallcharakter 32
Metalle 37
Metalloide 32, 37
Metallurgie 18
Metasilicate 15
Methylchlorsilane 93, 94, 101
Methylradikale 105
Methylsilicat 184
Methylsilicone 58, 90–95, 111
Methylsiliconpolymere 94
Methylvinylsiloxan 127
Migugen 188
Mikroelektronik 37
Mineralöle, Viskosität 117
Mival 188
Mol 115
Mondgestein 1
Monosilan 58
Montmorillonit 18
Moschus 182

Naturkautschuk-Latex 133
Netzmittel 169
Neutron 6
NMR-Linienbreite 147f.
NMR-Spektrometrie 136
–, Breitlinien 148
Nomenklatur nach Stock 58
Normalpapierkopierer 177
Nukleonen 6

Octamethylcyclotetrasiloxan 111
Ordnungszahl 7
Öldichtungen 177
Öle, trocknende 70, 161
Orthokieselsäure 14
Östrogene 193

Papier abhäsives 153
–, nichthaftendes 153
Parfüm 182ff.
–, Endnote 182
–, Kopfnote 182
–, Mittelnote 182
PCB 174
Periklas 74
Periodensystem 33
Pigmente 24
–, Aluminiumpulver 160, 161
–, Eisenoxid 160, 161
–, Titandioxid 160, 161
„Pille danach" 194
Plancksches Wirkungsquantum 139
Polychlorierte Biphenyle (PCB) 174f.
Polydimethylsiloxan 58
Polymerharzmatrix 160
Polysaccharid 151
Polysilicate 15
Portlandzement 30f.
Propenoxysilan, Vernetzungsmittel 129
Prostatakarzinom 194
Proton 6
Pyroxen 15

Quarz 3, 6
Quarzglas siehe Kieselglas 14

Rasierapparat, Sicherheits- 172
Rasierklingen 170
–, Siliconbeschichtung 173
Rasur 171
Regenerativfeuerung 26
Resonanzfrequenz 139
Rochow-Müller-Reaktion 102
Rohmehl 31
RTV-Kautschuke 128
–, RTV-1 (Einkomponentensysteme) 129
–, RTV-2 (Zweikomponentensysteme) 129

Salzglasur 22
Saphir 74
Saponine 169
Schaumbildung 166
Schaumstoffstabilisatoren 169
Schlämmkreide 160
Schlicker 24
Seltene Erden 33
Sila-chlorphenoxamin 191
Sila-Riechstoffe 182
Sila-Verbindungen, Pharmakologie 180
Silatrane 187
-, Käfigstruktur 187
-, Warmblütertoxizität 188
Silber 105
Silicate 4, 6
-, Schichtstruktur 18
-, Struktur 13f.
Silicatminerale 14ff.
-, Einteilung 14
-, Struktur 14
Silicid 4
Silicium 6f., 32ff., 45
-, großtechnische Gewinnung 34
-, Hydride 46
-, Ordnungszahl 7
-, Sauerstoff-Tetraeder 14
-, ultrareines 36, 98, 101
Siliciumcarbidfasern 158
Siliciumdioxid (Kieselsäure) 3, 6
-, Alpha-Quarz 14
-, Amethyst 3
-, Beta-Quarz 14
-, Bergkristall 3
-, Cristobalit 14
-, Flint 3
-, Feuerstein 3
-, Kieselglas 14
-, Quarz 3
-, Tridymit 14
Siliciumgehalt von Organismen 179
Siliciumkontaktmasse 93
Siliciumstahl 35

Siliciumsubstituierte Farbstoffe 180
Siliciumtetrafluorid 45
Silicoether 53
Silicol 53
Silicon 4, 58
Siliconbeschichtung, Rasierklingen 173
Silicone, Herkunft des Namens 54
Siliconelastomere 123ff.
Silicongummi 123
Siliconharze 36, 98, 106ff.
-, Aushärtung 107
-, Einbettmassen 177
-, Vergußmassen 177
-, Vorkondensation 107
Siliconharzlack 108
Siliconkautschuk 4, 36, 133
-, leitfähiger 176
Siliconöle 4, 98, 108ff.
-, Kettenlänge 115
-, Viskosität 113, 117
Siliconpolyether-Blockcopolymere 169
Siliconpolymere 36, 44, 106ff., 163
-, Siliconharze 36
-, Siliconkautschuk 36
-, Siliconöle 36
Siliconrohkautschuk 124ff
Silicontenside 169
Siloxan 58
Simethicon 169
„soft-touch"-Kontakte 176
Solarzellen 43
Spannbeton 31
Spin-Gitter-Relaxationszeit 139
Standardbildungswärme 13
Steingut 17f., 20
Steinzeit 1
Sulfatverfahren (Kraftverfahren) 168
Sulfitverfahren 168

Talk 160
Tetraphenylsilan 50

Titandioxid, Pigment 160, 161
Tone 15
Töpferwaren 18
Transformatorenöl 123
Transistor 37
Transistorverstärker 42
Trichlorsilan 101
Triethanolamin 187
Triethoxysilane 187

Übergangselemente 33

Verbundwerkstoffe 27, 70, 156, 158, 160
Verlaufmittel 169
Verlustfaktor 120
Vernetzung 70
Vernetzungsmittel 123
Viskosität, dynamische 117
-, kinematische 117

Viskositäts-Temperatur-koeffizient 120
Vulkanasche 30
Vulkanisation 123
Vulkanisiermittel 125

Wasserstoffkern 138
Weichmacher, hydrophile 170
Weichporzellan 22ff.
Wirbelschichtreaktor 94
α-Wollastonit 15

Xylolmoschus 185

Zement, hydraulischer 30
-, römischer 30
Ziegel 22
Zinn, graues 38
Zirkon 15
Zonenschmelzen 101

Quellennachweise der Abbildungen

Abb. 1.1, Umschlagbild: Rochow, E. G. (1978) Modern Descriptive Chemistry. Saunders, Philadelphia
Abb. 2.4, 2.5, 2.6, 2.7: Rochow, E. G. (1966) The Metalloids. In: Topics in Modern Chemistry. D. C. Heath and Company, Lexington
Abb. 4.1: Rochow, E. G. (1947) The Present State of Organosilicon Chemistry. In: Chemical Reviews, Vol. 41
Abb. 5.2, 5.3, 5.4: Liebhafsky, H. A. (1978) Silicones under the Monogram. John Wiley and Sons, New York
Abb. 6.2: Rochow, E. G. (^{2}1951) Introduction to the Chemistry of the Silicones. John Wiley and Sons, New York
Abb. 6.5, 6.7, 6.8, 6.9, 6.10, 6.11, 6.12, 6.13, 6.14: Rochow, E. G. (1955) On the Molecular Structure of Methyl Silicone. In: Journal Inorganic & Nuclear Chemistry, Vol. 1
Abb. 7.2: Rochow, E. G. and Rochow, T. G. (1976) Resinography. Plenum Press, New York
Abb. 7.4: Foto von W. R. Fleischer, Harvard News Office
Abb. 8.1, 8.2, 8.3, 8.4: aus „Leopoldina Lecture" von Prof. U. Wannagat, Halle, 1985
Abb. 8.5: Wannagat, U. (1981) Sila-Substitutionen. In: Rheinisch-Westfälische Akademie der Wissenschaften, Vorträge, Nr. 302
Abb. 8.6: Bioactive Organo-Silicon Compounds (1979). In: Topics in Current Chemistry, Vol. 84. Springer-Verlag, Berlin Heidelberg New York
Abb. 8.7: Wannagat, U. (1977) Sila-Pharmaka. In: Bild der Wissenschaft, Nr. 12
Abb. 8.8, 8.9: Wannagat, U. (1976) Biosiliciumchemie. In: Jahrbuch der Akademie der Wissenschaften in Göttingen

D. Osteroth, Fachhochschule Bielefeld

Von der Kohle zur Biomasse

Chemierohstoffe und Energieträger im Wandel der Zeit

1989. XII, 222 S. 78 Abb. 34 Tab. Brosch. DM 32,– ISBN 3-540-50712-4

Inhaltsübersicht: Einleitung.– Erdöl und Erdgas.– Kohleveredelung I – Teer und Koks.– Kohleveredelung II – Vergasung und Hydrierung von Kohle.– Kohle und Biomassen contra Erdöl?– Wir und unsere Umwelt.– Literatur.– Sachverzeichnis.

W. Sandermann, Lahr

Die Kulturgeschichte des Papiers

1988. IX, 202 S. 70 Abb. 16 Farbtafeln, 25 Tab. Brosch. DM 32,–
ISBN 3-540-18612-3

Inhaltsübersicht: Felsbilder – die ältesten Dokumente der Menschheit.– Tontafel und Keilschrift.– Papyrus und Hieroglyphen.– Buch und Bibliotheken in Griechenland und Rom.– Die chinesische Papiererfindung.– Das Papier kommt zu den Arabern.– Das Papier Altamerikas.– Das Zeitalter des Pergaments.– Das Papier erreicht Europa.– Die Erfindung des Buchdrucks.– Vier Jahrhunderte Suche nach neuen Faserstoffen.– Papier im Vorfeld der Industrialisierung.– Holz wird Papierrohstoff.– Die Chemie und der Aufbau des Holzes.– Vom Halbstoff zum Papier.– Recycling von Altpapier.– Umweltprobleme der Zellstoff- und Papierindustrie.– Die Papierwirtschaft in Zahlen.– Papier und Neue Medien.– Literatur.– Quellennachweise.– Farbtafeln.– Sach- und Namenverzeichnis.

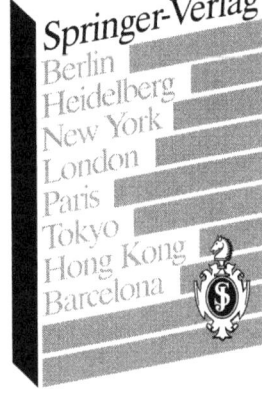

Neu: Das Ozonloch über der Antarktis

P. Fabian, Universität München

Atmosphäre und Umwelt

Chemische Prozesse – Menschliche Eingriffe
Ozon-Schicht – Luftverschmutzung – Smog – Saurer Regen

3. aktualisierte Aufl. 1989. XII, 141 S. 36 Abb. 5 Tab. Brosch. DM 28,–
ISBN 3-540-51738-3

Inhaltsübersicht: Einleitung.– Die Evolution der Erdatmosphäre.– Die Ozon-Schicht und die photochemischen Prozesse in der mittleren Atmosphäre.– Photochemie der Troposphäre.– Einflüsse menschlicher Aktivitäten: Luftverschmutzung als regionales und globales Umweltproblem.– Literatur.– Sachverzeichnis.

H. Stache, H. Großmann, Marl

Waschmittel

Aufgaben in Hygiene und Umwelt

Für Mediziner – Chemiker – Biologen – Umweltforscher – Technologen
Hausfrauen und Hausmänner

1985. IX, 122 S. 52 Abb. 27 Tab. Brosch. DM 26,80
ISBN 3-540-15574-0

Inhaltsübersicht: Überblick.– Der Waschprozeß.– Chemisch-physikalische Grundlagen des Waschprozesses.- Die Theorie des Waschens.– Waschmittel und ihre Inhaltsstoffe.– Haushaltswaschmittel.– Waschverfahren.– Herstellung von Waschmitteln.– Kosmetische Reiniger.– Waschmittel und Umwelt.– Künftige Entwicklung der Waschmittel.– Allgemeine Literatur.– Sachverzeichnis.

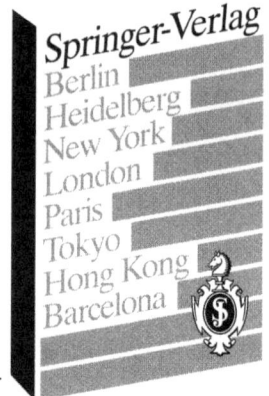

Springer-Verlag
Berlin
Heidelberg
New York
London
Paris
Tokyo
Hong Kong
Barcelona

MIX
Papier aus verantwortungsvollen Quellen
Paper from responsible sources
FSC® C105338

If you have any concerns about our products,
you can contact us on
ProductSafety@springernature.com

In case Publisher is established outside the EU,
the EU authorized representative is:
**Springer Nature Customer Service Center GmbH
Europaplatz 3, 69115 Heidelberg, Germany**

Printed by Libri Plureos GmbH
in Hamburg, Germany